智能制造领域高素质技术技能型人才培养方案精品教材

高职高专院校机械设计制造类专业"十四五"系列教材

机械设计基础

JIXIE SHEJI JICHU

主　编◎何　剑　徐志刚

副主编◎黎章文　侯文卿　何　刚

　　　　朱小丽　唐华林

参　编◎郝文琦　李　健　曹楚君

　　　　钱春华　龙玉琴

主　审◎尹珊波

华中科技大学出版社

http://www.hustp.com

中国·武汉

内 容 简 介

本书共 14 章,内容包括机械设计基础概论、平面机构的组成、平面连杆机构、凸轮机构、间歇运动机构、键连接与销连接、螺纹连接、带传动与链传动、齿轮传动、蜗杆传动、轮系、轴、轴承、其他常用零部件及附录等。本书可作为高职高专院校机械类、机电类和近机械类各专业的教学用书,也可供有关工程技术人员参考。

图书在版编目(CIP)数据

机械设计基础/何剑,徐志刚主编. —武汉:华中科技大学出版社,2021.1
ISBN 978-7-5680-6883-3

Ⅰ. ①机… Ⅱ. ①何… ②徐… Ⅲ. ①机械设计-高等职业教育-教材 Ⅳ. ①TH122

中国版本图书馆 CIP 数据核字(2021)第 017352 号

机械设计基础
Jixie Sheji Jichu

何 剑 徐志刚 主编

策划编辑:张 毅
责任编辑:张 毅
封面设计:孢 子
责任监印:朱 玢
出版发行:华中科技大学出版社(中国·武汉)　　电话:(027)81321913
　　　　　武汉市东湖新技术开发区华工科技园　　邮编:430223
录　排:华中科技大学惠友文印中心
印　刷:武汉市籍缘印刷厂
开　本:787mm×1092mm　1/16
印　张:14.5
字　数:362 千字
版　次:2021 年 1 月第 1 版第 1 次印刷
定　价:43.50 元

　　本书是根据高等职业教育机械设计基础课程教学的基本要求,结合编者多年的教改经验,充分考虑机械设计与制造、数控技术、机电一体化等机械类专业及相关专业的教学特点而编写的,可供高等职业教育三年制和五年制机械类专业使用,同时适当兼顾相关工种"职业技能鉴定"对高级工理论基础知识的普遍要求,适当照顾各地"专升本"考试对机械设计基础课程的基本要求。

　　本书内容的编写,充分考虑了我国高等职业教育发展的实际情况,特别是近几年来高职高专院校学生基础知识的实际情况,本着理论上以应用为目的,以"必需、够用"为度,不强求系统性;力求体现高等职业教育的特色,注重与生产实践相结合;同时又适当扩大学生的知识面,注重与人文素质教育相结合,并为学生的继续教育和终身教育打下一定的基础。

　　本课程的实践环节教材可参考《机械设计基础实验及创新设计》(何剑、侯文卿主编),内容包括课堂报告、实训、综合实践、创新能力训练等,可以与本书配套使用。

　　本书由湖南高速铁路职业技术学院何剑、徐志刚担任主编,湖南高速铁路职业技术学院黎章文、侯文卿、何刚、朱小丽、唐华林担任副主编,参加编写工作的还有湖南高速铁路职业技术学院郝文琦、李健、曹楚君、钱春华、龙玉琴。本书由湖南高速铁路职业技术学院尹珊波教授主审,他悉心审阅了书稿,并提出了许多具体修改建议,为本书增色不少。

　　本书在编写过程中,得到了华中科技大学出版社的大力支持,并参考了国内外先进教材的编写经验,在此表示诚挚的谢意。

　　限于编者的能力和水平,书中可能还存在缺点和错误,欢迎使用本书的读者提出宝贵意见。

编　　者

第1章
机械设计基础概论

◀ **教学目标**

（1）了解机器的结构组成及其特征。

（2）掌握机构、构件、零件等基本概念。

（3）了解本课程的内容、性质和任务。

◀ 1.1 机器的概念和组成 ▶

1. 机器的概念

人们在生产和生活中广泛地使用着各种类型的机器，常见的如内燃机、机床、汽车、火车、发电机、洗衣机等。这些机器的性能、用途各异，但是它们有共同的特征：①都是人为的实物组合；②组成机器的各实物之间具有确定的相对运动；③能实现能量转换或完成有用的机械功。凡具备上述三个特征的实物组合就称为机器。

如图 1-1 所示的单缸内燃机，它是由气缸体、活塞、连杆、曲轴、齿轮、凸轮轴、气阀推杆等组成。当燃气推动活塞作往复移动时，通过连杆使曲轴作连续转动，从而把燃料燃烧产生的热能转化为机械能，所以内燃机是将燃气燃烧时的热能转化为机械能的机器。

2. 机器的组成

机器是由机构组成的，机构仅具有机器的前两个特征，即机构是具有确定相对运动的人为的实物组合系统。若仅从结构和运动观点来看，机器与机构二者之间并无区别。因此，习惯上常用机械一词作为机器和机构的总称。

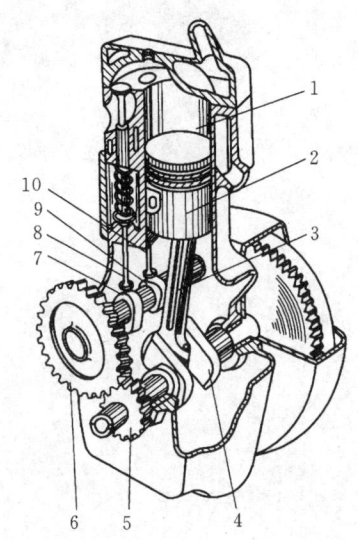

图 1-1　单缸内燃机

1—气缸体；2—活塞；3—连杆；4—曲轴；

5，6—齿轮；7，9—凸轮轴；

8，10—气阀推杆

机构有多种形式，其中常用机构有连杆机构、凸轮机构、齿轮机构和间歇机构等。最简单的机器只包含一个机构，如电动机等。多数机器包含若干个机构，如图 1-1 所示的单缸内燃机就包含曲柄滑块机构、凸轮机构和齿轮机构等多个机构。

组成机械的各个相对运动的实物组合体称为构件，机械中不可拆的制造单元体称为零件。构件作为运动单元体，它可以是单一的零件，也可以是由几个零件组成的刚性结构。如图 1-1 所示的单缸内燃机中的连杆，就是由图 1-2 中的连杆体、连杆盖、连杆螺栓、连杆轴瓦、连杆螺母等多个零件构成的。因此，构件与零件的区别是，构件是运动单元体，而零件是制造单元体。

零件又可分为通用零件和专用零件两类：通用零件是在各种机械中普遍采用的零件，如螺钉、齿轮、轴承等；专用零件只出现在特殊机械中，如汽轮机叶片、内燃机活塞等。

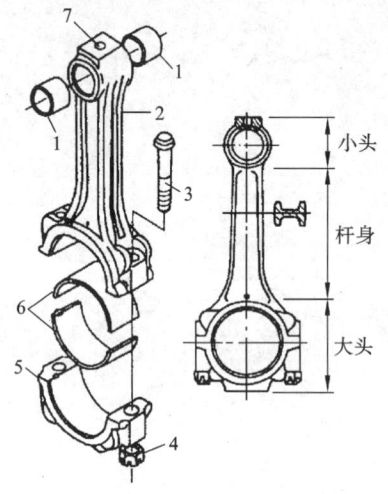

小头

杆身

大头

图 1-2　内燃机连杆

1—连杆衬套；2—连杆体；3—连杆螺栓；

4—连杆螺母；5—连杆盖；6—连杆轴瓦；

7—集油孔

◀ 1.2 机械设计的基本要求 ▶

机械设计的目的是满足社会生产和生活需求,在设计中应合理确定机械系统的功能,增强可靠性,提高经济性,确保安全性。

机械产品设计应满足以下几方面的基本要求。

1. 实现预定功能

机器应能实现预定功能,并在规定的工作条件下、规定的工作期限内能正常运转。为此,必须正确选择机器的工作原理、机构的类型和机械传动方案,合理设计零件,满足强度、刚度、耐磨性等方面的要求。

2. 满足可靠性要求

机械产品的可靠性是由组成机械的零、部件的可靠性保证的。只有零、部件的可靠性高,才能使系统的可靠性高。机械系统的零、部件越多,其可靠度越低。为此,要尽量减少机械系统的零件数目,并对系统可靠性有关键影响的零件,必须保证其必要的可靠性。

3. 符合经济合理性

符合经济合理性要求设计的机械产品应先进、功能强、生产效率高、成本低、使用维护方便、在产品寿命周期内用最低的成本实现产品的预定功能。

4. 确保安全性要求

要能保证操作者的安全和机械设备的安全,并保证设备对周围环境无危害,要设置过载保护、安全互锁等装置。

5. 推行标准化要求

机械产品规格、参数需符合国家标准,零部件应最大限度地与同类产品互换通用,产品应成系列发展,推行标准化、系列化、通用化,提高标准化程度和水平。

◀ 1.3 本课程的内容、性质和任务 ▶

1. 本课程的内容

本课程的内容是在简要介绍有关机械设计基本知识的基础上:(1)重点讨论常用机构的组成原理、传动特点、功能特性、设计方法等基本知识;(2)重点讨论通用机械零件在一般工作条件下的工作原理、结构特点、选用及设计计算问题。

2. 本课程的性质

本课程是一门技术基础课,它综合运用了工程力学、金属工艺学、机械制图、公差配合等先修课程知识,来解决常用机构及通用零件的分析设计问题,较之以往的先修课程更接近工程实际,但也有别于专业课程,它主要是研究各类机械所具有的共性问题,在机电类专业课程体系中占有重要位置。

3. 本课程的任务

本课程的任务如下:

(1)了解常用机构的工作原理、运动特性及机械设计的基本理论和方法;

（2）掌握通用零件的工作原理、选用和维护等方面的知识；

（3）培养学生初步具有运用标准手册查阅相关技术资料的能力，具有通用零件的参数选择和简单机械传动装置的设计计算能力；

（4）获得本学科实验技能的初步训练；

（5）通过学习为后续专业课程打好基础。

 习题 1

一、填空题

1.机器中各运动单元称为_____。

2.机器的三个共同特征为：都是人为的实物组合；各部分形成运动单元，各单元之间具有确定的_____；能实现能量转换或完成有用的机械功。

3.构件是机器的_____单元体，零件是机器的_____单元体，部件是机器的_____单元体。

二、简答题

1.机器的特征是什么？

2.机器和机构的主要区别是什么？

3.机械产品设计应满足的基本要求是什么？

第 2 章
平面机构的组成

◀ **教学目标**

(1)了解机构的组成要素。

(2)能够读懂和绘制平面机构的运动简图。

(3)能够计算平面机构的自由度,并判断其运动的确定性。

◀◀ 2.1 机构的组成要素 ▶▶

机构是具有确定的相对运动的构件系统,其组成要素有构件和运动副。所有构件的运动平面都相互平行的机构称为平面机构,否则称为空间机构。工程中常用的机构大多数是平面机构。

一、构件

1. 构件的分类与组成

组成机构的构件,根据其运动性质可分为三类。

(1) 固定构件(机架):机构中用来支撑可动构件的部分。

(2) 主动件(原动件):机构中作用有驱动力或驱动力矩的构件。

(3) 从动件:机构中除主动件以外的运动构件。

2. 构件的自由度

构件的自由度是指构件可能出现的独立运动的数目。任何一个构件在空间自由运动时有 6 个自由度,它可以表达为在直角坐标系内沿 3 个坐标轴的移动和绕 3 个坐标轴的转动。对于一个作平面运动的构件,则只有 3 个自由度。

如图 2-1 所示,构件 S 可绕任一垂直于 xOy 平面的轴线转动,也可沿 x 轴或 y 轴方向移动。

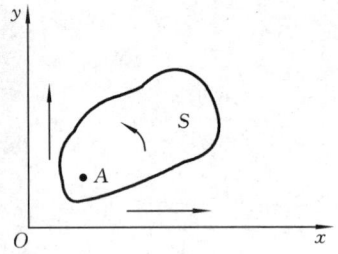

图 2-1 平面构件的自由度

二、运动副

1. 运动副与约束

机构中每个构件都不是自由构件,而是以一定的方式与其他构件组成动连接。这种使两构件直接接触并能产生一定运动的连接,称为运动副。两构件组成运动副时构件上参与接触的点、线、面称为运动副元素,显然运动副也是组成机构的主要要素。

两构件组成运动副后,就限制了两构件之间的相对运动。对于相对运动的这种限制称为约束,自由度随着约束的引入而减少,引入 1 个约束条件将减少 1 个自由度。

2. 运动副的分类

根据组成运动副的两构件之间相对运动的不同,运动副分为平面运动副和空间运动副。根据组成运动副两构件之间的接触特性,平面运动副可分为低副和高副。

1) 低副

两构件通过面接触组成的运动副称为低副。根据它们之间的相对运动是转动还是移动,低副又可分为转动副和移动副。平面机构中的低副引入 2 个约束,仅保留 1 个自由度。

(1) 转动副是指组成运动副的两构件之间只能绕某一轴线作相对转动的运动副。通常转动副的具体形式是用铰链连接,即由圆柱销和销孔所构成,如图 2-2(a)所示。

(2) 移动副是指组成运动副的两构件只能作相对直线移动的运动副,如图 2-2(b)所示。活塞与气缸体所组成的运动副即移动副。

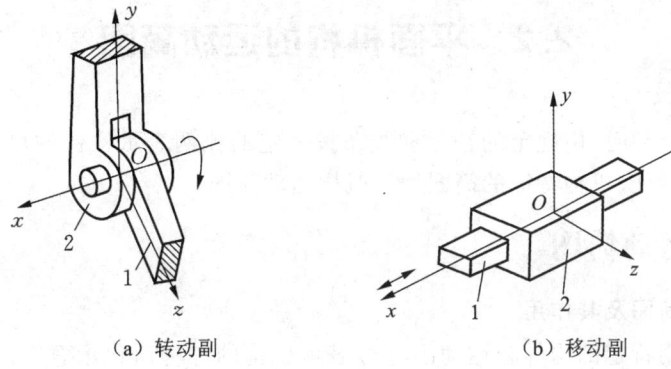

（a）转动副　　　　　　　　（b）移动副

图 2-2　低副

2）高副

两构件通过点或线接触组成的运动副称为高副,如图 2-3 所示。图 2-3(c)中,轮齿 1 与轮齿 2 组成的高副,轮齿 1 沿公法线 nn 方向的移动受到约束,而轮齿 1 相对于轮齿 2 则既可沿接触点 A 的切线 tt 方向移动,同时还可绕 A 点转动。由此可见,平面机构中的高副引入 1 个约束,保留了 2 个自由度。

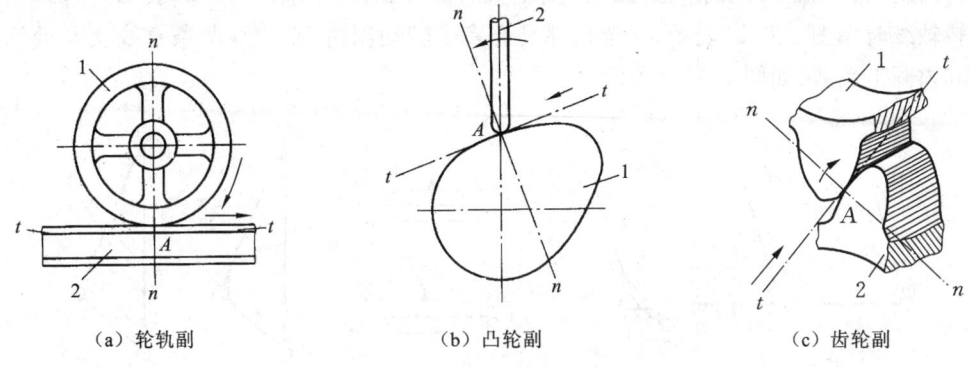

（a）轮轨副　　　　　　（b）凸轮副　　　　　　（c）齿轮副

图 2-3　高副

此外,常用的运动副还有图 2-4(a)所示的球面副和图 2-4(b)所示的螺旋副,它们都属于空间运动副,即两构件的相对运动为空间运动。

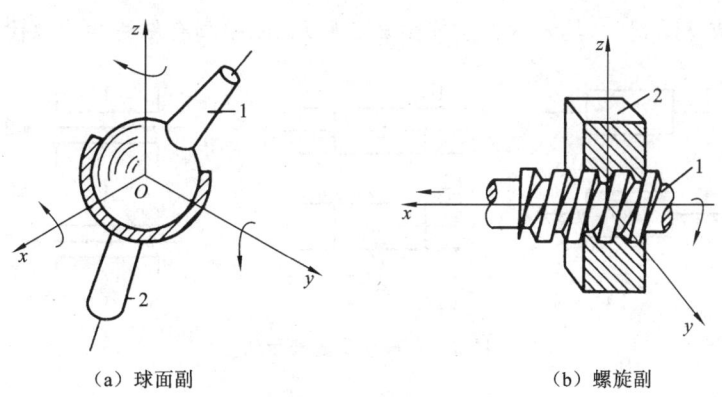

（a）球面副　　　　　　　　　（b）螺旋副

图 2-4　空间运动副

◀ 2.2 平面机构的运动简图 ▶

在研究机构运动时,用规定的符号和线条按一定的比例表示构件的尺寸和运动副的相对位置,并能完全反映机构特征的简图称为机构运动简图。

一、机构运动简图

1.机构运动简图及其作用

机构简图是用特定的构件和运动副符号表示机构的一种简化示意图,仅着重表示机构的结构特征。由于机构的实际运动不仅与机构中运动副的性质、运动副的数目及相对位置、构件的数目等有关,还与运动副的位置有关。因此,按一定的长度比例尺确定运动副的位置,用长度比例尺画出的机构简图称为机构运动简图。机构运动简图既保持了其实际机构的运动特征,又简明地表达了实际机构的运动情况。

2.机构运动简图的符号

1)转动副

构件组成转动副时用圆圈表示。图面垂直于回转轴线时用图 2-5(a)表示;图面不垂直于回转轴线时用图 2-5(b)表示;一个构件具有多个转动副时,则应在两条直线交叉处涂黑,或在其内画上斜线,如图 2-5(c)所示。

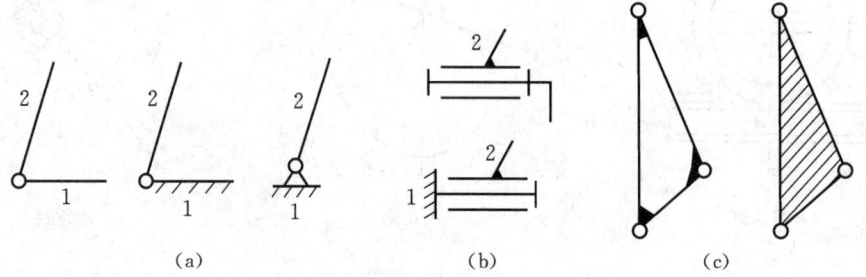

图 2-5 转动副的表示法

2)移动副

两构件组成移动副时,其表示方法如图 2-6 所示,图中画有斜线的构件代表机架。

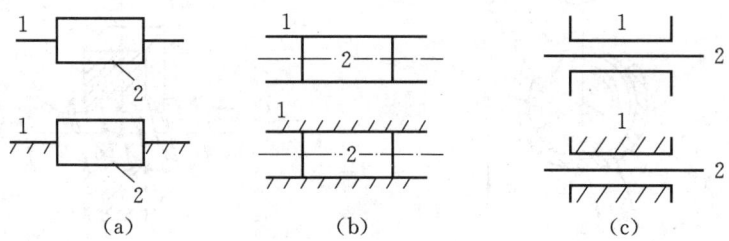

图 2-6 移动副的表示法

3)高副

两构件组成高副时,在运动简图中应当画出两构件接触处的曲线轮廓。对于齿轮,常用点画线画出其节圆,对于凸轮、滚子,习惯上画出其全部轮廓,如图 2-7 所示。

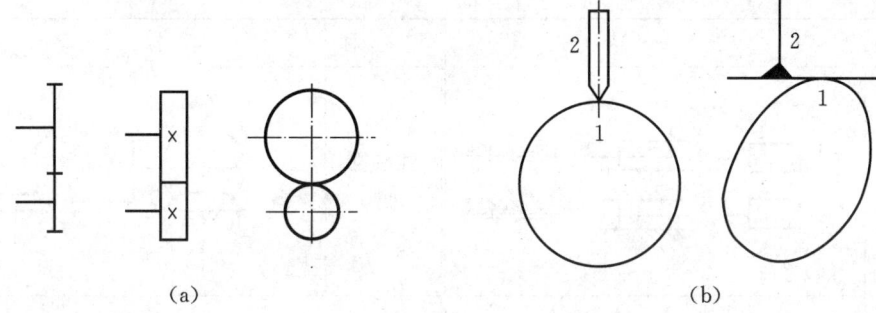

图 2-7 高副的表示法

4）构件

对于轴、杆,常用一根直线表示,两端画出运动副的符号,圆圈表示转动副,如图 2-8(a)所示;若构件固连在一起,则涂以焊缝记号,如图 2-8(b)所示;机架的表示法如图 2-8(c)所示,其中左图为机架基本符号,右图表示机架为转动副的一部分。

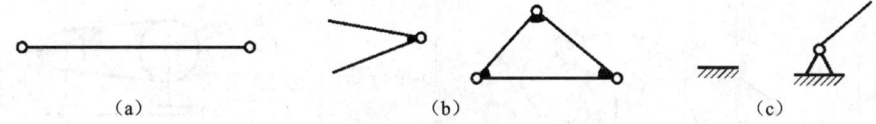

图 2-8 构件的表示法

其他构件和机构的运动简图符号见表 2-1。

表 2-1 机构运动简图规定符号

名　　称	符　　号	名　　称	符　　号
固定构件		外啮合圆柱齿轮机构	
两副元素构件		内啮合圆柱齿轮机构	
三副元素构件			
转动副		齿轮齿条机构	

名　称	符　号	名　称	符　号
移动副	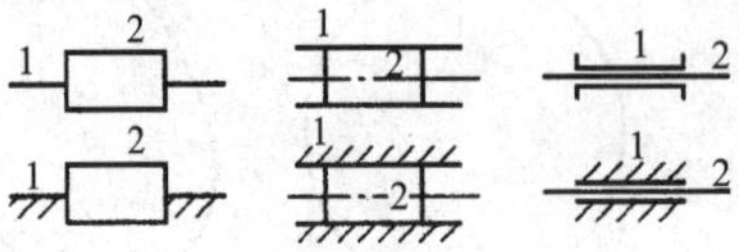	锥齿轮机构	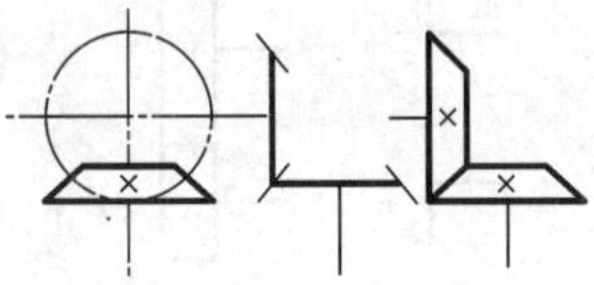
平面高副	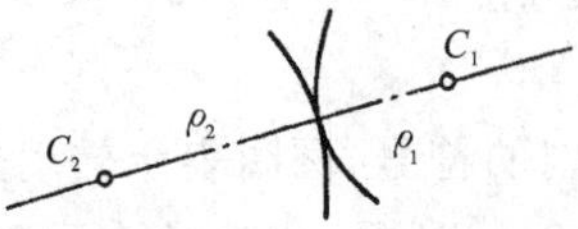	蜗杆蜗轮机构	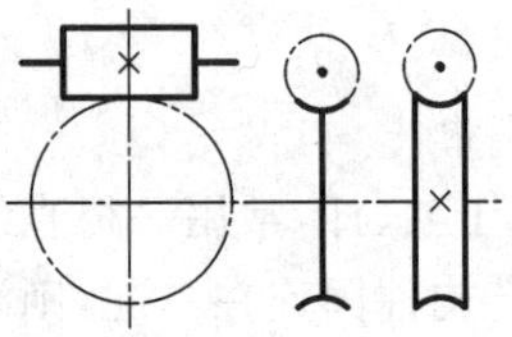
凸轮机构	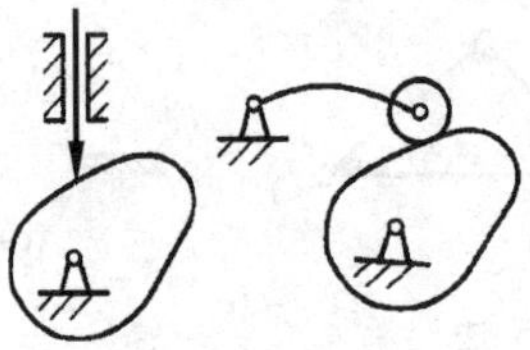	带传动	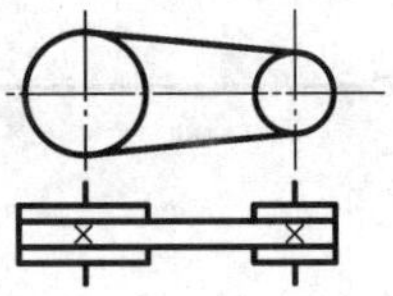
棘轮机构	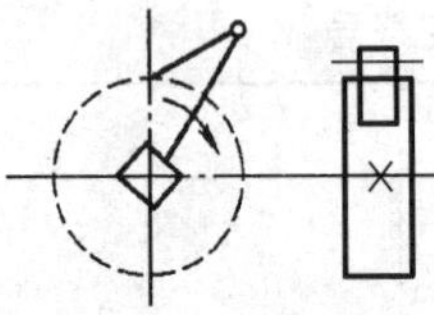	链传动	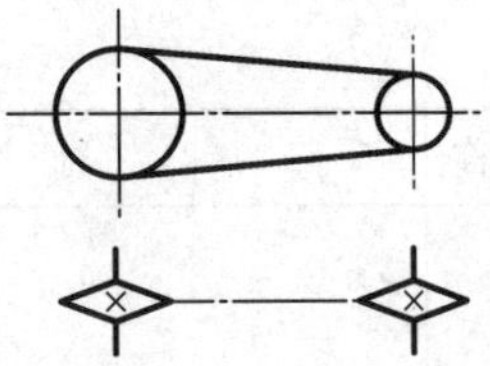

二、平面机构运动简图的绘制

在绘制机构运动简图时,首先必须分析该机构的实际构造和运动情况,分清机构中的主动件(原动件)及从动件;然后从主动件(原动件)开始,顺着运动传递路线,仔细分析各构件之间的相对运动情况;从而确定组成该机构的构件数、运动副数及性质。在此基础上按一定的比例及特定的构件和运动副符号,正确绘制出机构运动简图。绘制时应撇开与运动无关的构件复杂外形和运动副具体构造。同时应注意选择恰当的原动件位置进行绘制,避免构件相互重叠或交叉。

绘制机构运动简图的步骤如下:

(1) 分析机构,观察相对运动;

(2) 确定所有构件的数目与形状,以及运动副的数目和类型;

(3) 选择合理的位置,即能充分反映机构特性的位置;

(4) 确定比例尺,$\mu_l = \dfrac{\text{实际尺寸(m)}}{\text{图示尺寸(mm)}}$;

(5) 用规定的符号和线条绘制成图(从原动件开始画)。

【例 2-1】 绘制如图 2-9 所示颚式破碎机主体机构的运动简图。

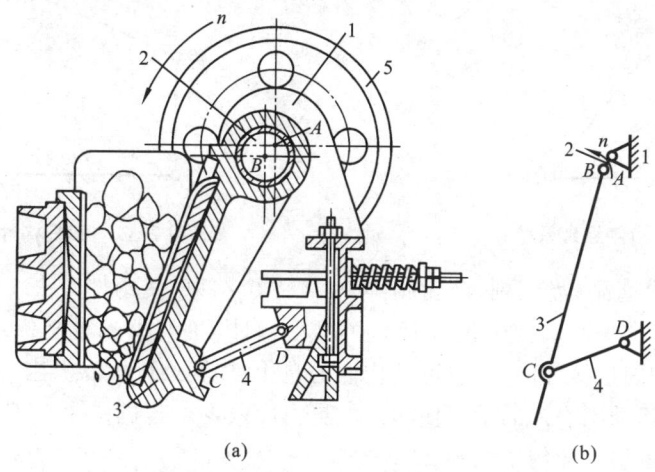

图 2-9 颚式破碎机主体机构及其机构运动简图
1—机架；2—偏心轮；3—动颚板；4—肋板；5—带轮

解 （1）分析机构的组成和运动情况。

由图 2-9(a)可知，颚式破碎机主体机构由机架 1、原动件偏心轮 2、执行件动颚板 3 和肋板 4 共四个构件组成。当偏心轮绕轴线 A 转动时，驱使从动件动颚板运动，从而将矿石压碎。

（2）确定构件数以及运动副数、类型和相对位置。

偏心轮 2 与机架 1 组成转动副 A，偏心轮 2 与动颚板 3 组成转动副 B，肋板 4 与动颚板 3 组成转动副 C，肋板 4 与机架 1 组成转动副 D。

（3）选择视图平面。

图 2-9(a)已清楚地表达出各构件间的运动关系，故选择此平面作为视图平面。

（4）绘制机构运动简图。

选择合适的比例尺，根据图 2-9(a)的尺寸定出 A、B、C、D 的相对位置，用构件和运动副的规定符号绘出机构运动简图，如图 2-9(b)所示。

◀ 2.3 平面机构的自由度 ▶

通过运动副相连接起来的构件系统怎样才能成为机构呢？要想判定若干个构件通过运动副相连接起来的构件系统是否为机构，就必须研究平面机构自由度的计算。

一、平面机构的自由度

机构的自由度是指机构中各构件相对于机架所能有的独立运动的数目。平面机构自由度与组成机构的构件数目、运动副的数目及运动副的性质有关。观察图 2-10 所示三杆构件组合系统和图 2-11 所示四杆构件组合系统，它们皆用转动副连接，但因二者的构件数与运动副数不同，则两构件系统的自由度不同。显然三杆构件系统不能动，而四杆构件组合系统具有确定的运动，这是因为前者自由度为 0，后者则有 1 个自由度。

在平面机构中，每个低副（转动副、移动副）引入 2 个约束，使构件失去 2 个自由度，保留

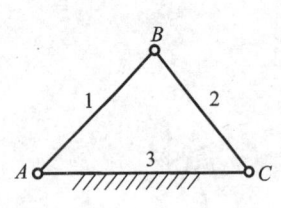

图 2-10　三杆构件组合系统

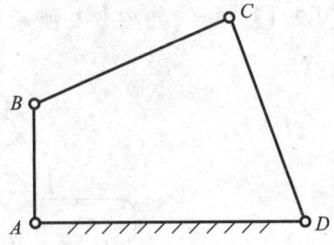

图 2-11　四杆构件组合系统

1 个自由度;而每个高副(齿轮副、凸轮副等)引入 1 个约束,使构件失去 1 个自由度,保留 2 个自由度。如果一个平面机构中包含有 n 个可动构件(机架为参考坐标系,相对固定而不计),在没有用运动副连接之前,这些可动构件的自由度总数应为 $3n$。当各构件用运动副连接起来之后,由于运动副引入的约束使构件的自由度减少。若机构中有 P_L 个低副和 P_H 个高副,则所有运动副引入的约束数为 $2P_L + P_H$。

因此,自由度的计算可用可动构件的自由度总数减去约束的总数。若机构的自由度以 F 表示,则

$$F = 3n - 2P_L - P_H \tag{2-1}$$

二、构件系统具有确定运动的条件

机构的自由度必须大于 0,这样才能保证除机架之外的其他构件能够运动。如果机构的自由度等于 0,所有构件就不能运动了,因此也就构不成机构。通常我们用具有 1 个独立运动的构件作原动件,因此,构件系统成为机构的充分必要条件为:构件系统的自由度必须大于 0,且原动件的数目必须等于自由度数目。

【例 2-2】　计算图 2-12 所示机构的自由度,并判断机构的运动是否确定。

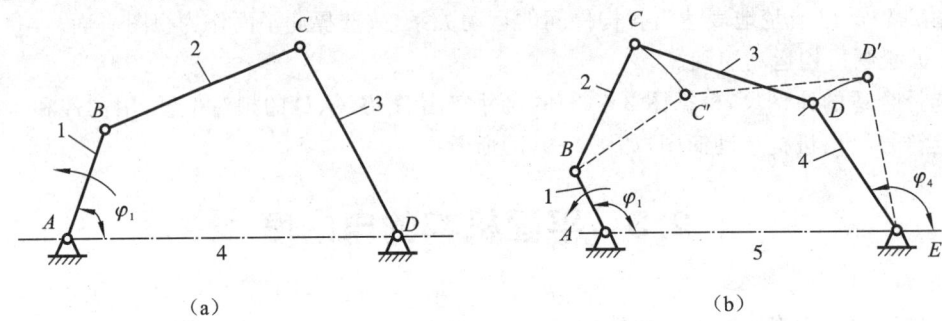

（a）　　　　　　　　　　　　　　　　（b）

图 2-12　例 2-2 图

解　(1) 由分析可知,图 2-12(a)所示机构有 3 个可动构件,4 个转动副,没有高副,即 $n = 3$,$P_L = 4$,$P_H = 0$。所以,该机构的自由度为

$$F = 3n - 2P_L - P_H = 3 \times 3 - 2 \times 4 - 0 = 1$$

由于该机构是以具有 1 个独立运动的构件 1 作原动件,原动件的数目等于机构自由度数目,所以机构具有确定的运动。

(2) 由分析可知,图 2-12(b)所示机构有 4 个可动构件,5 个转动副,没有高副,即 $n = 4$,$P_L = 5$,$P_H = 0$。所以,该机构的自由度为

$$F = 3n - 2P_L - P_H = 3 \times 4 - 2 \times 5 - 0 = 2$$

由于该机构是以具有 1 个独立运动的杆件 1 作原动件,原动件的数目小于机构自由度数目,所以机构的运动不确定。

三、计算平面机构自由度时应注意的问题

应用式(2-1)计算平面机构自由度时,应注意以下几点。

1. 复合铰链

2 个以上构件组成 2 个或更多个共轴线的转动副,即为复合铰链。如图 2-13(a)所示,构件 1、2、3 构成复合铰链。由图 2-13(b)可知,此三构件共组成 2 个共轴线的转动副,当有 k 个构件在同一处构成复合铰链时,就构成 $k-1$ 个共线转动副。在计算机构自由度时,应仔细观察是否有复合铰链存在,以免算错运动副的数目。

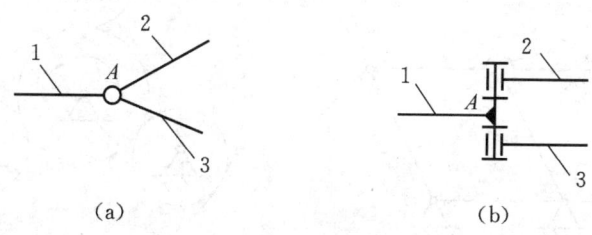

图 2-13　复合铰链

2. 局部自由度

与输出件运动无关的自由度称为机构的局部自由度,在计算机构自由度时,可预先排除。

如图 2-14(a)所示平面凸轮机构中,为减少高副接触处的磨损,在从动件 3 上安装一个滚子 2,使其与凸轮 1 的轮廓线滚动接触。

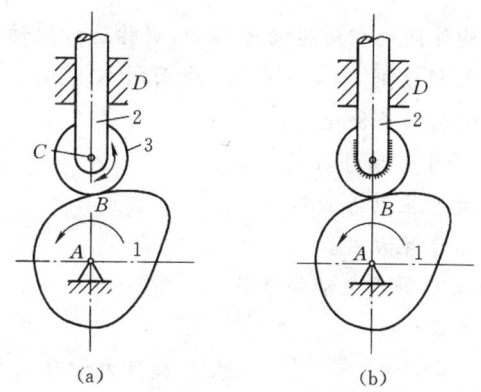

图 2-14　局部自由度

显然,滚子绕其自身轴线的转动与否并不影响凸轮与从动件间的相对运动,因此滚子绕其自身轴线的转动为机构的局部自由度。在计算机构的自由度时应预先将转动副 B 和构件 2 略去不计,如图 2-14(b)所示,设想将滚子 2 与从动件 3 固连在一起,作为 1 个构件来考虑。此时该机构中,$n=2$,$P_L=2$,$P_H=1$。

其机构自由度为

$$F = 3n - 2P_L - P_H = 3 \times 2 - 2 \times 2 - 1 = 1$$

3. 虚约束

在特殊的几何条件下,有些约束所起的限制作用是重复的,这种不起独立限制作用的约束称为虚约束,如图 2-15 所示。

平面机构的虚约束常在下列情况出现:

(1) 被连接件上点的轨迹与机构上连接点的轨迹重合,如图 2-15(a)所示;

(2) 机构中对运动不起限制作用的对称部分,如图 2-15(b)所示;

(3) 两构件构成多个移动副且其导路互相平行;

(4) 两构件构成多个转动副且其轴线重合,例如一根轴上安装多个轴承。

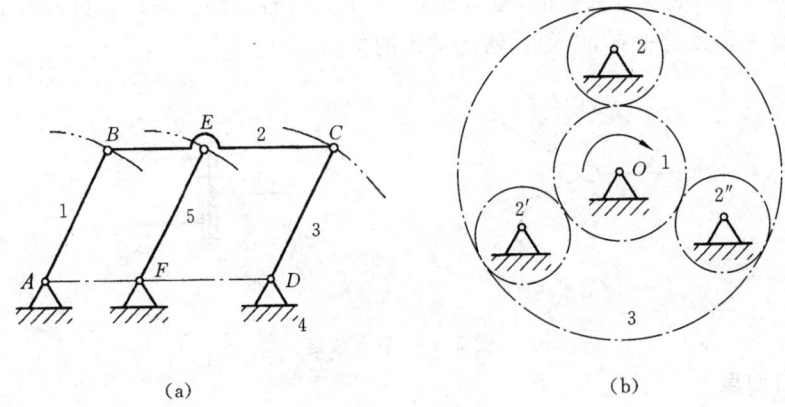

(a)   (b)

图 2-15 虚约束

 习题 2

一、单选题

1. 若组成运动副的两构件间的相对运动是移动,则称这种运动副为( )。

A. 转动副   B. 移动副   C. 球面副   D. 螺旋副

2. 机构具有确定相对运动的条件是( )。

A. 机构的自由度数目等于主动件数目

B. 机构的自由度数目大于主动件数目

C. 机构的自由度数目小于主动件数目

D. 机构的自由度数目大于等于主动件数目

3. 构件运动确定的条件是( )。

A. 自由度大于 1   B. 自由度大于 0

C. 自由度等于原动件数   D. 自由度等于 1

4. 车轮在轨道上转动,车轮与轨道间构成( )。

A. 转动副   B. 移动副   C. 球面副   D. 高副

5. 在机构中采用虚约束的目的是改善机构的运动状况和( )。

A. 美观   B. 增加重量   C. 对称   D. 受力情况

6. 平面运动副的最大约束数为( ),最小约束数为 1。

A. 3   B. 2   C. 1   D. 0

7. 构件在一个平面内运动,最多有( )个自由度。

A. 2   B. 3   C. 4   D. 5

二、填空题

1. 机构中的相对静止件称为_____。

2. 机构中按给定运动规律运动的构件称为_____。

3. 两构件之间以线接触所组成的平面运动副称为_____。

4. 机构组成要素包括构件和_____。

5. 机构中两构件直接接触而又能产生一定相对运动的活动连接称为_____。

6. 平面运动副可分为_____和高副。

7. 平面低副又可分为_____和移动副。

8. m 个构件组成同轴复合铰链时具有_____个回转副。

三、计算题

1. 计算图 2-16 所示各机构的自由度,并说明欲使其具有确定运动,需要有几个原动件?

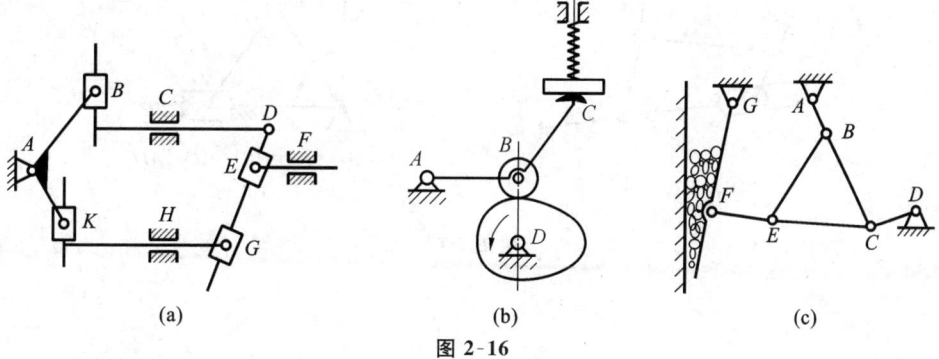

(a)   (b)   (c)

图 2-16

2. 试计算如图 2-17 所示各机构的自由度,并判断该机构的运动是否确定(图中绘有箭头的构件为原动件)。

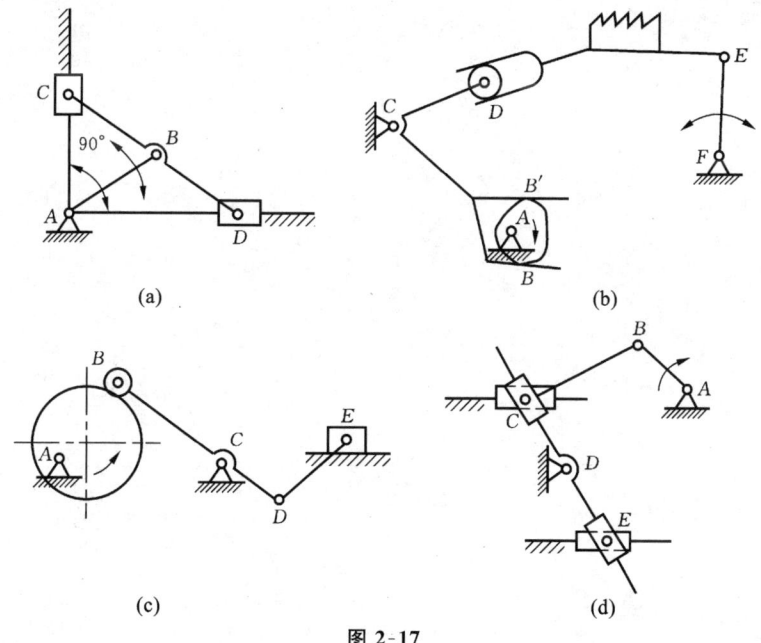

(a)   (b)

(c)   (d)

图 2-17

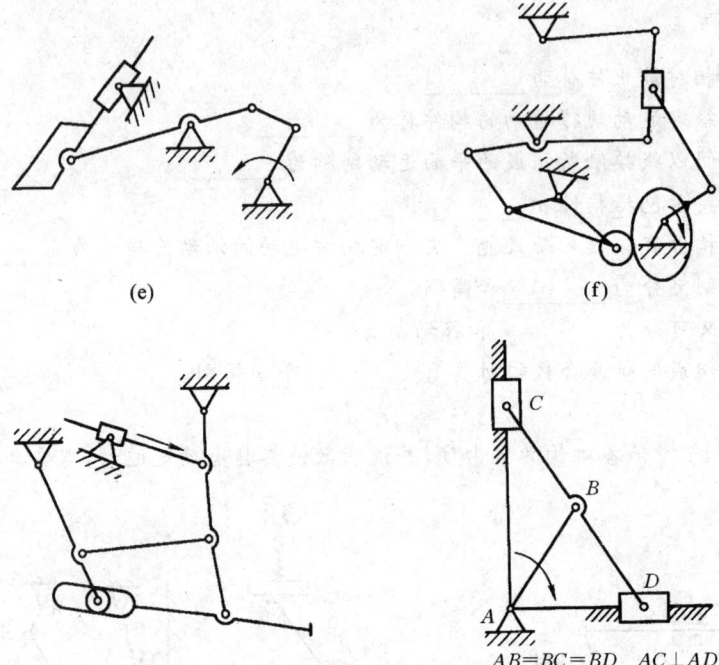

(e)　　　　　　　　　　　　(f)

(g)　　　　　　　　　　　　(h)

$AB=BC=BD$　　$AC\perp AD$

续图 2-17

第3章
平面连杆机构

◀ **教学目标**

(1) 熟悉平面连杆机构的形式。

(2) 掌握平面连杆机构的工作特性。

(3) 能够对平面连杆机构进行分析和设计。

◄ 3.1 平面四杆机构的形式 ►

由几个构件通过低副连接且所有构件在相互平行平面内运动的机构称为平面连杆机构。由四个构件通过低副连接而成的平面连杆机构则称为平面四杆机构。它是平面连杆机构中最常见的形式,也是组成多杆机构的基础。

一、铰链四杆机构的基本形式

全部由转动副连接而成的平面四杆机构称为铰链四杆机构。

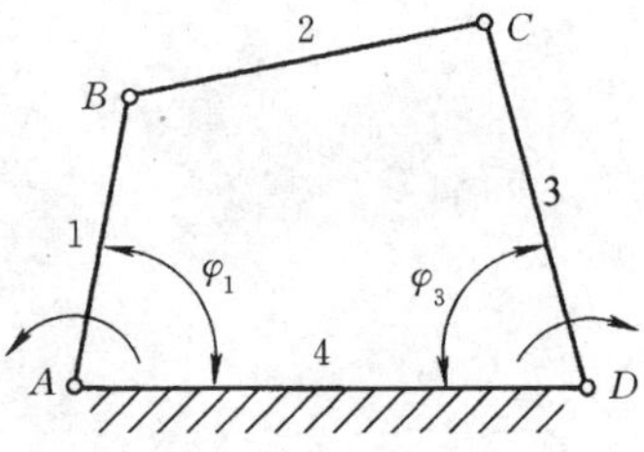

如图 3-1 所示,在铰链四杆机构中,固定不动的杆 4 为机架,与机架相连的杆 1 与杆 3,称为连架杆,连接两连架杆的杆 2 为连杆。连架杆 1 与 3 通常绕自身的回转中心 A 和 D 回转,杆 2 作平行运动;能作整周回转的连架杆称为曲柄,不能作整周回转的连架杆称为摇杆。

铰链四杆机构共有三种基本形式:曲柄摇杆机构、双曲柄机构、双摇杆机构。

图 3-1 铰链四杆机构

1. 曲柄摇杆机构

在铰链四杆机构中,若两个连架杆一个为曲柄,另一个为摇杆,则此铰链四杆机构称为曲柄摇杆机构。通常曲柄 1 为原动件,并作匀速转动;而摇杆 3 为从动件,作变速往复摆动。如图 3-2 所示为调整雷达天线俯仰角的曲柄摇杆机构。曲柄 1 缓慢地匀速转动,通过连杆 2,使摇杆 3 在一定角度范围内摆动,以调整天线俯仰角的大小。图 3-3 所示的缝纫机踏板机构是以摇杆为原动件的曲柄摇杆机构应用实例。

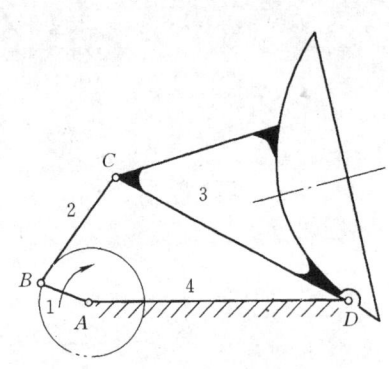

图 3-2 雷达天线的调整机构

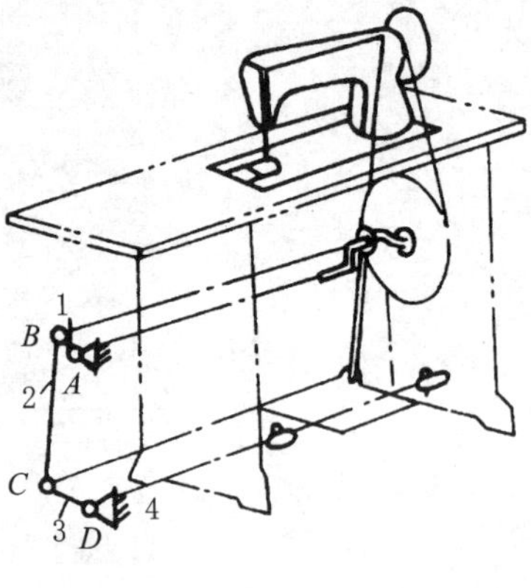

图 3-3 缝纫机踏板机构

2. 双曲柄机构

在铰链四杆机构中,若两连架杆均为曲柄,则称为双曲柄机构。它可将主动曲柄的匀速转动转换成从动曲柄的匀速或变速转动。

图 3-4 所示的惯性筛机构中,当主动曲柄 AB 等角度速回转一周时,从动曲柄 CD 变角速度回转一周,进而带动筛子 EF 往复运动筛选物料。

在双曲柄机构中,用得较多的是平行双曲柄机构,或称平行四边形机构,如图 3-5 所示。

这种机构的对边长度相等,组成平行四边形。当杆 AB 作等角速转动时,杆 CD 也以相同角速度同向转动,连杆 2 则作平移运动。

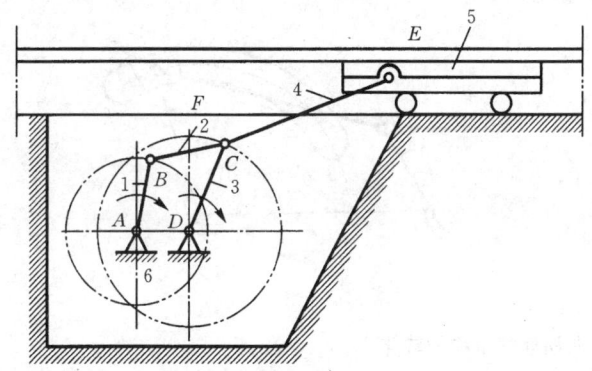

图 3-4　惯性筛机构

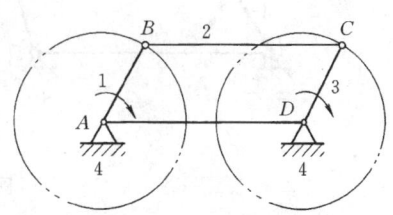

图 3-5　平行双曲柄机构

此外,还有反平行四边形机构,如公共汽车车门启闭机构,如图 3-6 所示。当主动曲柄 AB 转动时,通过连杆带动从动曲柄 CD 朝相反方向转动,从而保证两扇车门同时开启和关闭。

3. 双摇杆机构

两连架杆均为摇杆的铰链四杆机构称为双摇杆机构。图 3-7 所示为用于鹤式起重机变幅的双摇杆机构。当摇杆 AB 摆动时,另一摇杆 CD 随之摆动,选用合适的杆长参数,可使悬挂点 E 的轨迹近似为水平直线,以免被吊重物作不必要的上下运动而造成功耗。

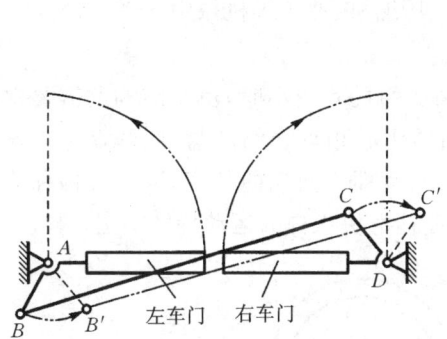

图 3-6　公共汽车车门启闭机构

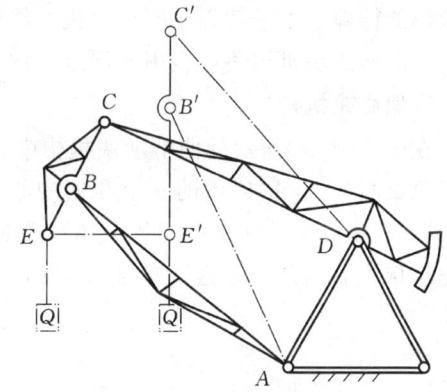

图 3-7　鹤式起重机变幅双摇杆机构

二、铰链四杆机构的演化

铰链四杆机构可以演化为其他形式的四杆机构。演化的方式通常采用移动副取代转动副、变更机架、变更杆长和扩大回转副等途径。

1. 曲柄滑块机构

移动副可以认为是转动副的一种特殊情况,即转动中心位于垂直于移动副导路的无限远处的一个转动副。曲柄滑块机构就是用移动副取代曲柄摇杆机构中的转动副而演化得到的。如图 3-8 所示的曲柄摇杆机构,铰链中心 C 的轨迹为以 D 为圆心、CD 为半径的圆弧 β

一 β。若 CD 增至无穷大,则如图 3-9(a)所示,C 点轨迹变成直线。于是摇杆 3 演化为直线运动的滑块,转动副 D 演化为移动副。

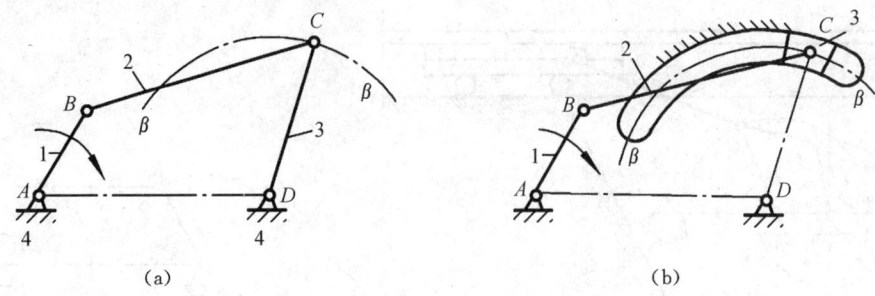

图 3-8　曲柄摇杆机构的转化

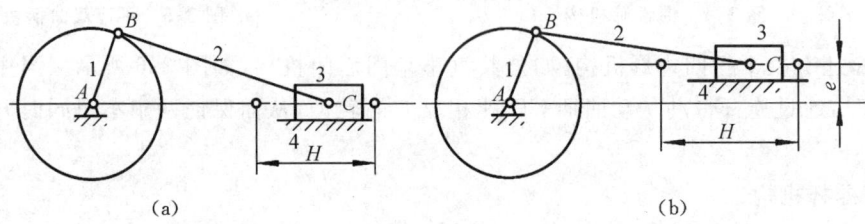

图 3-9　曲柄滑块机构

曲柄滑块机构可分为两种情况:图 3-9(a)所示为对心曲柄滑块机构,其导路通过曲柄的转动中心;图 3-9(b)所示为偏置曲柄滑块机构,其导路与曲柄的转动中心有一个偏距 e,H 为滑块的行程。由于对心曲柄滑块机构结构简单,受力情况好,故在实际生产中得到了广泛应用。曲柄滑块机构还可应用于活塞式内燃机、空气压缩机、冲床等机械中。

2. 偏心轮机构

在图 3-10(a)所示的曲柄滑块机构中,当曲柄 AB 的尺寸较小时,由于结构的需要常将曲柄改成图 3-10(b)所示的一个几何中心不与其回转中心相重合的圆盘,此圆盘称为偏心轮,其回转中心与几何中心间的距离称为偏心距,其长度即为曲柄的长度,这种机构称为偏心轮机构。显然此偏心轮机构与图 3-10(a)所示的曲柄滑块机构的运动特性完全一样。

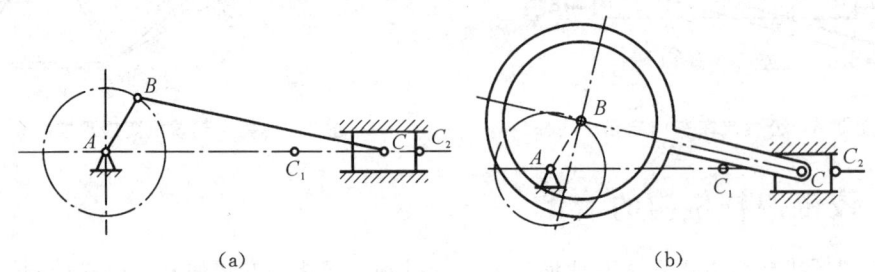

图 3-10　偏心轮机构

3. 导杆机构

导杆机构可以看作是改变曲柄滑块机构中的固定件演化而来的。在图 3-10(a)所示的曲柄滑块机构中,若取曲柄 AB 为机架,即得到图 3-11 所示的机构,滑块 C 相对于导杆 4 滑动并随杆一起绕 A 点转动,称为导杆机构。当 $AB < BC$ 时,导杆 4 能绕 A 点作整周转动,这

种导杆机构称为转动导杆机构,如图 3-11(a)所示。当 $AB>BC$ 时,导杆 4 只能绕 A 点在一定范围内往复摆动,这种导杆机构称为摆动导杆机构,如图 3-11(b)所示。

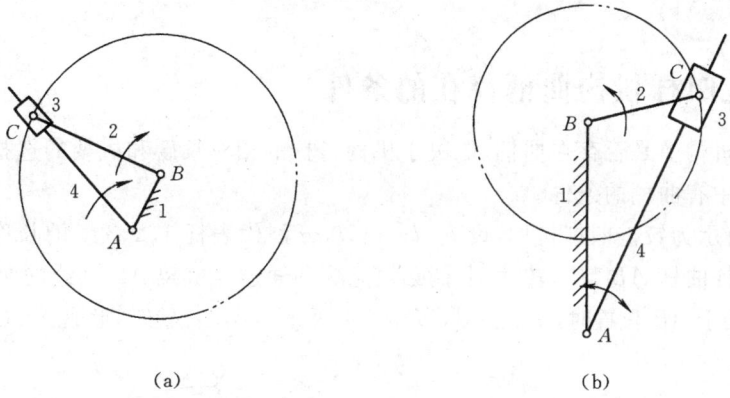

（a）　　　　　　　　　　　　　　　（b）

图 3-11　导杆机构

4. 摇块机构

图 3-12 所示的机构可看作是在图 3-11 所示的导杆机构中取杆 2 为机架得到的,这时曲柄 1 将绕杆 2 的铰接点 B 转动,滑块 3 随杆 4 位置的变化而绕 C 点摆动,因此称此机构为摇块机构。这种机构广泛运用于液压与气压系统。图 3-13 所示为一种自卸汽车的液压举升机构,图中摇块为油缸。

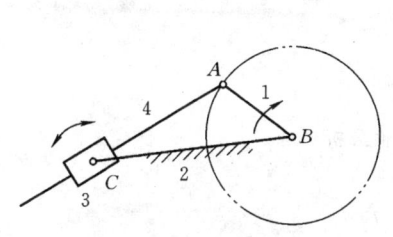

图 3-12　摇块机构

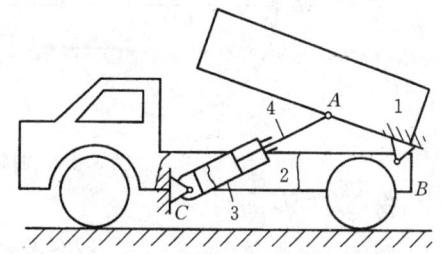

图 3-13　自卸汽车液压举升机构

5. 定块机构

若将图 3-9(a)曲柄滑块机构中的滑块作为机架,就变成了图 3-14 所示的定块机构。图 3-15 所示的手动抽水机构即为应用实例。

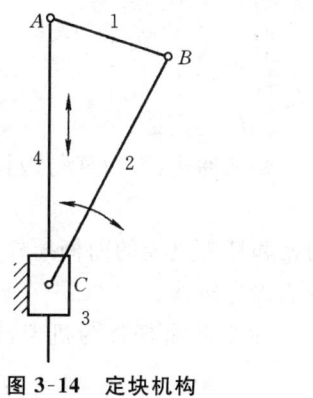

图 3-14　定块机构

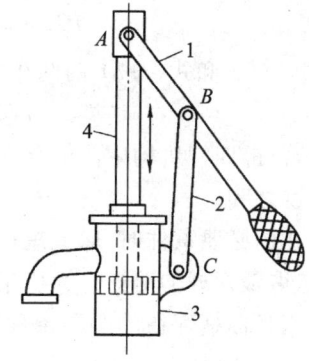

图 3-15　手动抽水机构

3.2 平面四杆机构的工作特性

一、铰链四杆机构曲柄存在的条件

铰链四杆机构中是否存在曲柄,取决于机构各杆的相对长度和机架的选择,下面来讨论铰链四杆机构中有曲柄的条件。

图 3-16 所示为铰链四杆机构,设 l_1、l_2、l_3、l_4 分别代表杆 1、2、3、4 的长度,并设 AD 为机架。为了保证曲柄 AB 整周转动,曲柄必须能顺利通过与机架 AD 共线的两个位置 AB' 和 AB''。当曲柄处于 AB' 位置时,形成 $\triangle B'C'D$;当曲柄处于 AB'' 位置时,形成 $\triangle B''C''D$。

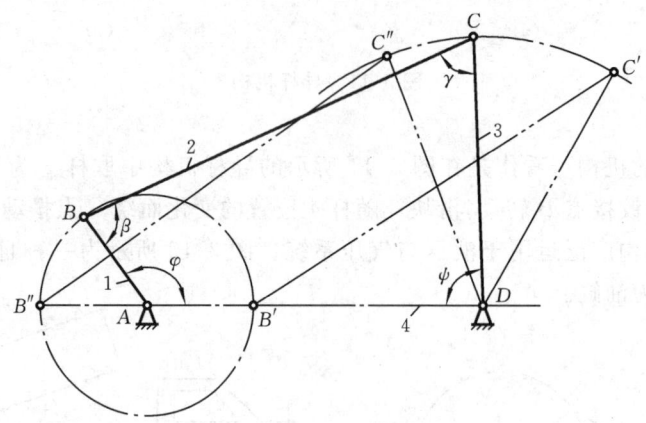

图 3-16 曲柄存在条件分析

因此,由 $\triangle B'C'D$ 可得

$$l_2 \leqslant (l_4 - l_1) + l_3$$
$$l_3 \leqslant (l_4 - l_1) + l_2$$

即

$$l_1 + l_2 \leqslant l_3 + l_4 \tag{3-1}$$
$$l_1 + l_3 \leqslant l_2 + l_4 \tag{3-2}$$

由 $\triangle B''C''D$ 可得

$$l_1 + l_4 \leqslant l_2 + l_3 \tag{3-3}$$

将式(3-1)、式(3-2)和式(3-3)两两相加可得

$$l_1 \leqslant l_2, \quad l_1 \leqslant l_3, \quad l_1 \leqslant l_4$$

上述关系说明,铰链四杆机构中曲柄存在的必要条件是:最短杆与最长杆长度之和小于或等于其余两杆长度之和。

当满足曲柄存在的必要条件时,取最短杆的相邻杆为机架的曲柄摇杆机构,取最短杆为机架的双曲柄机构,取最短杆的对边杆为机架的双摇杆机构。

当四杆长度不满足曲柄存在的必要条件时,无论取哪个杆件为机架,均不存在曲柄,只能是双摇杆机构。

二、急回特性

图 3-17 所示为一曲柄摇杆机构,其曲柄 AB 在转动一周的过程中有两次与连杆 BC 共线(即曲柄处于 AB_1 和 AB_2 位置时)。此时,摇杆 CD 的位置分别为 C_1D 和 C_2D,$\angle C_1DC_2$($=\psi$)称为摇杆的摆角。

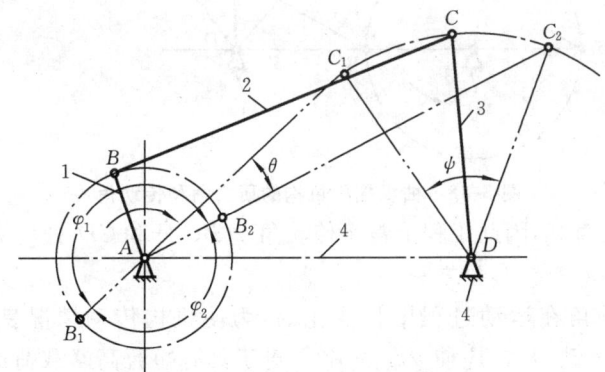

图 3-17　四杆机构的急回特性

当摇杆处于两极限位置时,对应曲柄 AB_1 和 AB_2 两位置之间所夹的锐角称为极位角 θ,如图 3-17 中的 $\angle C_1AC_2=\theta$。由图可知,当曲柄由位置 AB_1 顺时针转到位置 AB_2 时,曲柄转角 $\varphi_1=180°+\theta$,这时摇杆由 C_1D 摆到 C_2D,摇杆摆角为 ψ;曲柄顺时针再转过角度 $\varphi_2=180°-\theta$ 时,摇杆由 C_2D 返回 C_1D,摆角仍为 ψ。当曲柄匀速转动时,对应的时间 $t_1>t_2$,从而反映摇杆往复摆动的快慢不同,C 点往返的平均速度不等,$v_1<v_2$,这一特性称为急回特性。

颚式破碎机、往复式运输机等机械就是利用急回特性来缩短非生产时间以提高生产率的。

急回特性可用行程速比系数 K 表示,即

$$K=\frac{v_2}{v_1}=\frac{\overset{\frown}{C_1C_2}/t_2}{\overset{\frown}{C_1C_2}/t_1}=\frac{t_1}{t_2}=\frac{\varphi_1}{\varphi_2}=\frac{180°+\theta}{180°-\theta} \tag{3-4}$$

式(3-4)表明,极位角 θ 越大,则 K 值越大,急回运动特征也越明显。

将式(3-4)整理后,可得极位角的计算式为

$$\theta=180°\times\frac{K-1}{K+1} \tag{3-5}$$

设计新机械时,可根据该机械的急回要求先给出 K 值,然后由式(3-5)算出极位角 θ,再确定各构件的尺寸。

三、压力角和传动角

在生产中,不仅要求铰链四杆机构能实现预定的运动规律,而且希望运转轻便,效率较高。

如图 3-18 所示的曲柄摇杆机构,如不计各杆质量和运动副中的摩擦,则连杆 BC 为二力杆,它作用于从动摇杆 3 上的力 F 是沿 BC 方向的。F 与该力在摇杆上的作用点绝对速度 v_C 之间所夹的锐角 α 称为压力角。由图可见,α 越小,力 F 在 v_C 方向的有效分力 $F_t=F\cos\alpha$ 越大,机构运转越轻便,效率越高。压力角的余角 $\gamma=90°-\alpha$,称为传动角,传动角越大越好,当 $\gamma=90°$ 时,传动性能最好。

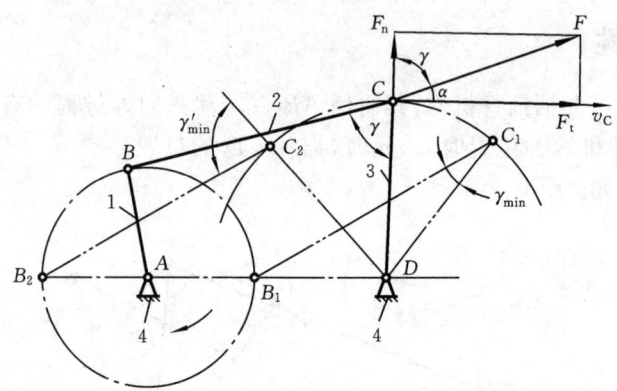

图 3-18　曲柄摇杆机构的压力角和传动角

由于传动角较为直观,因此工程上常将传动角 γ(BC 杆和 CD 杆所夹的锐角)作为设计和衡量机构传动性能的重要参数之一。

四杆机构的传动角在运动过程中是变化的,为使机构传动情况良好,设计时通常取 $\gamma_{min} \geqslant 40°$;在传递较大动力时,应使 $\gamma_{min} \geqslant 50°$。对于具有短暂高峰载荷的机器,可使机构在传动角较大的位置上进行工作,以减轻杆件和运动副中的载荷。

可以证明,传动角的最小值 γ_{min} 出现在当曲柄 AB 与机架 AD 处于共线位置时。设计时,应检查 γ_{min} 是否大于上述允许的最小值。

曲柄滑块机构中,当曲柄为原动件时,其最小传动角 γ_{min} 如图 3-19 所示。

摆动导杆机构中,当曲柄为原动件时,滑块 3 对导杆 4 的作用力 F 的方向始终与导杆上 C 点速度 v_C 方向一致,垂直于导杆,故传动角始终等于 90°,如图 3-20 所示。因此,导杆机构具有良好的传动性能。

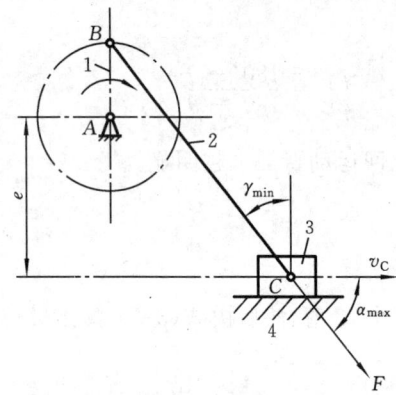

图 3-19　曲柄滑块机构的最小传动角

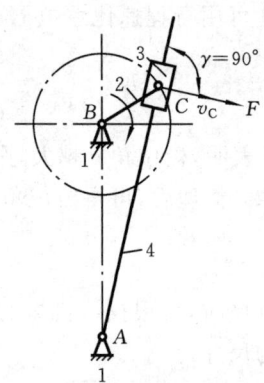

图 3-20　摆动导杆机构的最小传动角

四、死点位置

如图 3-18 所示,由 $F_t = F_{\cos\alpha}$ 知,当压力角 $\alpha = 90°$ 时,对从动件的作用力或力矩为零,此时连杆不能驱动从动件工作,机构处在这种位置称为死点。若以摇杆 CD 为主动件,曲柄 AB 为从动件,当曲柄 AB 与连杆 BC 共线时,出现压力角 $\alpha = 90°$,传动角 $\gamma = 0°$。机构处于死点位置,一方面驱动力作用降为零,从动件要依靠惯性越过死点;另一方面是方向不定,可能因偶然外力的影响造成反转。

四杆机构是否存在死点,取决于从动件是否与连杆共线。如图 3-18 所示的曲柄摇杆机构,如果改曲柄 AB 为主动件,摇杆 CD 为从动件,因连杆 BC 与摇杆 CD 不存在共线的位置,故不存在死点。

死点的存在对机构运动是不利的,应尽量避免出现死点。当无法避免出现死点时,一般可以采用加大从动件惯性的方法,靠惯性帮助通过死点。例如,内燃机曲轴上的飞轮。也可以采用机构错位排列的方法,靠两组机构死点位置差的作用通过各自的死点。

在实际工程应用中,有许多场合是利用死点位置来实现一定的工作要求的。图 3-21(a) 所示为一种快速夹具,要求夹紧工件后夹紧反力 F_N 不能使夹具自动松开,所以将夹头构件 1 看成主动件,把摇杆 3 看成从动件,当连杆 2 和摇杆 3 共线时,机构处于死点,夹紧反力 F_N 对摇杆 3 的作用力矩为零。这样,无论 F_N 有多大,也无法推动摇杆 3 而松开夹具。当我们用手搬动连杆 2 的延长部分时,因主动件的转换破坏了死点位置,则可轻易地松开工件。

图 3-21(b) 所示为飞机起落架处于放下机轮的位置,地面反力 F_N 作用在机轮上,AB 为主动件,从动件 CD 与连杆 BC 成一直线,机构处于死点,只要用很小的锁紧力作用于 CD 杆即可有效地保持支撑状态。当飞机升空离地要收起机轮时,只要用较小的力量推动 CD,因主动件改为 CD 破坏了死点位置,从而轻易地收起机轮。

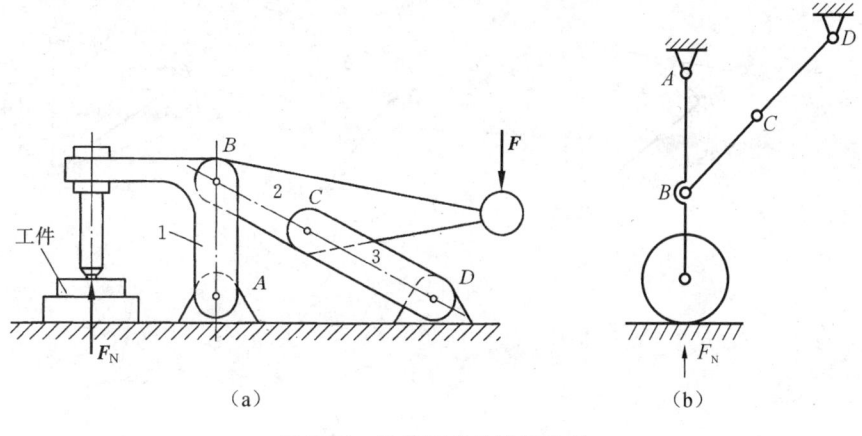

（a）　　　　　　　　　　　　　　（b）

图 3-21　机构死点位置的应用

◀ 3.3　平面连杆机构的设计 ▶

平面连杆机构设计的基本问题如下:

（1）实现构件给定位置,即要求平面连杆机构能引导构件按规定顺序精确或近似地经过给定的若干位置。

（2）实现已知运动规律,即要求主、从动件满足已知的若干组对应位置关系,包括满足一定的急回特性要求,或者在主动件运动规律一定时,从动件能精确或近似地按给定规律运动。

（3）实现已知运动轨迹,即要求平面连杆机构中作平面运动的构件上某一点精确或近似地沿着给定的轨迹运动。

平面连杆机构的设计方法有图解法、试验法、解析法三种,本节只介绍图解法。

一、按给定的连杆长度和位置设计平面四杆机构

【例 3-1】 如图 3-22 所示,已知连架杆 AB 和机架 AD 长度,两连架杆三组对应位置 AB_1、AB_2、AB_3 和 DE_1、DE_2、DE_3。请设计该铰链四杆机构。

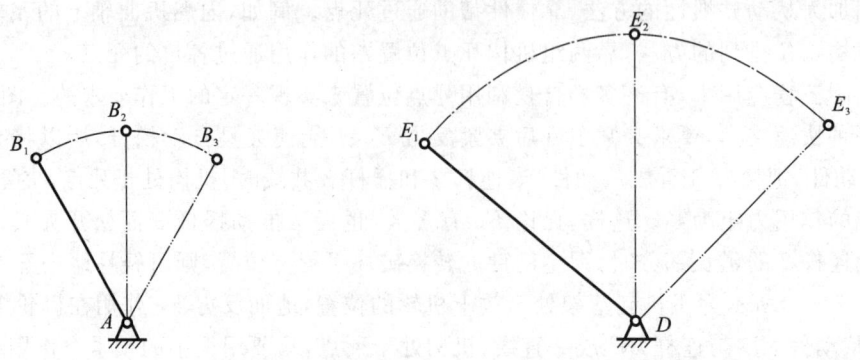

图 3-22 按连杆的三个预定位置设计四杆机构

解 本题实质是确定连杆与连架杆相连的转动副 C。如图 3-23 所示,具体做法如下:

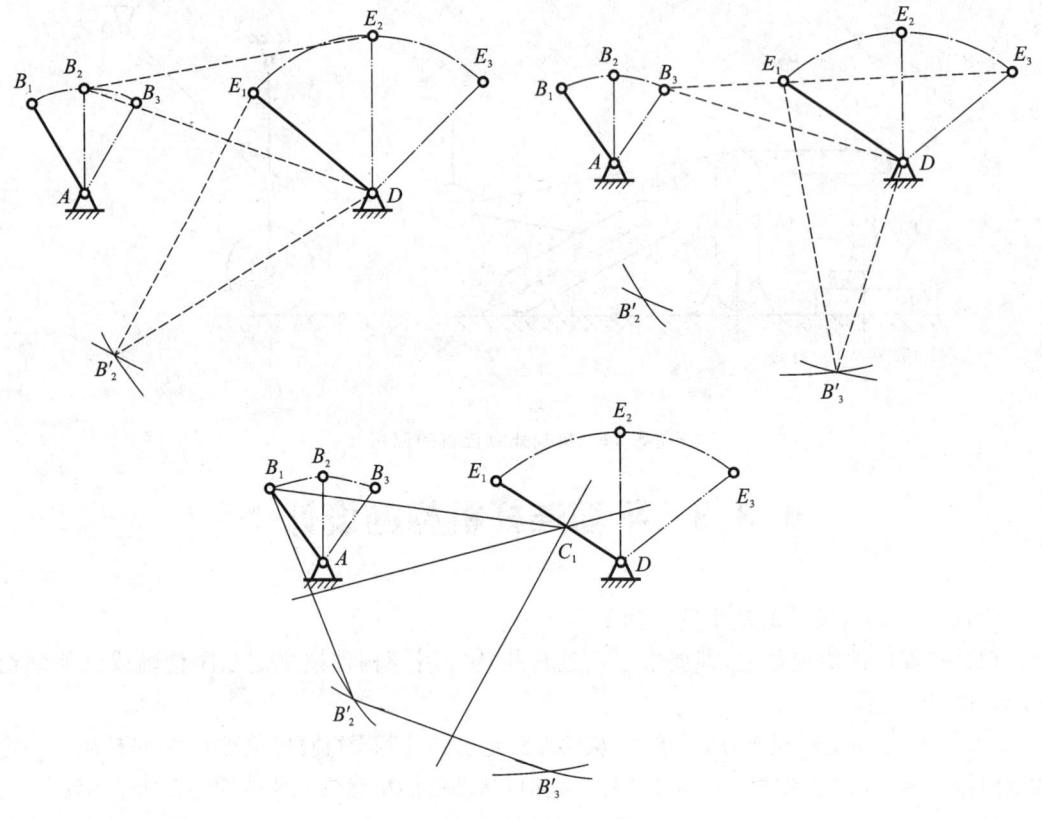

图 3-23 例 3-1 设计步骤

(1)以连架杆 DE 的第一个位置 DE_1 作为反转的基准位置。作 $\triangle DE_1B'_2 \cong \triangle DE_2B_2$,得到 B_2 点在机构转化过程中的新位置 B'_2。

(2)继续以连架杆 DE 的第一位置 DE_1 作为反转的基准位置,作 $\triangle DE_1B'_3 \cong \triangle DE_2B_3$,

得到 B_3 点在机构转化过程中的新位置 B'_3。

（3）作过 B_1、B'_2 和 B'_3 三点圆弧的圆心，即分别作 $B_1B'_2$ 和 $B'_2B'_3$ 的中垂线，两直线的交点就是所求的圆心 C_1 点，也就是连杆 BC 与连架杆 CD 铰链点 C 的第一个位置。AB_1C_1D 就是所要求的铰链四杆机构第一位置时的机构图。

【例 3-2】 试设计一曲柄滑块机构，利用连杆来实现车门启闭过程中到达的三个给定位置Ⅰ、Ⅱ、Ⅲ，如图 3-24(a)所示。其中：位置Ⅰ是车门关闭状态，位置Ⅱ是中间的一个状态，位置Ⅲ是车门全开状态。连杆上铰链中心 B、C 的三个位置分别为 B_1、C_1，B_2、C_2，B_3、C_3。

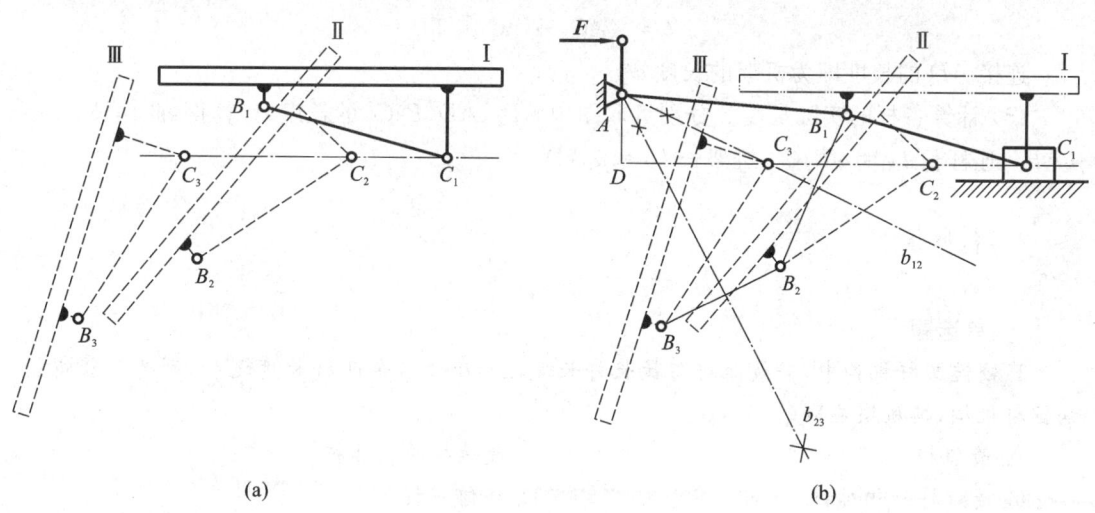

(a)　　　　　　　　　　　　(b)

图 3-24　车门启闭机构设计

解 如图 3-24(b)所示，把 C 点做滑块，已知的三个位置 B_1、C_1，B_2、C_2，B_3、C_3，B 和 C 已成为两个铰点，分别作直线段 B_1B_2、B_2B_3 的垂直平分线得 b_{12} 和 b_{23}，直线 b_{12}、b_{23} 的交点 A 和滑块 C 即为所求。

二、按给定的行程速比系数设计平面四杆机构

设计具有急回特性的四杆机构，一般是根据运动要求选定行程速比系数，然后根据机构极位角的几何特点，结合其他辅助条件进行设计。

【例 3-3】 已知行程速比系数 K、摇杆长度 l_{CD}、最大摆角 ψ，请用图解法设计此曲柄摇杆机构。

解 设计过程如图 3-25 所示，具体步骤如下。

（1）由行程速比系数 K 计算极位角 θ。由式（3-5）知

$$\theta = 180° \times \frac{K-1}{K+1}$$

（2）选择合适的比例尺，作图求摇杆的极限位置。取摇杆长度 l_{CD} 除以比例尺 μ_l，得图中摇杆长 CD，任选一点 D，作摇杆的两个极限位置 C_1D 和 C_2D，使其长度等于 c，使其夹角等于 ψ。

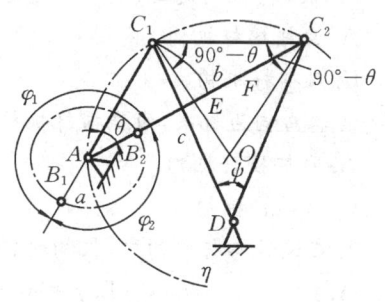

图 3-25　按行程速比系数设计四杆机构

（3）连接直线 C_1C_2，作 $\angle C_1C_2O=90°-\theta$，$\angle C_2C_1O=90°-\theta$，相交于 O 点，则 $\angle C_1OC_2=$

2θ。由于圆弧的圆周角为圆心角的一半,以 O 点为圆心、OC_1 为半径作圆,则该圆周上任意点 A 与 C_1C_2 连线的夹角 $\angle C_1AC_2=\theta$。由于 A 点位置可以在弧 $C_1\eta$ 或弧 $C_2\eta$ 上任取,故有无穷多解。此时若已给出附加条件,如给出曲柄尺寸或机架尺寸,则 A 点位置可唯一确定,一般还要使机构满足传动角 $\gamma_{min}\geqslant[\gamma]$。

（4）A 点确定后,由于曲柄摇杆机构在极限位置时曲柄和连杆共线,连接 AC_1、AC_2,设曲柄长度为 a,连杆长度为 b,则得 $AC_1=b-a$,$AC_2=b+a$。将这两式联立,得

$$a=(AC_2-AC_1)/2$$
$$b=(AC_2+AC_1)/2$$

连接 AD 的长度即为机架的长度 d。

（5）计算各杆的实际长度。分别量取图中 AB_2、AD、B_2C_2 的长度,计算得:曲柄长 $l_{AB}=\mu_l AB_2$,连杆长 $l_{BC}=\mu_l B_2C_2$,机架长 $l_{AD}=\mu_l AD$。

习题 3

一、单选题

1.铰链四杆机构中,若最短杆与最长杆长度之和小于其余两杆长度之和,则为了获得曲柄摇杆机构,其机架应取（　　）。

A.最短杆 　　　　　　　　　　B.最短杆的相邻杆

C.最短杆的相对杆 　　　　　　D.任何一杆

2.曲柄摇杆机构中含有（　　）个周转副,含有 2 个摆转副。

A.3 　　　　　B.2 　　　　　C.1 　　　　　D.0

3.在下列平面四杆机构中,无论以（　　）为主动件,都不存在死点位置。

A.曲柄摇杆机构 　　　　　　　B.双摇杆机构

C.双曲柄机构 　　　　　　　　D.以上都不是

4.铰链四杆机构的死点位置发生在（　　）。

A.从动件与连杆共线位置 　　　B.从动件与机架共线位置

C.主动件与连杆共线位置 　　　D.主动件与机架共线位置

5.偏心轮机构是由（　　）,通过改变运动副的尺寸演化而来。

A.曲柄摇杆机构 　　　　　　　B.双曲柄机构

C.双摇杆机构 　　　　　　　　D.以上都不是

6.取曲柄为机架,曲柄摇杆机构可以转化为（　　）。

A.曲柄摇杆机构 　　　　　　　B.双曲柄机构

C.双摇杆机构 　　　　　　　　D.以上都不是

7.在铰链四杆机构中,机构的传动角 γ 和压力角 α 的关系是（　　）。

A.$\gamma=\alpha$ 　　　B.$\gamma=90°-\alpha$ 　　　C.$\gamma=90°+\alpha$ 　　　D.$\gamma=180°-\alpha$

8.在曲柄摇杆机构中,当曲柄等速转动时,摇杆往复摆动的平均速度不同的运动特性称为（　　）。

A.自锁 　　　　　　　　　　　B.间歇运动

C.急回运动 　　　　　　　　　D.平面运动

9.一平面铰链四杆机构的各杆长度分别为 $a=350,b=600,c=200,d=700$。当取 c 杆为机架时,它为（　　）机构。

A. 双曲柄　　　　　　　　　　　　B. 曲柄摇杆

C. 双摇杆　　　　　　　　　　　　D. 曲柄滑块

10.机构处于死点位置时,其传动角等于（　　）。

A. 0　　　　　　　B. 90　　　　　　　C. 180　　　　　　　D. 45

二、简答题

1.连杆机构中急回特性的定义是什么?什么条件下机构才具有急回特性?

2.铰链四杆机构中曲柄存在的条件是什么?曲柄是否一定是最短杆?

3.何谓连杆机构的死点?举出避免死点和利用死点的例子。

三、计算题

1.根据图 3-26 中注明的尺寸,判别四杆机构的类型。

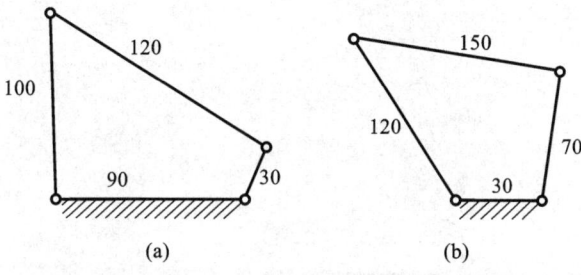

(a)　　　　　　　　　　　　(b)

图 3-26

2.如图 3-27 所示,在平面四杆机构 $ABCD$ 中,已知 AB、BC、CD 三杆的长度分别为 $l_{AB}=100$ mm,$l_{BC}=200$ mm,$l_{CD}=300$ mm,机架 AD 的长度 l_{AD} 为变量。试求:(1)当此机构为曲柄摇杆机构时,l_{AD} 的取值范围;(2)当此机构为双曲柄机构时,l_{AD} 的取值范围;(3)当此机构为双摇杆机构时,l_{AD} 的取值范围。

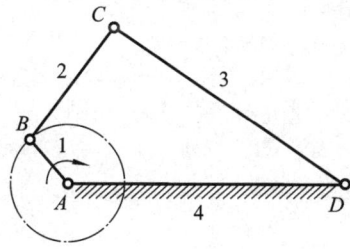

图 3-27

第4章
凸轮机构

◀ **教学目标**

（1）熟悉凸轮机构的组成和分类。

（2）掌握凸轮机构从动件的运动规律。

（3）能够对凸轮机构进行分析和轮廓线设计。

4.1 凸轮机构的组成和类型

一、凸轮机构的组成和应用

1. 凸轮机构的组成

凸轮是一个具有曲线轮廓或凹槽的构件,通常作等速运动,但也有作往复摆动或移动的。从动件是被凸轮直接推动的构件,可作连续或间歇的往复运动或摆动。凸轮机构就是由凸轮、从动件和机架三个主要构件所组成的高副机构。

2. 凸轮机构的特点

(1) 优点:只要适当地设计出凸轮的轮廓曲线,就可以使推杆得到各种预期的运动规律,且机构简单紧凑。

(2) 缺点:凸轮轮廓线与推杆之间为点、线接触,易磨损,所以凸轮机构多用在传力不大的场合。

3. 凸轮机构的应用

如图 4-1 所示为内燃机配气凸轮机构,当具有一定曲线轮廓的凸轮 1 以等角速度回转时,它的轮廓迫使从动件 2(阀杆)按内燃机工作循环的要求启闭阀门。

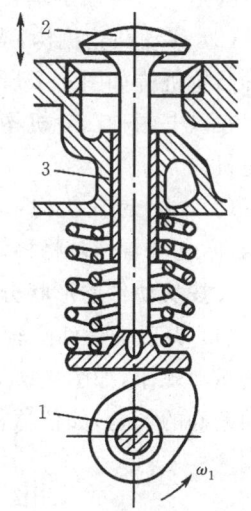

图 4-1 内燃机配气机构
1—凸轮;2—气阀;3—导套

图 4-2 所示为靠模车削机构,工件 4 回转,凸轮 1 作为靠模被固定在床身上,刀架 2 在弹簧作用下与凸轮轮廓紧密接触,当拖板 3 纵向移动时,刀架 2 在靠模板曲线轮廓的推动下作横向移动,从而切削出具有靠模曲线表面的工件。

图 4-3 所示为自动机床上控制刀架运动的凸轮机构,当圆柱凸轮 1 回转时,凸轮凹槽侧面迫使从动件 2 运动,以驱动刀架 3 运动。凹槽的形状将决定刀架的运动规律。

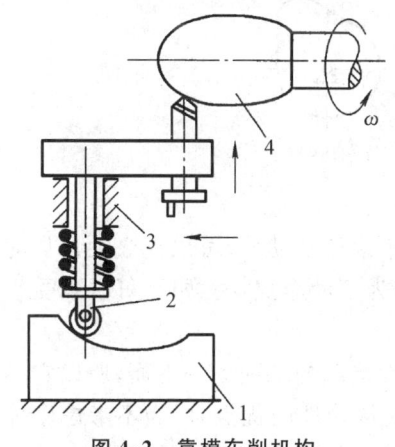

图 4-2 靠模车削机构

1—凸轮;2—刀架;3—拖板;4—工件

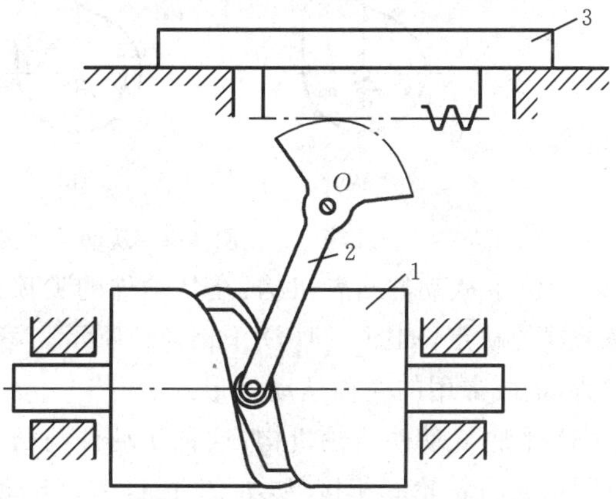

图 4-3 自动机床进刀机构

1—凸轮;2—从动件;3—刀架

凸轮机构广泛用于自动化和半自动化机械中作为控制机构。但凸轮轮廓与从动件之间为点、线接触而易磨损,所以不宜承受重载或冲击载荷。

二、凸轮机构的类型

凸轮机构的类型很多,通常按凸轮和从动件的形状、从动件的运动形式、锁合方式分类。

1. 按凸轮的形状分类

(1) 盘形凸轮机构:仅具有径向轮廓线尺寸变化并绕其轴线旋转的凸轮机构。这种凸轮机构是一个绕固定轴转动并且具有变化半径的盘形零件,如图4-1所示。

(2) 移动凸轮机构:当盘形凸轮的回转中心趋于无穷远时,凸轮相对机架作直线运动,这种凸轮机构如图4-2所示。

在以上两种凸轮机构中,凸轮与从动件之间的相对运动均为平面运动,故又统称为平面凸轮机构。

(3) 圆柱凸轮机构:是一个在圆柱面上开有曲线凹槽,或是在圆柱端面上作出曲线轮廓的构件,它可看作是将移动凸轮机构卷在圆柱体上形成的,如图4-3所示。

2. 按从动件的形状分类

(1) 尖顶从动件凸轮机构:尖顶能与任意复杂的凸轮轮廓保持接触,因而能实现任意预期的运动规律,如图4-4(a)、(b)、(f)所示。但因为尖顶磨损快,所以只宜用于受力小、低速、运动精确的场合,如仪器仪表中。

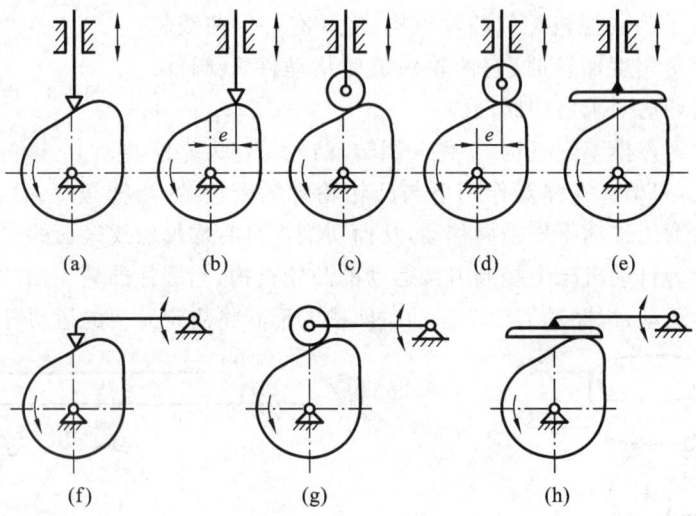

图4-4 从动件的形状及运动形式

(2) 滚子从动件凸轮机构:在从动件的尖顶处安装一个滚子从动件,可以克服尖顶从动件易磨损的缺点,如图4-4(c)、(d)、(g)所示。滚子从动件为滚动摩擦,耐磨损,可以承受较大载荷,是最常用的一种从动件形式。

(3) 平底从动件凸轮机构:这种从动件与凸轮轮廓表面接触的端面为一平面,所以它不能与凹槽的凸轮轮廓相接触,如图4-4(e)、(h)所示。平底从动件的优点是:当不考虑摩擦时,凸轮与从动件之间的作用力始终与从动件的平底相垂直,受力平稳,传动效率较高,且接触面易于形成油膜,利于润滑,故常用于高速场合。

3. 按从动件的运动形式分类

无论凸轮和从动件的形状如何,按从动件的运动形式可分为移动从动件凸轮机构和摆动从动件凸轮机构。

（1）移动从动件凸轮机构：从动件作往复移动，如图 4-4(a)～(e)所示。

（2）摆动从动件凸轮机构：从动件作往复摆动，如图 4-4(f)～(h)所示。

4. 按锁合方式不同分类

（1）力锁合凸轮机构：凸轮机构中，采用重力、弹簧力使从动件端部与凸轮始终相接触的方式称为力锁合。

（2）形锁合凸轮机构：凸轮机构中，采用特殊几何形状实现从动件端部与凸轮相接触的方式称为形锁合，如沟槽凸轮、等径及等宽凸轮、共轭凸轮等，如图 4-5 所示。

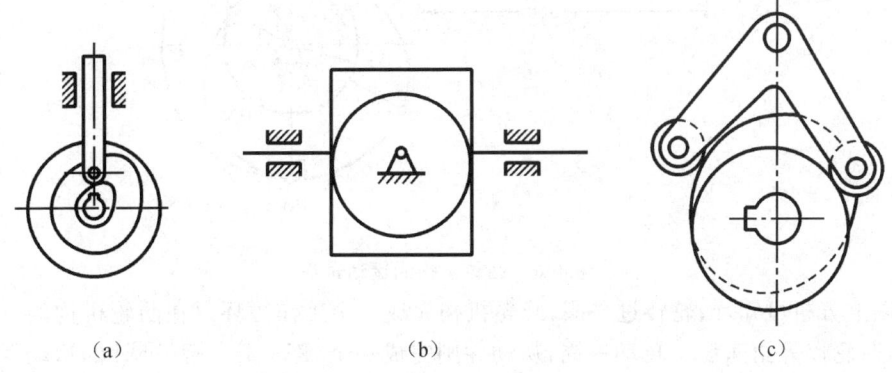

（a）　　　　　　　　（b）　　　　　　　　（c）

图 4-5　形锁合凸轮机构

◀ 4.2　凸轮机构从动件的运动规律 ▶

凸轮机构从动件的运动规律取决于凸轮的轮廓线，要使凸轮机构从动件实现既定的运动规律，需要设计凸轮的基本参数。不同的运动规律对凸轮机构的工作性能有很大的影响，因此，在设计凸轮机构时，要合理地选择从动件的运动规律。

一、凸轮机构的运动分析

这里以图 4-6 所示尖顶对心直动从动件盘形凸轮机构为例，说明凸轮机构的运动过程和基本参数。

图 4-6 中，从凸轮的回转中心 O 到凸轮轮廓线上任一点 K 的距离称为凸轮上 K 点的矢径，记作 r_K。以凸轮轮廓上的最小矢径 r_b 的大小为半径所作的圆称为凸轮的基圆。图示位置是从动件的尖顶与凸轮轮廓在 A 点接触时的情况。此时从动件位于距离凸轮转动中心最近的位置，它也是从动件开始上升运动时的起始位置。当凸轮以等角速度 ω 逆时针转动时，由于轮廓对应的凸轮 AB 段为矢径不变的基圆圆弧，从动件停在距轴心最近处不动，此过程称为近休止，又称近停。对应的凸轮转角 Φ_s' 称为近休止角或近停程角。当凸轮继续转动至 BD 段时，凸轮廓线上的向径逐渐增大，推动从动件向上运动，到达矢径最大的 D 点时，从动件距凸轮轴心最远，这一过程称为推程，又称升程。与之对应的凸轮转角 Φ，称为推程运动角，简称推程角或升程角，从动件上升的最大位移 h 称为行程。当凸轮继续转过 Φ_s 时，由于

轮廓 DD_0 段为一矢径不变的圆弧,从动件停留在最远处不动,此过程称为远休止,又称远停,对应的凸轮转角 Φ_s 称为远休止角或远停程角。当凸轮又继续转过 Φ' 角时,凸轮矢径由最大减至 r_b,从动件从最远处回到基圆上的 A 点,此过程称为回程,对应的凸轮转角 Φ' 称为回程运动角,简称回程角。

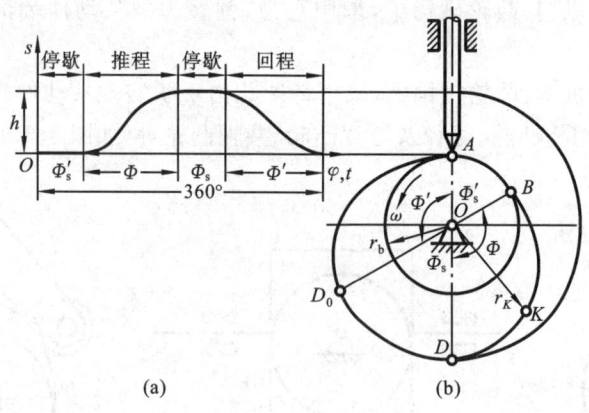

图 4-6　凸轮机构的运动过程

由以上分析可知,凸轮转过一圈,凸轮机构完成一个工作循环。在凸轮机构的一个运动循环中,凸轮以等角速度 ω 转动一周,从动件则完成一个"停—升—停—降"的运动循环。以上描述的凸轮机构的工作过程是最常见、最典型的。实际的运动过程是依据实际的工作需要由上面的几个阶段组合而成的,而不是必须经历以上几个阶段,可以没有静止阶段,也可以有 $1\sim2$ 个静止阶段。

二、从动件的运动规律

所谓从动件的运动规律,是指从动件在推程和回程时,其位移 s、速度 v 和加速度 a 随时间 t 变化的规律。因凸轮一般作等速运动,即凸轮的转角 φ 与时间 t 成正比,所以从动件的运动规律常表示为从动件的位移 s、速度 v 和加速度 a 随凸轮转角 φ 变化的规律。该运动规律可以分别用 s-φ 曲线图、v-φ 曲线图和 a-φ 曲线图来表示。从动件的运动规律通常表示成凸轮转角 φ 的函数,即

$$\left.\begin{array}{l} s = f(\varphi) \\ v = f'(\varphi) \\ a = f''(\varphi) \end{array}\right\} \tag{4-1}$$

常用的从动件运动规律有等速运动规律、等加速-等减速运动规律、余弦加速度运动规律和正弦加速度运动规律,如表 4-1 所示。

表 4-1　常用从动件运动规律

运动规律	运动方程	
	推程 $0 \leqslant \varphi \leqslant \Phi$	回程 $0 \leqslant \varphi' \leqslant \Phi'$
等速运动规律	$s = (h/\Phi)\varphi$ $v = h\omega/\Phi$ $a = 0$	$s = h - (h/\Phi')\varphi'$ $v = -h\omega/\Phi'$ $a = 0$

运动规律	运动方程	
	推程 $0 \leqslant \varphi \leqslant \Phi$	回程 $0 \leqslant \varphi' \leqslant \Phi'$
等加速-等减速运动规律	$0 \leqslant \varphi \leqslant \Phi/2$ $s = (2h/\Phi^2)\,\varphi^2$ $v = (4h\omega/\Phi^2)\,\varphi$ $a = 4h\omega^2/\Phi^2$	$0 \leqslant \varphi' \leqslant \Phi'/2$ $s = h - (2h/\Phi'^2)\,\varphi'^2$ $v = -(4h\omega/\Phi'^2)\,\varphi'$ $a = -4h\omega^2/\Phi'^2$
	$\Phi/2 < \varphi \leqslant \Phi$ $s = h - 2h(\Phi-\varphi)^2/\Phi^2$ $v = 4h\omega(\Phi-\varphi)/\Phi^2$ $a = -4h\omega^2/\Phi^2$	$\Phi'/2 < \varphi' \leqslant \Phi'$ $s = 2h(\Phi'-\varphi')^2/\Phi'^2$ $v = -4h\omega(\Phi'-\varphi')/\Phi'^2$ $a = 4h\omega^2/\Phi'^2$
余弦加速度运动规律（简谐运动规律）	$s = h/2[1-\cos(\pi\varphi/\Phi)]$ $v = (\pi h\omega/2\Phi)\sin(\pi\varphi/\Phi)$ $a = (\pi^2 h\omega^2/2\Phi^2)\cos(\pi\varphi/\Phi)$	$s = h/2[1+\cos(\pi\varphi'/\Phi')]$ $v = -(\pi h\omega/2\Phi')\sin(\pi\varphi'/\Phi')$ $a = -(\pi^2 h\omega^2/2\Phi'^2)\cos(\pi\varphi'/\Phi')$
正弦加速度运动规律（摆线运动规律）	$s = h[\varphi/\Phi - (1/2\pi)\sin(2\pi\varphi/\Phi)]$ $v = (h\omega/\Phi)[1-\cos(2\pi\varphi/\Phi)]$ $a = (2\pi h\omega^2/\Phi^2)\sin(2\pi\varphi/\Phi)$	$s = h[1-\varphi'/\Phi' + (1/2\pi)\sin(2\pi\varphi'/\Phi')]$ $v = -(h\omega/\Phi')[1-\cos(2\pi\varphi'/\Phi')]$ $a = -(2\pi h\omega^2/\Phi'^2)\sin(2\pi\varphi'/\Phi')$

1. 等速运动规律

从动件推程或回程的运动速度为常数的运动规律称为等速运动规律，其运动线图如图 4-7 所示。根据数学知识可知，由于速度 v 为常数，因此从动件的位移与凸轮的转角 φ 之间的函数关系是一次函数，其位移曲线是一条斜直线。

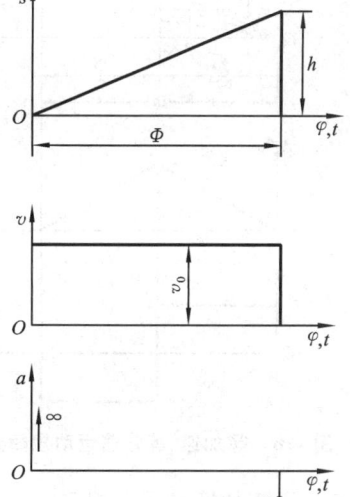

由图 4-7 可知，从动件在推程（或回程）开始和终止的瞬间，速度有突变，其加速度和惯性力在理论上为无穷大，致使凸轮机构产生强烈的冲击、噪声和磨损，这种冲击为刚性冲击。因此，等速运动规律只适用于低速、轻载的场合。为避免出现刚性冲击，实际应用时常用圆弧或其他曲线修正位移线图的始、末两端，使修正后的加速度为有限值，这样引起的冲击为有限冲击，称为柔性冲击。

2. 等加速-等减速运动规律

图 4-7 等速运动规律运动线图

从动件在一个推程或回程中，前半行程作等加速运动，后半行程作等减速运动，这种运动规律称为等加速-等减速运动规律。通常加速度和减速度的绝对值相等，其运动线图如图 4-8 所示。

等加速-等减速运动规律的运动线图可按如下方法绘制：

（1）在纵坐标轴上将行程 h 分成相等的两部分，在横坐标轴上将凸轮的推程角 Φ 也分成相等的两部分。

（2）将 $\Phi/2$ 等分成若干份（图中等分成 4 份），得各等分点 $1,2,3,\cdots$，过这些等分点分别作横坐标轴的垂线。

（3）将 $h/2$ 分成与上面相同的份数，得各等分点 $1',2',3',\cdots$，连接 $O1',O2',O3',\cdots$，与相应的垂线分别交于 $1'',2'',3'',\cdots$。

（4）将这些交点用平滑的曲线相连，即得等加速运动推程前半程的位移曲线。用同样的方法可画出后半程等减速运动运动的位移曲线。

3. 余弦加速度运动规律

当凸轮作等角速度转动时，从动件的加速度按余弦规律变化，此种运动规律称为余弦加速度运动规律。余弦加速度运动规律的 a-φ 曲线为余弦曲线，v-φ 曲线为正弦曲线，s-φ 曲线为简谐运动曲线，故这种运动规律又称为简谐运动规律。其运动线图如图 4-9 所示。当凸轮机构作有停歇的运动时，由图 4-9 可见，a-φ 曲线在首、末两点有突变，故有柔性冲击。在这种情况下余弦加速度运动规律仅适用于中低速的凸轮机构。若凸轮机构作无停歇的往复运动，加速度曲线是一条连续的余弦曲线，加速度没有突变，可以消除柔性冲击。所以，凸轮机构采取无停歇的运动形式时，余弦加速度运动规律可用于高速的场合。

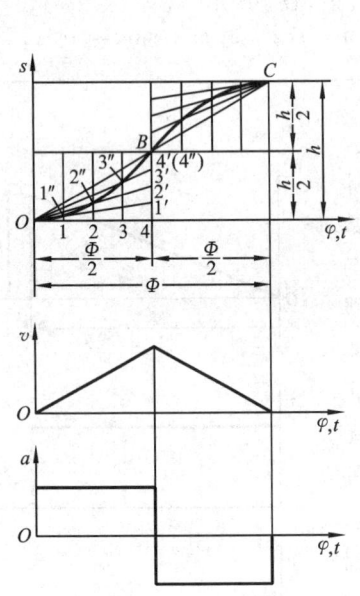

图 4-8　等加速-等减速运动规律运动线图

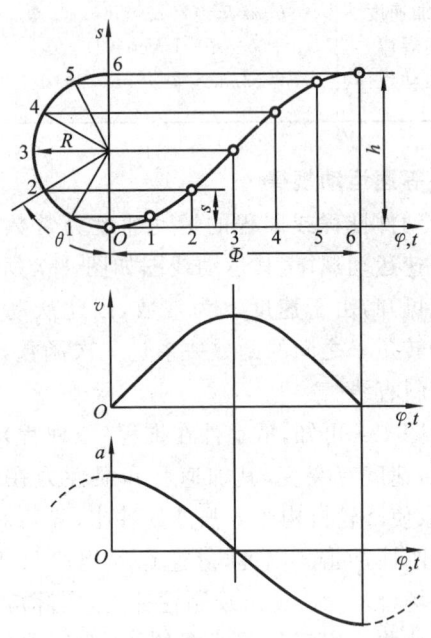

图 4-9　余弦加速度运动规律运动线图

4. 正弦加速度运动规律

正弦加速度运动规律又称为摆线运动规律。当从动件的加速度按正弦规律变化时，其运动线图如图 4-10 所示。由图可见，从动件作正弦加速度运动时，其加速度没有突变，因而将不产生冲击，所以正弦加速度运动规律常用于高速的凸轮机构。

在选择从动件的运动规律时，首先应满足具体工作要求，同时还要考虑使凸轮机构具有良好的动力特性和便于加工制造，因此在工程中通常将上述几种常用的运动规律组合使用，以改善其运动特性。

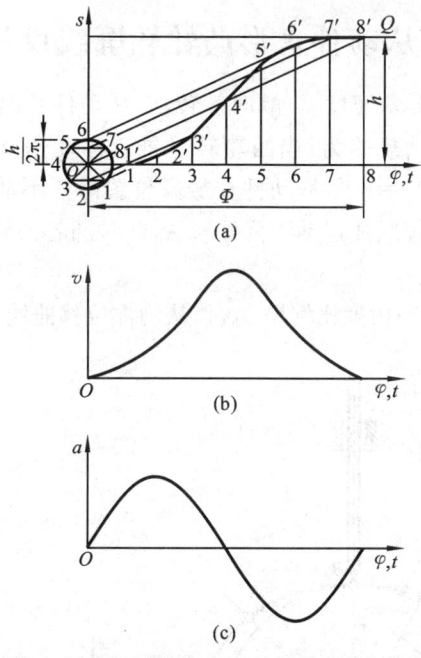

图 4-10　正弦加速度运动规律运动线图

◀ 4.3　盘形凸轮轮廓线的设计 ▶

　　根据机器的使用场合和工作要求,选定凸轮机构的类型及从动件的运动规律后,就可以根据选定的基圆半径进行凸轮轮廓线的设计。凸轮轮廓线的设计方法有图解法和解析法两种。图解法简单、直观,但作图误差较大,只能应用于低速或不重要场合的设计。对于精度要求较高的高速凸轮、靠模凸轮等,必须采用解析法列出凸轮轮廓线的方程式,借助于计算机辅助设计软件精确地设计凸轮轮廓线。

一、凸轮轮廓线设计的基本原理

　　设计凸轮轮廓线的基本原理是反转法。它根据相对运动的原理,简化了对复杂运动规律的描述。如图 4-11 所示的对心尖顶从动件盘形凸轮机构中,当凸轮以等角速度 ω 绕轴心 O 逆时针转动时,从动件在凸轮轮廓的推动下上下移动。现设想给整个凸轮机构加上一个与凸轮角速度大小相等、方向相反的公共角速度 $-\omega$,于是凸轮静止不动,而从动件一方面随导路以角速度 $-\omega$ 绕轴心 O 转动,另一方面又在导轨内按原来的运动规律相对导路移动(或摆动)。因从动件尖顶始终与凸轮轮廓保

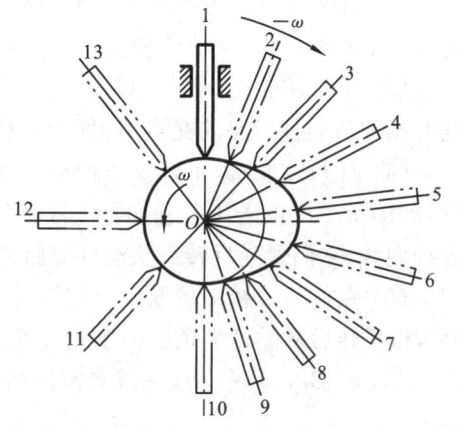

图 4-11　反转法原理

持接触,所以从动件在反转行程中,若使其满足既定的运动规律,那么其尖顶的运动轨迹就是凸轮的轮廓线。如果从动件是滚子,则滚子中心可看作从动件的尖顶,其运动轨迹就是凸轮的理论轮廓线,凸轮的实际轮廓线是与理论轮廓线相距滚子半径 r_T 的一条等距曲线。

二、对心直动尖顶从动件盘形凸轮轮廓线设计

设凸轮机构中,凸轮以等角速度 ω_1 顺时针转动,从动件导路中线通过凸轮回转中心,凸轮基圆半径为 r_0,从动件运动规律为:当凸轮转过推程运动角 $\Phi=180°$ 时,从动件等速上升距离 h;凸轮转过远休止角 $\Phi_s=60°$,从动件在最高位置静止不动;凸轮继续转过回程运动角 $\Phi'=120°$,从动件以等加速-等减速运动下降距离 h,此时凸轮回转一周。根据此运动规律,则凸轮轮廓线的绘制步骤如下。

(1) 选取长度比例尺 μ_l 和角度比例尺 μ_φ,作从动件位移曲线 $s=s(\Phi)$,如图 4-12(a)所示。

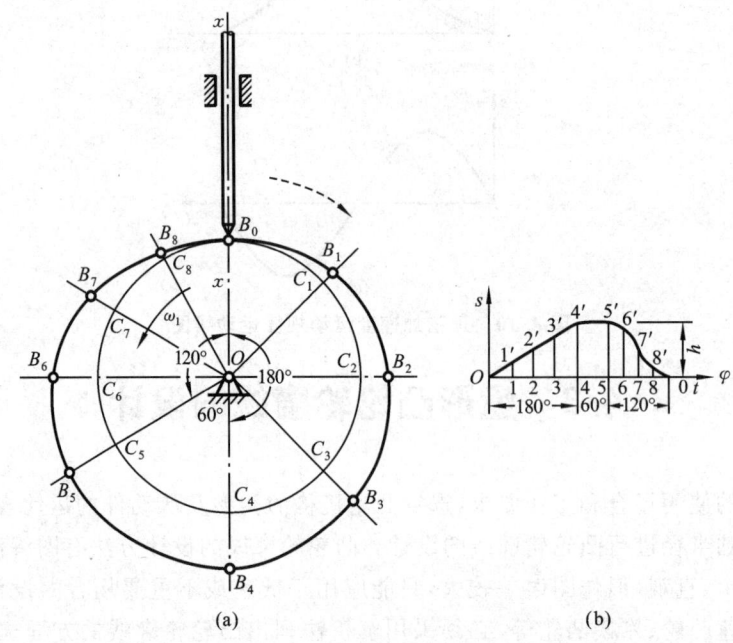

(a)   (b)

图 4-12 对心直动尖顶从动件盘形凸轮轮廓线设计

(2) 将位移曲线的推程运动角 $\Phi=180°$ 和回程运动角 $\Phi'=120°$ 分为若干等份,并通过各等分点作垂线,与位移曲线相交,即得相应凸轮各转角对应的从动件的位移 $11',22'\cdots$。

(3) 用同样的比例尺 μ_l 以 O 点为圆心、以 $OB_0=r_0/\mu_l$ 为半径画圆,如图 4-12(a)所示,此基圆与从动件导路的交点 B_0 即为从动件尖顶的起始位置。

(4) 自 OB_0 沿 ω_1 的相反方向取角度 $\Phi=180°$,$\Phi_s=60°$,$\Phi'=120°$,并将它们各分成与图 4-12(b)所对应的若干等份,得 C_1,C_2,C_3,$\cdots$,C_8 点。连接 OC_1,OC_2,OC_3,$\cdots$,OC_8,并延长各径向线,它们便是反转后从动件导路的各个位置。

(5) 在位移曲线中量取各个位移量,并取 $C_1B_1=11'$,$C_2B_2=22'$,$C_3B_3=33'$,$\cdots$,$C_8B_8=88'$,得反转后从动件尖顶的一系列位置 B_1,B_2,B_3,$\cdots$,B_8。

(6) 将 B_0,B_1,$\cdots$,B_8 连成光滑的曲线,即得要求的凸轮轮廓线(见图4-12(a))。

三、对心直动滚子从动件盘形凸轮轮廓线设计

滚子从动件盘形凸轮轮廓线的设计方法与尖顶从动件盘形凸轮轮廓线的设计方法基本相同。可把滚子中心看作尖顶,其运动轨迹就是凸轮的理论轮廓线 β_0,凸轮的实际轮廓线是与理论轮廓线相距滚子半径 r_T 的一条等距曲线,以理论轮廓线上各点为圆心、以滚子半径

r_T 为半径作一系列圆,这些圆的包络线 β 即为所求凸轮的实际轮廓线,如图 4-13 所示。应注意的是,凸轮的基圆指的是理论轮廓线上的基圆。

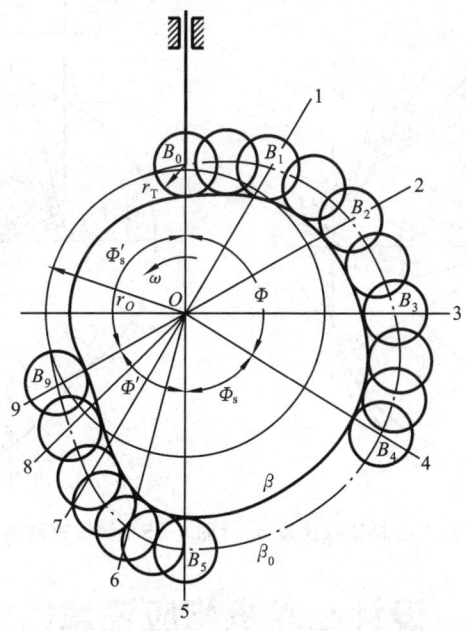

图 4-13　滚子从动件盘形凸轮轮廓线设计

四、对心直动平底从动件盘形凸轮轮廓线设计

如图 4-14 所示,把平底与从动件导路中心线的交点 A 看作尖顶从动件的尖顶,按照前述方法,求出尖顶的一系列位置 $1', 2', 3', \cdots$,将其连成曲线,所得即凸轮的理论轮廓线 β_0。过以上各交点,作一系列代表从动件平底的直线,这一系列位置的包络线即为所求凸轮的实际轮廓线 β。

五、偏置直动尖顶从动件盘形凸轮轮廓线设计

如图 4-15 所示,对于偏置直动尖顶从动件盘形凸轮机构,从动件的导路中心线不通过凸轮的回转中心 O,而是有一偏距 e。这类凸轮机构工作时,从动件导路中心线始终与以 O 为圆心、以偏距 e 为半径的圆(称为偏距圆)相切。因此,在设计此类凸轮的轮廓线时,应按下列步骤进行:

(1)以凸轮回转中心 O 为圆心作基圆和偏距圆,然后运用反转法在偏距圆上按 $-\omega$ 方向依次量出推程角、远停程角、回程角和近停程角;

(2)将各转角分成若干等份,得各等分点 $B_1, B_2, B_3, \cdots$,过各等分点作偏距圆的切线,分别与基圆交于点 $1, 2, 3, \cdots$;

(3)从基圆开始,由各分点沿偏距圆切线方向向外量取从动件相应的位移,这是与对心式直动从动件凸轮轮廓线设计不同之处;

(4)用平滑的曲线将所得点 $1', 2', 3', \cdots$ 相连,即得偏置直动尖顶从动件盘形凸轮轮廓线。

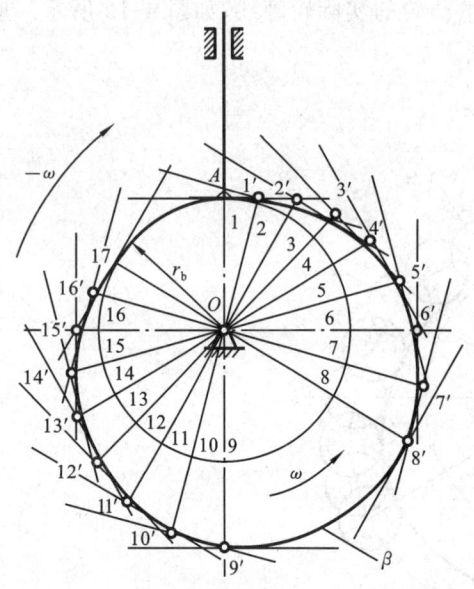
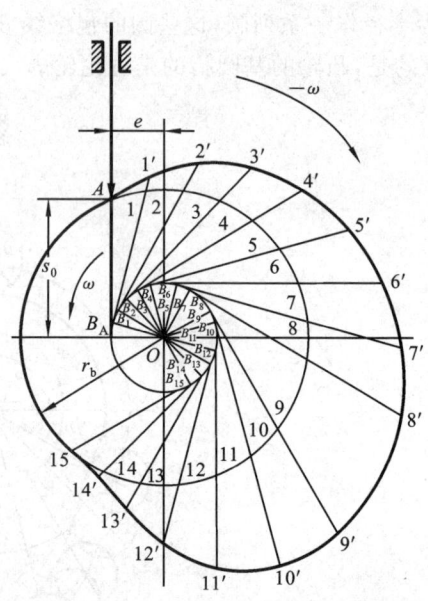

图 4-14　对心直动平底从动件盘形凸轮轮廓线设计　　图 4-15　偏置直动尖顶从动件盘形凸轮轮廓线设计

◀ 4.4　设计凸轮机构应注意的问题 ▶

设计凸轮机构时,不仅要满足从动件的运动规律,还要求结构紧凑、传力性能良好,这些要求的实现与凸轮机构的滚子半径、压力角和基圆半径等有关。

一、滚子半径的选择

从减少凸轮与滚子间的接触应力来看,滚子半径越大越好。但是必须注意,滚子半径增大后对凸轮实际轮廓曲线有很大影响。如图 4-16 所示,设理论轮廓曲线外凸部分的最小曲率半径为 $\rho_{\min}$,滚子半径为 r_T,则相应位置实际轮廓曲线的曲率半径为 $\rho' = \rho_{\min} - r_T$。

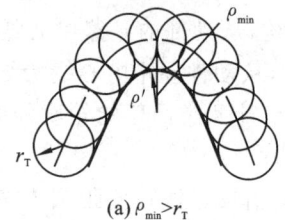
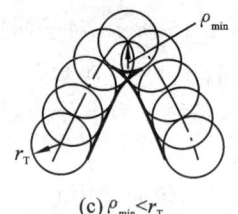

(a) $\rho_{\min} > r_T$　　　　　　(b) $\rho_{\min} = r_T$　　　　　　(c) $\rho_{\min} < r_T$

图 4-16　滚子半径的选择

当 $\rho_{\min} > r_T$ 时,如图 4-16(a)所示,$\rho' > 0$,实际轮廓曲线为一平滑曲线。

当 $\rho_{\min} = r_T$ 时,如图 4-16(b)所示,$\rho' = 0$,在凸轮实际轮廓曲线上产生了尖点,这种尖点极易磨损,磨损后就会改变原定的运动规律。

当 $\rho_{\min} < r_T$ 时,如图 4-16(c)所示,$\rho' < 0$,实际轮廓曲线发生相交,交点以上的轮廓曲线在实际加工时将被切去,使这一部分运动规律无法实现。为了使凸轮轮廓曲线在任何位置既不变尖更不相交,滚子半径必须小于理论轮廓曲线外凸部分的最小曲率半径 $\rho_{\min}$(理论轮廓曲线内凹部分对滚子半径的选择没有影响)。通常取 $r_T \leqslant 0.8\rho_{\min}$,若 $\rho_{\min}$ 过小,使选择的滚子半径太

小,导致不能满足安装和强度要求,则应把凸轮基圆半径 r_0 加大,重新设计凸轮轮廓曲线。

二、凸轮机构的压力角

与连杆机构中的概念相同,当不计摩擦时,作用于从动件的驱动力方向与从动件力作用点速度方向所夹的锐角称为压力角。对图 4-17(a)所示尖顶直动从动件盘形凸轮机构,凸轮作用于从动件的驱动力 F 是沿法向传递的,该法线与从动件运动方向所夹锐角即为压力角 α。若将力 F 分解为沿从动件运动方向的分力 F' 和垂直运动方向的分力 F'',则

$$F' = F\cos\alpha, \quad F'' = F\sin\alpha$$

式中:F' 为推动从动件运动的有效分力,F'' 将使从动件偏转压紧导路并引起摩擦阻力。

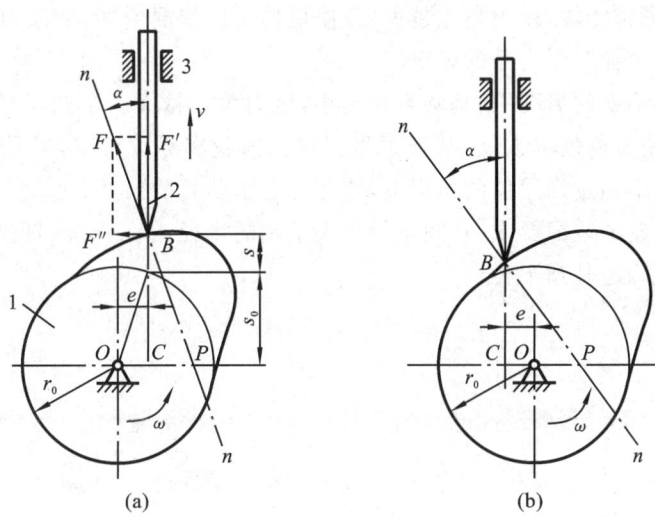

图 4-17　凸轮机构的压力角

由上式可知,压力角 α 越大,有害分力 F'' 越大,由 F'' 引起的摩擦阻力越大,机构效率越低。当 α 增大到一定程度,F'' 引起的摩擦阻力大于 F' 时,无论凸轮加给从动件的驱动力有多大,从动件都不能运动,这种现象称为自锁。为了保证凸轮机构正常工作并具有一定的传动效率,必须对压力角加以限制,凸轮轮廓曲线上各点的压力角一般是变化的,在设计中应使最大压力角不超过许用值。根据工程实践,一般推荐的许用压力角为:直动从动件取 $[\alpha]=30°$,摆动从动件取 $[\alpha]=45°$。对于依靠外力维持高副接触的凸轮机构,因从动件是由弹簧等外力驱动返回的,回程不会自锁,故对于这类凸轮机构,通常只需对其推程的压力角进行校核。

图 4-17 中,过轮廓接触点 B 作公法线 $n—n$,它与过凸轮轴心 O 的导路垂线交于一点 P,该点即为凸轮与从动件的相对速度瞬心,且 $l_{OP} = \dfrac{v}{\omega} = \dfrac{\mathrm{d}s}{\mathrm{d}\varphi}$,由此可得直动从动件盘形凸轮机构的压力角公式为

$$\tan\alpha = \frac{\dfrac{\mathrm{d}s}{\mathrm{d}\varphi} \mp e}{s + \sqrt{r_0^2 - e^2}} \qquad (4\text{-}2)$$

式中:s——对应凸轮转角 φ 的从动件位移;

e——导路偏离凸轮回转中心的距离,称为偏距。

由式(4-2)可知,压力角的大小与偏置方位和偏距 e 有关。当导路和瞬心 P 在凸轮轴

心 O 的同侧时(见图 4-17(a)),式中为"－"号,可使压力角减小;反之,如图 4-17(b)所示,取"＋"号,压力角将增大。因此,为了减小推程压力角,应将从动件导路向推程相对速度瞬心同侧偏置。但须注意,用导路偏置的方法使推程压力角减小的同时会使回程压力角增大,所以偏距 e 也不宜过大。

三、基圆半径的确定

如果从动件位移已给出,增大基圆半径 r_b,则凸轮上各点对应的向径也增大,凸轮机构的尺寸也会增大,所以凸轮的基圆半径应尽可能取得小些,以使所设计的凸轮机构尽可能紧凑些。如图 4-17 所示,基圆半径 r_b 越大,凸轮推程轮廓越平缓,压力角也越小;而基圆半径越小,凸轮推程轮廓越陡峻,压力角也越大,致使机构工作情况变坏,从压力角的计算公式可以清楚地看到基圆半径对压力角的影响。

在其他条件都不变的情况下,基圆半径越小,压力角 α 越大。基圆半径 r_b 过小,压力角就会超过许用值,使机构效率太低,甚至发生自锁。因此实际设计中,只是在保证凸轮推程轮廓的最大压力角不超过许用值的前提下,才考虑缩小凸轮的尺寸。

根据凸轮与凸轮轴装配要求,基圆半径应大于轴的半径,当凸轮轴的直径 d_h 为已知时,可按下述经验公式确定基圆半径

$$r_b > (0.8 \sim 1.0)d_h$$

 习题 4

一、单选题

1. 从动件按等速运动规律运动时,推程起始点存在刚性冲击,因此常用于(　　)的凸轮机构中。

 A. 高速   B. 中速

 C. 低速   D. 以上都不是

2. 当凸轮机构的压力角的最大值超过临界值时,就会出现(　　)现象。

 A. 滑动   B. 破坏

 C. 自锁   D. 以上都不是

3. 凸轮机构中,(　　)决定了从动件的运动规律。

 A. 凸轮转速   B. 凸轮轮廓线

 C. 凸轮形状   D. 凸轮压力角

4. 凸轮机构是由(　　)、凸轮、从动件三个基本构件组成的。

 A. 机架   B. 连杆

 C. 凸轮   D. 原动件

5. 滚子从动件盘形凸轮的实际轮廓线是理论轮廓线的(　　)等距曲线。

 A. 径向   B. 法向

 C. 切向   D. 以上都不是

6. 直动滚子从动件盘形凸轮机构的压力角是指(　　)所夹的锐角。

 A. 过接触点的法向力与凸轮的速度方向

B. 过接触点的切向力与从动件的速度方向

C. 过接触点的法向力与滚子中心速度方向

D. 以上都不是

7. 无论凸轮加给从动件的作用力有多大,从动件都不能运动,这种现象称为(　　)。

A. 锁死 　　　　　　B. 过载 　　　　　　C. 失效 　　　　　　D. 自锁

8. 设计凸轮时,若工作行程中的最大压力角大于许用压力角,则应(　　)。

A. 增大基圆半径 　　　　　　　　　B. 减小基圆半径

C. 增大滚子半径 　　　　　　　　　D. 减小滚子半径

二、简答题

凸轮机构常用的四种从动件运动规律中,哪种运动规律有刚性冲击?哪些运动规律有柔性冲击?哪种运动规律没有冲击?如何来选择从动件的运动规律?

三、作图题

用作图法求出下列各凸轮从图 4-18 所示位置转过 45°后机构的压力角 a(可在图上标出来)。

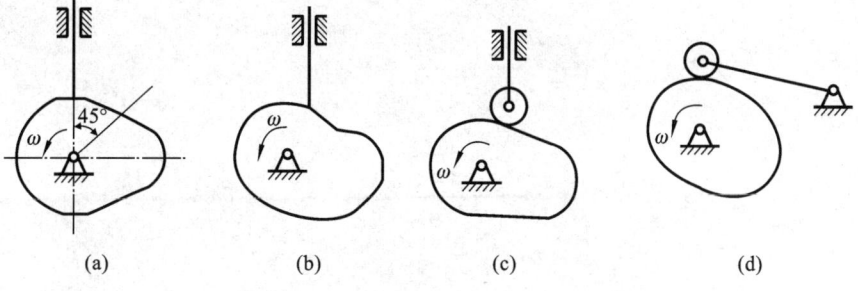

(a) 　　　　　　(b) 　　　　　　(c) 　　　　　　(d)

图 4-18

第 5 章
间歇运动机构

◀ **教学目标**

(1) 熟悉棘轮机构的分类和应用。

(2) 熟悉槽轮机构的原理和应用。

(3) 了解其他间歇机构的原理和应用。

当主动件作连续运动时,从动件作周期性的运动和停顿,这类机构称为间歇运动机构,又称为步进运动机构。常用的间歇运动机构可分为两类:一类是主动件作往复摆动,从动件作间歇运动,如棘轮机构;另一类是主动件作连续运动,从动件作间歇运动,如槽轮机构、不完全齿轮机构等。

5.1　棘轮机构

一、棘轮机构的组成和工作原理

典型的棘轮机构如图 5-1 所示,由摇杆 1、棘爪 2、棘轮 3、制动爪 4 和压簧 5 组成。摇杆及铰接于其上的棘爪为主动件,棘轮为从动件。

单向运动时,棘轮齿一般做成锯齿形。棘轮的棘齿既可以做在棘轮的外缘(称外啮合棘轮机构),也可以做在棘轮的内缘(称内啮合棘轮机构),还有直头双动式棘爪棘轮机构和钩头双动式棘爪棘轮机构。

摇杆左右摆动,当摇杆左摆时,棘爪插入棘轮的齿内推动棘轮转过某一角度。当摇杆右摆时,棘爪滑过棘轮,而棘轮静止不动,往复循环。制动爪可以防止棘轮反转,这种有齿的棘轮其进程的变化最少是 1 个齿距,且工作时有响声。

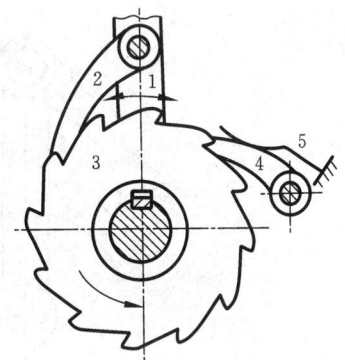

图 5-1　棘轮机构的组成

1—摇杆;2—棘爪;3—棘轮;

4—制动爪;5—压簧

二、棘轮机构的类型

按照结构特点,常用的棘轮机构分为轮齿式棘轮机构和摩擦式棘轮机构。

1. 轮齿式棘轮机构

这种机构是靠棘爪和棘轮的啮合传动来工作的,转角只能有级调节。按照啮合方式,轮齿式棘轮机构可分为外啮合式棘轮机构和内啮合式棘轮机构两类。

按照运动形式,轮齿式棘轮机构可分为三类:单动式棘轮机构、双动式棘轮机构、可变向棘轮机构。

1)单动式棘轮机构

如图 5-1 所示,当主动件逆时针方向摆动时,主动件上的棘爪插入齿槽内,使棘轮随主动件转过一定的角度;当主动件顺时针方向摆动时,棘爪则在棘轮齿背上滑过。为了阻止棘轮回转,机构中加入制动爪,当棘轮欲顺时针回转时,由于制动爪的存在,所以棘轮静止不动。当主动件连续地往复摆动时,棘轮只作单向的间歇运动。

2)双动式棘轮机构

如图 5-2 所示为双动式棘轮机构。摇杆

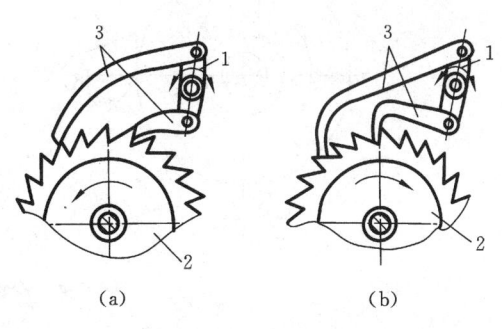

(a)　　　　　　　　(b)

图 5-2　双动式棘轮机构

1—摇杆;2—棘轮;3—棘爪

上装有两个主动棘爪,主动件往复摆动都能使棘轮沿同一方向间歇转动。摇杆往复摆动一次,棘轮间歇转动两次。驱动棘爪可制成直的或带钩的形式。

3)可变向棘轮机构

如图5-3所示为两种可变向棘轮机构。

对于图5-3(a)所示类型棘轮机构,当棘爪在左边位置时,棘轮将沿逆时针方向作间歇运动;当棘爪翻到右边时,棘轮将沿顺时针方向作间歇运动。

对于图5-3(b)所示类型棘轮机构,当棘爪直面在左侧,斜面在右侧时,棘轮沿逆时针方向作间歇运动,若提起棘爪翻转90°后再插入,使直面在右侧,斜面在左侧时,棘轮沿顺时针方向作间歇运动。这种棘轮机构常用于牛头刨床工作台的进给装置中。

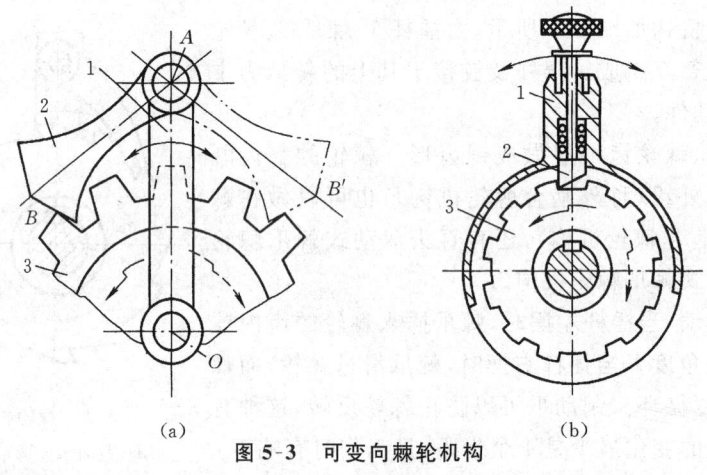

(a)　　　　　　　　　　　　(b)

图5-3　可变向棘轮机构

1—摇杆;2—棘爪;3—棘轮

2.摩擦式棘轮机构

轮齿式棘轮机构转动时,棘轮的转角都是相邻两齿所夹中心角的整数倍。为了实现棘轮转角的任意性,可采用无棘齿的棘轮机构。这种机构通过棘爪与棘轮之间的摩擦力来实现传动,故也称为摩擦式棘轮机构,如图5-4所示。

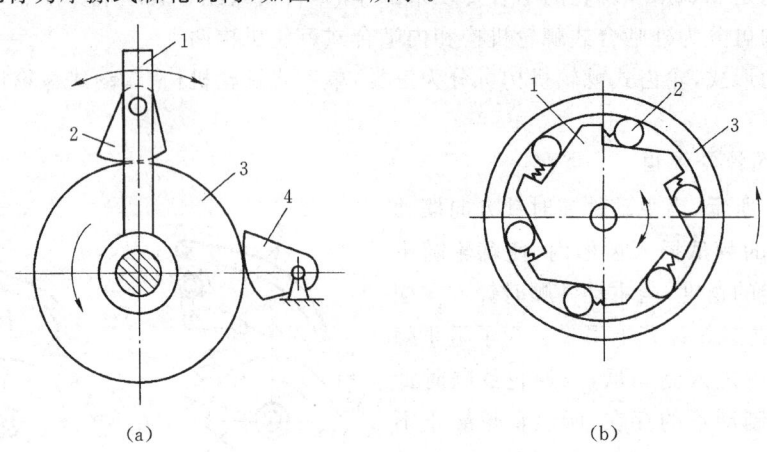

(a)　　　　　　　　　　　　(b)

图5-4　摩擦式棘轮机构

1—摇杆;2—棘爪;3—棘轮

图5-4(a)所示为外接摩擦棘轮机构,当摇杆往复摆动时,主动棘爪靠摩擦力驱动棘轮逆

时针单向间歇转动,止回棘爪靠摩擦力阻止棘轮反转。

图 5-4(b)所示为内接摩擦棘轮机构,该类机构棘轮的转角可以无级调节,噪声小,但棘爪和棘轮容易在接触面发生相对滑动,故运动的可靠性和准确性较差。

三、棘轮机构的应用

1. 间歇送进

图 5-5 所示为牛头刨床工作台进给机构,牛头刨床为了切削工件,刨刀需作连续往复直线运动,工作台作间歇移动。当曲柄转动时,经连杆带动摇杆作往复摆动;摇杆上装有双向棘轮机构的棘爪,棘轮与的丝杠固连,棘爪带动棘轮作单方向间歇转动,从而使螺母(即工作台)作间歇进给运动。若改变驱动棘爪的摆角,可以调节进给量;改变驱动棘爪的位置(绕自身轴线转过 $180°$ 后固定),可改变进给运动的方向。

2. 制动

图 5-6 所示为卷扬机制动机构,当转动的卷筒带动物件 Q 上升到所需的高度位置时,卷筒就停止转动,棘爪依靠弹簧嵌入棘轮的轮齿凹槽中,这样就可以防止卷筒在任意位置停留时会产生的逆转,保证提升工作安全可靠。

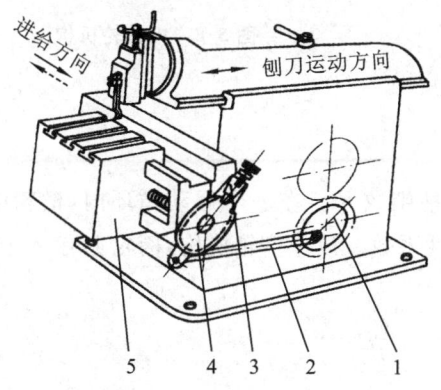

图 5-5 牛头刨床横向进给机构

1—曲柄;2—连杆;3—摇杆;4—棘轮;5—工作台

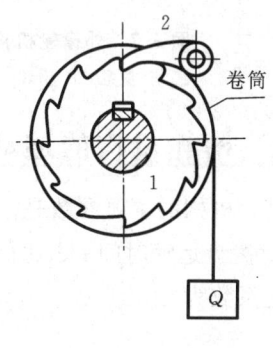

图 5-6 卷扬机制动机构

1—棘轮;2—棘爪

◀ 5.2 槽 轮 机 构 ▶

一、槽轮机构的工作原理和形式

槽轮机构由槽轮、带有圆柱销的拨盘和机架组成。当拨盘作匀速转动时,驱使槽轮作间歇运动。当圆柱销进入槽轮槽时,拨盘上的圆柱销将带动槽轮转动。拨盘转过一定角度后,圆柱销将从槽中退出。为了保证圆柱销下一次能正确地进入槽内,必须采用锁止弧将槽轮锁住不动,直到下一个圆柱销进入槽后才放开,这时槽轮又可随拨盘一起转动,即进入下一个运动循环。

平面槽轮机构有外槽轮机构(见图 5-7)和内槽轮机构(见图 5-8)两种形式。

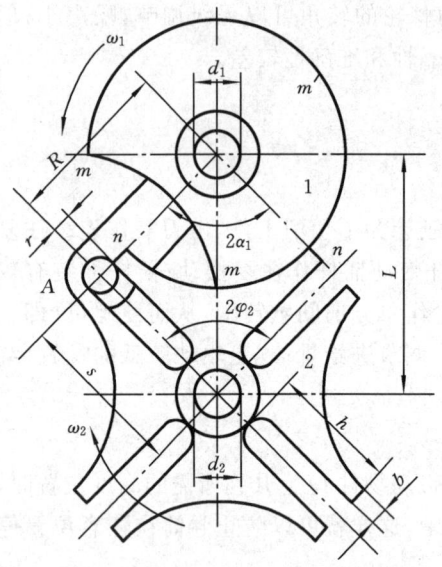

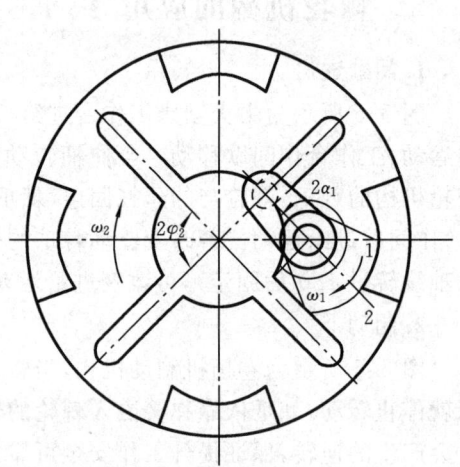

图 5-7　外槽轮机构　　　　　　　　　　　　图 5-8　内槽轮机构

1—拨盘；2—槽轮

二、槽轮机构的运动特性

槽轮机构的主要参数是槽数 Z 和拨盘圆柱销数 K。在一个运动循环内，槽轮的运动时间 t_d 对拨盘运动时间 t 之比值 τ 称为运动特性系数。设一槽轮机构，槽轮上有 Z 个槽，则运动特性系数为

$$\tau = \frac{t_d}{t} = \frac{2\varphi_1}{2\pi}$$

因为

$$2\varphi_1 = \pi - 2\varphi_2 = \pi - \frac{2\pi}{Z}$$

所以

$$\tau = \frac{2\varphi_1}{2\pi} = \frac{Z-2}{2Z} = \frac{1}{2} - \frac{1}{Z}$$

讨论：

（1）若 $\tau=0$，则表示槽轮始终不动；若 $\tau=1$，则表示槽轮作连续运动而不作步进运动，所以 τ 应在 $0\sim1$ 之间；

（2）因为运动特性系数 τ 必须大于零，故槽轮的最少槽数等于 3；

（3）要使 $\tau > \dfrac{1}{2}$，即拨盘转动一周而槽轮转动几次，则须在拨盘上安装多个圆销。

设 K 为均匀分布的圆销数，则

$$\tau = \frac{K(Z-2)}{2Z} \tag{5-1}$$

由式（5-1）可知：圆销数 K 与槽数 Z 有关，当 $Z=3$ 时，圆销的数目可为 $1\sim5$；当 $Z=4$

或 5 时,圆销的数目可为 1～3;而当 $Z \geqslant 6$ 时,圆销的数目可为 1～2。工程上通常取 $Z = 4$～8。

三、槽轮机构的特点和应用

1. 特点

1）优点

槽轮机构结构简单,工作可靠,能准确控制转动的角度,常用于要求恒定旋转角的分度机构中。

2）缺点

（1）对一个已定的槽轮机构来说,其转角不能调节;

（2）在转动始、末,槽轮机构加速度变化较大,有冲击。

2. 应用

（1）图 5-9 所示为电影放映机,为了适应人眼的视觉暂留现象,采用了槽轮机构,用于间歇地移动影片。

（2）图 5-10 所示为六角车床刀架的转位槽轮机构,拨盘转动一周驱使槽轮（刀架）转动 $60°$。

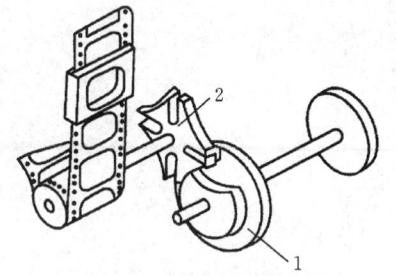

图 5-9　电影放映机

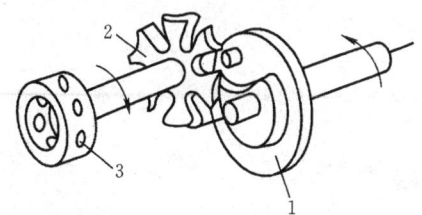

图 5-10　六角车床刀架的转位槽轮机构

◀ 5.3　不完全齿轮机构简介 ▶

图 5-11 所示为不完全齿轮机构。不完全齿轮机构的主动轮一般为只有一个或几个齿的不完全齿轮,从动轮可以是普通的完整齿轮,也可以是一个不完全齿轮。这样当主动轮的有齿部分作用时,从动轮随主动轮转动,当主动轮无齿部分作用时,从动轮应停止不动,因而当主动轮作连续回转运动时,从动轮可以得到间歇运动。为了防止从动轮在停止期间的运动,一般在齿轮上装有锁止弧。

不完全齿轮机构与其他机构相比,结构简单,制造方便,从动轮的运动时间和静止时间的比例可不受机构结构的限制。但由于齿轮传动为定传动比运动,所以从动轮从

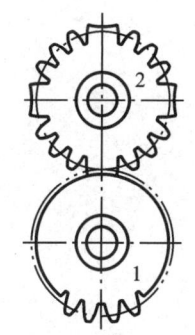

图 5-11　不完全齿轮机构

1—主动轮;2—从动轮

静止到转动或从转动到静止时,速度有突变,冲击较大,所以一般只用于低速或轻载场合。如用于高速运动,可以采用一些附加装置(如具有瞬心线附加杆的不完成齿轮机构)等,来降低因从动轮速度突变而产生的冲击。

习题 5

简答题

1.轮齿式棘轮机构根据其棘轮的运动不同,可分为哪几种类型?

2.棘轮机械在传动过程中,为使棘爪地顺利地滑入棘轮齿根,必须满足什么条件?

3.调整棘轮的转角一般可采用哪几种方式?

4.为什么槽轮机构的运动系数 τ 不能大于 1?

5.内槽轮机构能不能采用多圆柱销拨盘?

第6章
键连接与销连接

◀ **教学目标**

(1) 熟悉键连接的分类和应用。

(2) 掌握平键连接的选择和强度校核。

(3) 了解销连接的原理和应用。

◢ 6.1 键 连 接 ◣

键连接主要用于轴上零件的周向固定并传递转矩,有些兼作轴上零件的轴向固定,还有的对沿轴向移动的零件起导向作用。

一、键连接的类型和应用

键是标准件,按结构特点及工作原理,键连接可分为平键连接、半圆键连接和楔键连接等。

1. 平键连接

如图 6-1 所示,键的两侧面为工作面,靠键与键槽间的挤压力传递转矩。由于结构简单、装拆方便、对中较好,平键连接广泛用于传动精度较高的场合。按用途将平键分为普通平键、导向平键和滑键三种。

如图 6-1 所示,按结构普通平键分为圆头(A 型)、平头(B 型)和单圆头(C 型)三种。A 型键定位好,应用广泛。C 型键用于轴端。A、C 型键的轴上键槽用立铣刀加工,端部应力集中较大。B 型键的轴上键槽用盘铣刀加工,轴上应力集中较小,但键在键槽中的轴向固定不好,故尺寸较大的键要用紧定螺钉压紧。

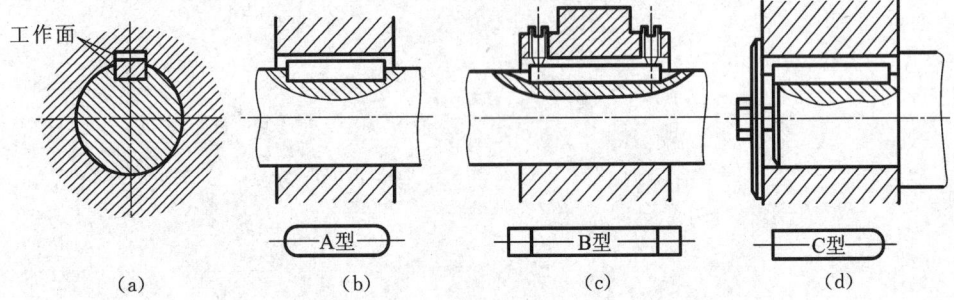

工作面			
(a)	(b)	(c)	(d)
	A 型	B 型	C 型

图 6-1 普通平键连接

导向平键是加长的普通平键,如图 6-2 所示,有圆头(A 型)和方头(B 型)两种。导向平键用螺钉固定在轴上,轮毂可沿键作轴向移动。为拆卸方便,在键的中部制有起键用的螺钉孔。

当轴上零件移动距离较大时,可用滑键连接,如图 6-3 所示。滑键固定在轮毂上,轮毂带着滑键在轴上键槽中作轴向移动,故需要在轴上加工长键槽。

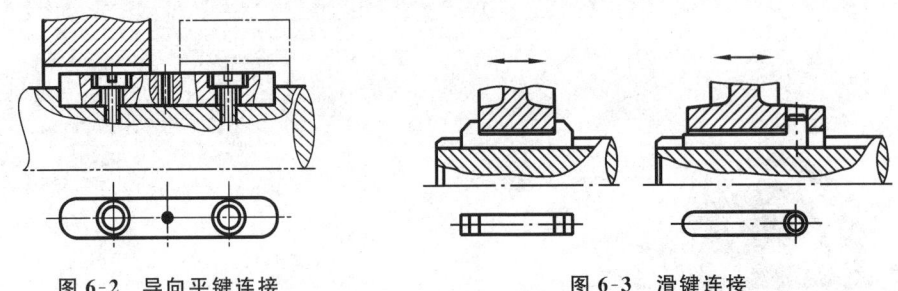

图 6-2 导向平键连接　　　　**图 6-3 滑键连接**

2. 半圆键连接

如图 6-4 所示,键的底面为半圆形。工作时靠两侧面传递转矩,键在槽中能绕几何中心摆动,以适应轮毂上键槽的斜度。但轴上键槽较深,对轴的强度削弱较大,主要用于轻载时锥头与轮毂的连接。

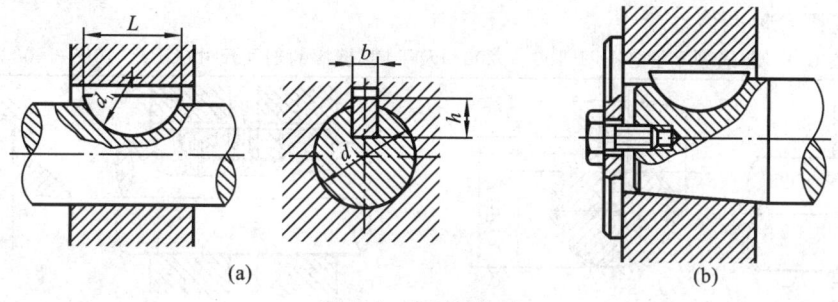

图 6-4 半圆键连接

3. 楔键连接

如图 6-5 所示,楔键的上下表面为工作面,分别与轮毂和轴上键槽底面紧贴。键的上表面与轮毂键槽底面均有 1：100 的斜度,装配时需把键打紧,使键楔紧在轴和毂之间,靠楔紧产生的摩擦力传递转矩和单向的轴向力。

楔键分为普通楔键和钩头楔键两种,如图 6-5 所示,前者又分为圆头(A 型)和平头(B 型)两种。圆头普通楔键是放入式的(放入轴上键槽后打紧轮毂),其他楔键都是打入式的(先将轮毂装到适当位置再将键打紧)。

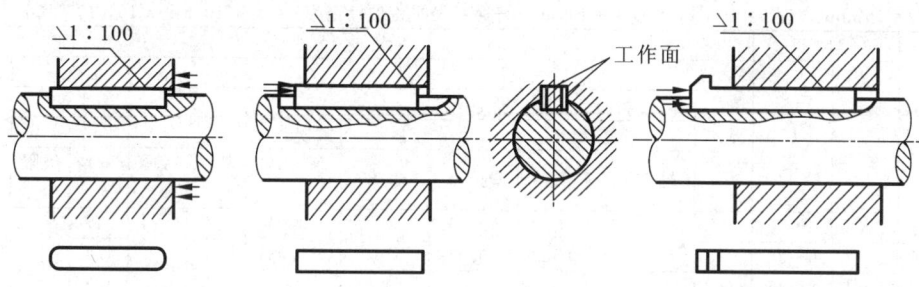

图 6-5 楔键连接

楔键在楔紧后迫使轴上零件与轴产生偏斜,故受冲击、受载荷作用时,楔键连接容易松动。楔键连接只适用于对中性要求不高、载荷平稳、低速运转的场合,如农业机械、建筑机械等。当轴径 $d > 100$ mm 且传递较大转矩时,可采用由一对楔键组成的切向键连接,如图 6-6 (a)所示。若要传递双向转矩,则需用两对相隔 $120° \sim 135°$ 的切向键,如图 6-6(b)所示。

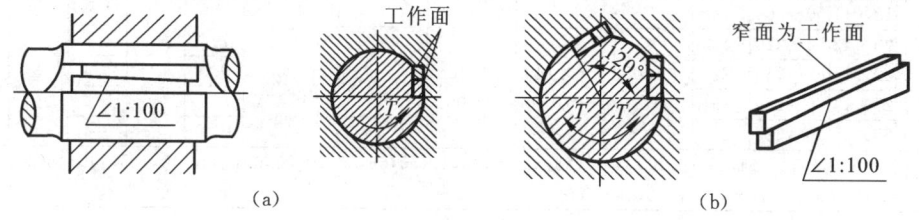

图 6-6 切向键连接

二、平键连接的选择和强度校核

1. 平键连接的选择

首先根据键连接的工作要求和使用特点选择平键的类型,再按照轴径 d 从标准中选取

键的剖面尺寸 $b \times h$（见表 6-1）。键的长度一般按轮毂宽度选取，即键长等于或略短于轮毂宽度，并应符合标准值。

表 6-1　普通型平键（GB/T 1096—2003）及平键、键槽的剖面尺寸（GB/T 1095—2003）　（mm）

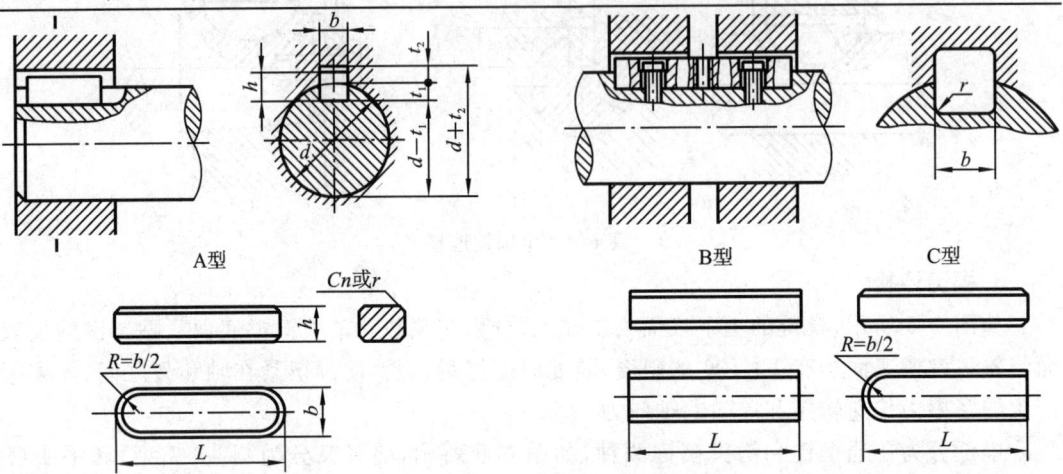

标记示例：

　　宽度 b=16 mm、高度 h=10 mm、长度 L=100 mm 普通 A 型平键的标记为　　GB/T 1096 键 16×10×100

　　宽度 b=16 mm、高度 h=10 mm、长度 L=100 mm 普通 B 型平键的标记为　　GB/T 1096 键 B16×10×100

　　宽度 b=16 mm、高度 h=10 mm、长度 L=100 mm 普通 C 型平键的标记为　　GB/T 1096 键 C16×10×100

轴径 d	键尺寸		键槽尺寸											
			宽度 b						深　　度				半径 r	
				极限偏差					轴 t_1		毂 t_2			
	$b \times h$	L	基本尺寸	松连接		正常连接		紧密连接	基本尺寸	极限偏差	基本尺寸	极限偏差		
				轴 H9	毂 D10	轴 N9	毂 JS9	轴和毂 P9					min	max
自 6~8	2×2	6~20	2	+0.025	+0.060	−0.004	±0.0125	−0.006	1.2		1		0.08	0.16
>8~10	3×3	6~36	3	0	+0.020	−0.029		−0.031	1.8	+0.1	1.4	+0.1		
>10~12	4×4	8~45	4	+0.030	+0.078	0	±0.015	−0.012	2.5	0	1.8	0		
>12~17	5×5	10~56	5	0	+0.030	−0.030		−0.042	3.0		2.3			
>17~22	6×6	14~70	6						3.5		2.8		0.16	0.25
>22~30	8×7	18~90	8	+0.036	+0.098	0	±0.018	−0.015	4.0		3.3			
>30~38	10×8	22~110	10	0	+0.040	−0.036		−0.051	5.0		3.3			
>38~44	12×8	28~140	12						5.0		3.3			
>44~50	14×9	36~160	14	+0.043	+0.120	0	±0.0215	−0.018	5.5		3.8		0.25	0.40
>50~58	16×10	45~180	16	0	+0.050	−0.043		−0.061	6.0	+0.2	4.3	+0.2		
>58~65	18×11	50~200	18						7.0	0	4.4	0		
>65~75	20×12	56~220	20						7.5		4.9			
>75~85	22×14	63~250	22	+0.052	+0.149	0	±0.026	−0.022	9.0		5.4		0.40	0.60
>85~95	25×14	70~280	25	0	+0.065	−0.052		−0.074	9.0		5.4			
>95~110	28×16	80~320	28						10.0		6.4			
L 的系列	6,8,10,12,14,16,18,20,22,25,28,32,36,40,45,50,56,63,70,80,90,100,110,125,140,160,180,200,220,250,280,320,360,400,450,500													

注：①键尺寸的极限偏差 b 为 h8，h 矩形为 h11，方形为 h8，L 为 h14；

　　②在工作图中，轴槽深用 $d-t_1$ 标注，轮毂槽深用 $d+t_2$ 标注；

　　③$d-t_1$ 和 $d+t_2$ 两组组合尺寸的极限偏差按相应的 t_1 和 t_2 极限偏差选取，但 $d-t_1$ 极限偏差值应取负号；

　　④轴槽、轮毂槽的键槽宽度 b 上两侧面的表面粗糙度 Ra 值推荐为 $1.6\sim3.2~\mu m$，轴槽底面、轮毂槽底面的表面粗糙度 Ra 值为 $6.3~\mu m$。

2. 平键连接的强度校核

　　键连接的主要失效形式是较弱工作面的压溃（静连接）或过度磨损（动连接）。因此按挤

压应力或压强进行条件性计算,其校核公式为

$$\sigma_p = \frac{4T}{dhl} \leqslant [\sigma_p] \quad 或 \quad p = \frac{4T}{dhl} \leqslant [p] \tag{6-1}$$

式中：T——传递的转矩(N·mm)；

　　　d——轴的直径(mm)；

　　　h——键的高度(mm)；

　　　l——键的工作长度(mm)；

　　　$[\sigma_p]$(或$[p]$)——键连接的许用挤压应力(或许用压强$[p]$)(MPa),计算时应取连接中较弱材料的值,见表 6-2。

表 6-2　键连接的许用挤压应力和许用压强　　　　　　　　　　　　(MPa)

许　用　值	材　　料	载　荷　性　质		
		静载荷	轻微载荷	冲击
$[\sigma_p]$	钢	125~150	100~120	60~90
	铸铁	70~80	50~60	30~45
$[p]$	钢	50	40	30

如果单键强度不够,可适当增加轮毂宽和键长,或用间隔的两个键。考虑到载荷分布的不均匀性,双键连接的强度可按 1.5 个键计算。

【例 6-1】 已知齿轮减速器输出轴与齿轮间用键连接,传递的转矩 $T=840$ N·m,轴的直径 $d=60$ mm,轮毂宽 $B=95$ mm,载荷有轻微冲击,齿轮材料为锻钢。试设计该键连接。

解 (1)选择键的类型。为保证齿轮传动啮合良好,要求轴毂对中性好,故选用 A 型普通平键。

(2)选择键的尺寸。按轴径 $d=60$ mm 由表 6-1 中选择键的尺寸 $b \times h = 18$ mm$\times$11 mm,根据轮毂宽取键长 $L=80$ mm,标记为:键 18$\times$80　GB/T 1096—2003。

(3)校核键连接强度。由表 6-2 查得锻钢材料$[\sigma_p]=100\sim120$ MPa,由式(6-1)计算键连接的挤压强度为

$$\sigma_p = \frac{4T}{dhl} = \frac{4 \times 840 \times 10^3}{60 \times 11 \times (80-18)} \text{ MPa} = 82.1 \text{ MPa} < [\sigma_p]$$

故所选键连接强度足够。

三、花键连接

花键连接是由在轴上加工出的外花键齿和在轮毂孔加工出的内花键所构成的连接,如图 6-7 所示。其优点是:齿数多,承载能力强;槽较浅,应力集中小;对轴和毂的强度削弱较小,对中性和导向性好。因此广泛应用于定心精度要求高和承载较大的场合。花键已标准化,按齿形不同,常用的花键分为矩形花键和渐开线花键。

1. 矩形花键

矩形花键(图 6-8(a))的键齿面为矩形,按齿数和尺寸不同,矩形花键分轻、中两系列,分别适用轻、中两种不同的载荷情况。矩形花键连接采用小径定心,其定心精度高。花键轴和孔可采用热处理后再磨削的加工方法。

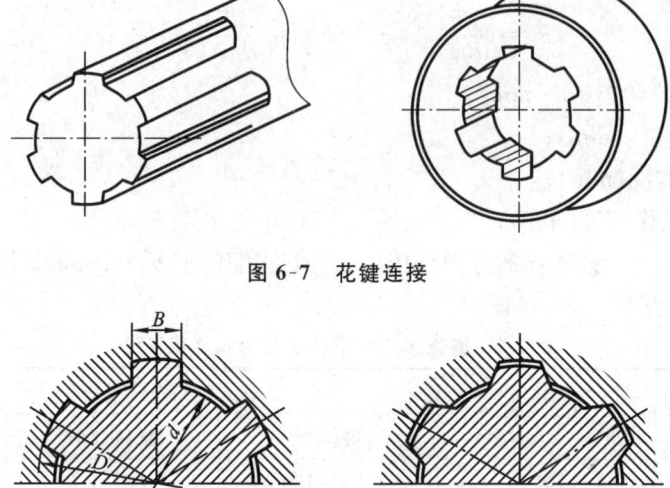

图 6-7　花键连接

图 6-8　矩形花键和渐开线花键

(a) 矩形花键　　　　　(b) 渐开线花键

2. 渐开线花键

渐开线花键(图 6-8(b))的键齿面为渐开线,齿根较宽,强度较高,受载时齿上有径向分力,能起到自动定心的作用,有利于保证同轴度。渐开线花键工艺性好,可用加工齿轮的方法加工,适用于载荷较大、尺寸较大的连接。

渐开线花键的主要参数为模数 m、齿数 z、分度圆压力角 $\alpha = 30°$ 或 $45°$。$\alpha = 45°$ 的渐开线花键齿数多、模数小,不易发生根切,多用于轻载、薄壁零件和较小直径的连接。

◀ 6.2　销　连　接 ▶

销连接主要用于零件定位也可用于轴与轴上零件的连接,还可作为过载的剪断元件,如图 6-9、图 6-10 所示。按形状销连接可分为圆柱销、圆锥销和开口销等。圆柱销靠微量的过盈与铰制的销孔配合,不宜多次装拆,以免降低牢固性和定位精度。圆锥销有 1∶50 的锥度,以小端直径为标准值,靠锥面的挤压作用固定在铰光的孔中,定位精度高,自锁性能好,拆装方便。开口销是一种防松零件,它常与槽型螺母一起使用。

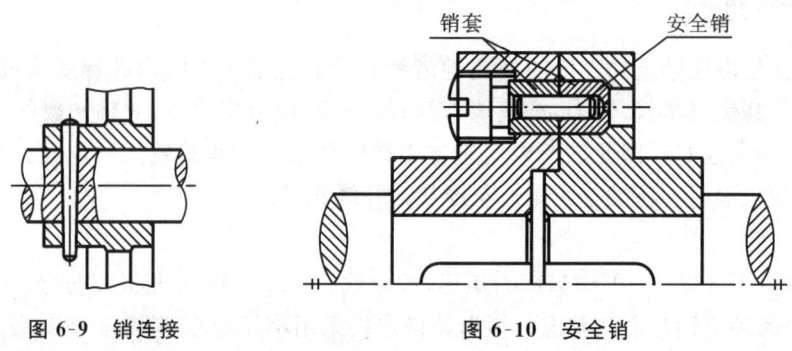

图 6-9　销连接　　　　　　　　图 6-10　安全销

销是标准件,销的类型按工作要求选择。用于连接的销,可根据连接的结构特点按经验确定直径,必要时再作强度校核;定位销一般不受载荷或受很小载荷,其直径按结构确定;安全销直径按销的剪切强度计算。

 习题 6

一、单选题

1. 花键已标准化,按齿形不同,常用的花键分为矩形花键和(　　)。

　A. 楔键　　　　　　　B. 渐开线花键　　　　　C. 平键　　　　　　　D. 钩头楔键

2. 键的上表面与轮毂键槽底面均有(　　)的斜度,装配时需把键打紧,使键楔紧在轴和毂之间,靠楔紧产生的摩擦力传递转矩和单向的轴向力。

　A. 1∶50　　　　　　　B. 1∶60　　　　　　　C. 1∶80　　　　　　　D. 1∶100

3. 平键键连接具有(　　)的特点。

　A. 轴强度削弱小　　　　　　　　　　　　　B. 结构简单、装拆方便、对中较好

　C. 调心性好　　　　　　　　　　　　　　　D. 承载能力大

二、简答题

1. 平键连接的主要失效形式是什么?

2. 试讲述平键连接和楔键连接的工作特点和应用场合。

3. 如果普通平键连接经校核强度不够,可采用哪些措施来解决?

三、计算题

一减速器的输出轴端装一刚性凸缘联轴器,已知传递的最大的转矩 $T = 400$ N·m(设为静载荷)。联轴器材料为铸铁,轮毂长 $L_1 = 75$ mm,孔径 $D = 50$ mm。试选择联轴器与轴的平键连接的类型和尺寸,并校核其强度。

第 7 章
螺纹连接

◀ **教学目标**

(1) 熟悉螺纹的类型和主要参数。

(2) 掌握螺纹连接、螺纹连接件的基本类型和应用。

(3) 了解螺纹连接的预紧和防松。

(4) 掌握螺栓连接的设计。

(5) 了解螺旋传动的类型和特点。

◀ 7.1 螺纹和螺纹连接 ▶

在工业企业和日常生活中,广泛应用带有螺纹的零件。螺纹零件按用途分为两种:一种是利用螺纹零件将需要固定的零件连接起来,称为螺纹连接;另一种是利用螺纹把回转运动变为直线运动,称为螺旋传动。

螺纹连接是利用带有螺纹的零件构成的可拆连接,其结构简单,装拆方便,成本低廉,广泛应用于各类机械设备中。

一、螺纹

1. 螺纹的形成

螺纹的形成如图 7-1 所示,将一个底边长度等于 πd 的直角三角形 K 绕在一直径为 d 的圆柱体上,使其底边与圆柱体底边重合,则此三角形的斜边在圆柱体表面形成的空间曲线称为螺旋线。取一平面图形(如三角形、梯形或锯齿形等),使其沿着螺旋线运动,并保证该图形所在的平面始终通过圆柱体的轴心线 yy,则该图形在空间所形成的螺旋体即称为螺纹。

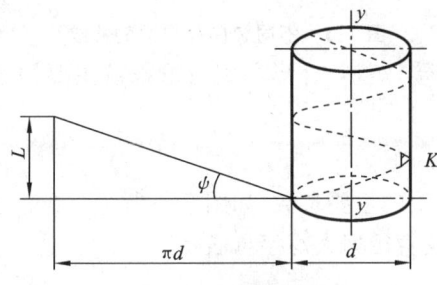

图 7-1　螺纹的形成

2. 螺纹的类型

螺纹的类型很多,根据牙型(螺纹轴向剖面的形状)的不同,螺纹可分为三角形螺纹、矩形螺纹、梯形螺纹和锯齿形螺纹等,如图 7-2 所示。

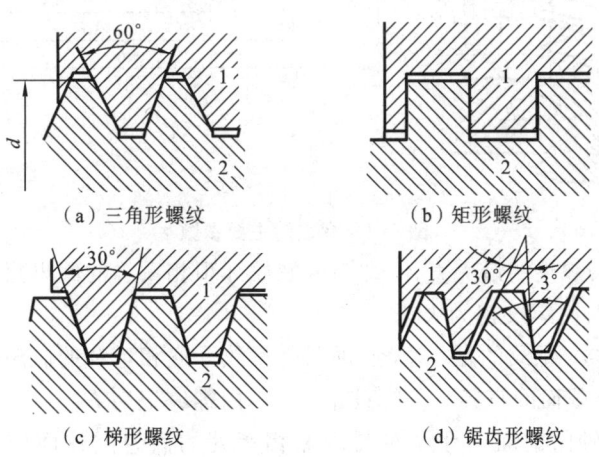

（a）三角形螺纹　　　　　　　　（b）矩形螺纹

（c）梯形螺纹　　　　　　　　　（d）锯齿形螺纹

图 7-2　螺纹的类型

根据螺旋线的绕行方向,可分为左旋螺纹和右旋螺纹。规定将螺纹直立时螺旋线向右上升的为右旋螺纹,如图 7-3(a)所示;向左上升的为左旋螺纹,如图 7-3(b)所示。机械制造中一般采用右旋螺纹,有特殊要求时,才采用左旋螺纹。

根据螺旋线的数目,可分为如图 7-3(a)所示的单线螺纹和如图 7-3(b)所示的等距排列的多线螺纹。为了制造方便,螺纹一般不超过 4 线。

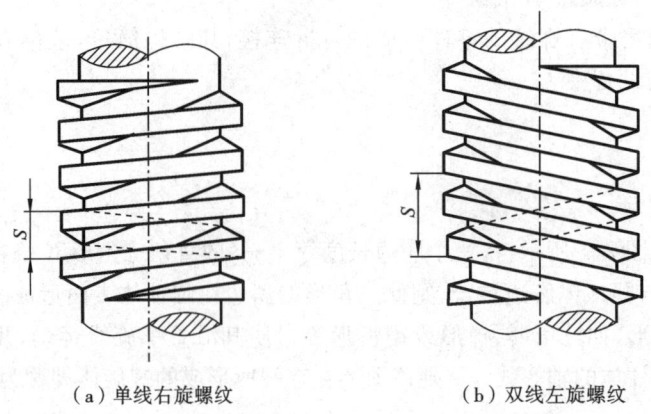

（a）单线右旋螺纹　　　　　　　（b）双线左旋螺纹

图 7-3　不同旋向和线数的螺纹

三角形螺纹主要用于连接,矩形、梯形和锯齿形螺纹主要用于传动。除矩形螺纹外,其他三种螺纹均已标准化。

3. 螺纹的主要参数

以圆柱螺纹为例介绍螺纹的主要参数,如图 7-4 所示。在普通螺纹基本牙型中,外螺纹直径用小写字母表示,内螺纹直径用大写字母表示。

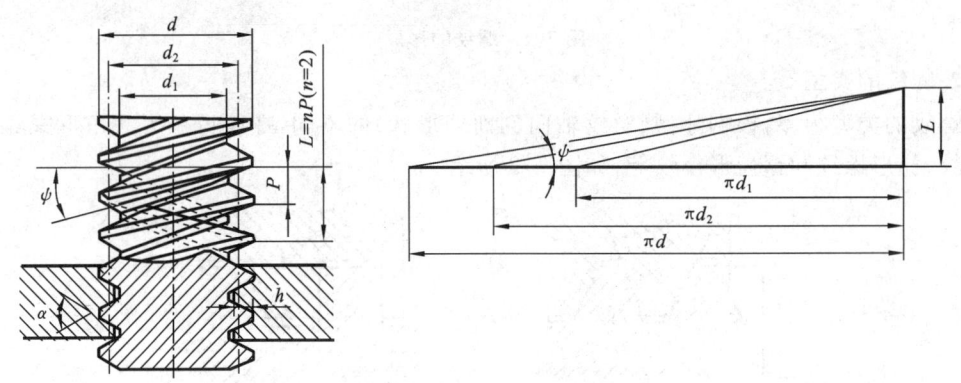

图 7-4　螺纹的主要参数

（1）大径(d,D):螺纹的最大直径,即与外螺纹牙顶相重合的假想圆柱面直径,也称公称直径。外螺纹记为 d,内螺纹记为 D。

（2）小径(d_1,D_1):螺纹的最小直径,即与外螺纹牙底相重合的假想圆柱面直径,也是螺杆强度计算时的危险截面的直径。外螺纹记为 d_1,内螺纹记为 D_1。

（3）中径 d_2:在轴向剖面内牙厚与牙间宽相等处的假想圆柱面的直径,$d_2 \approx 0.5(d + d_1)$。外螺纹记为 d_2,内螺纹记为 D_2。

（4）螺距 P:相邻两牙在中径线上对应两点间的轴向距离。

（5）导程（S 或 L）：同一条螺旋线上相邻两牙在中径圆柱面的母线上的对应两点间的轴向距离。对于单线螺纹有 $L=P$，对于多线螺纹有 $L=nP$。

（6）线数 n：螺纹的螺旋线数目，一般为便于制造 $n=4$，螺距、导程、线数之间关系为 $L=nP$。

（7）螺旋升角 ψ：中径圆柱面上，螺旋线的切线与垂直于螺旋线轴线的平面的夹角。有

$$\tan\psi=\frac{L}{\pi d_2}=\frac{nP}{\pi d_2} \tag{7-1}$$

（8）牙型角 α：在螺纹轴向平面内螺纹牙型两侧边的夹角。三角形螺纹的牙型角为 $60°$。

（9）牙侧角 β：螺纹牙的侧边与螺纹轴线的垂线之间的夹角，对称牙型的 $\beta=\alpha/2$。

4. 常用螺纹的特点与应用

1）普通螺纹

普通螺纹即米制三角螺纹，牙型角 $\alpha=60°$，螺纹大径为公称直径，以 mm 为单位。同一公称直径下有多种螺距，其中螺距最大的称为粗牙螺纹，其余的称为细牙螺纹。

普通螺纹的当量摩擦系数较大，自锁性能好，螺纹牙根的强度高，广泛应用于各种紧固连接。一般连接多用粗牙螺纹。细牙螺纹螺距小、升角小、自锁性能好，但螺纹牙强度低、耐磨性较差、易滑脱，常用于细小零件、薄壁零件或受冲击、振动和变载荷的连接，还可用于微调机构的调整。

2）管螺纹

管螺纹是英制螺纹，牙型角 $\alpha=55°$。公称直径为管子的内径。按螺纹是制作在柱面上还是在锥面上，可将管螺纹分为圆柱管螺纹和圆锥管螺纹。前者用于低压场合，后者适用于高温、高压或对密封性要求较高的管连接。

3）矩形螺纹

矩形螺纹的牙型为正方形，牙型角 $\alpha=0°$。矩形螺纹传动效率最高，但精加工较困难，牙根强度低，且螺旋副磨损后的间隙难以补偿，使传动精度降低，常用于传力或传导螺旋。矩形螺纹尚未标准化，已逐渐被梯形螺纹所替代。

4）梯形螺纹

梯形螺纹的牙型为等腰梯形，牙型角 $\alpha=30°$。梯形螺纹传动效率略低于矩形螺纹，但工艺性好，牙根强度高，螺旋副对中性好，可以调整间隙，广泛用于传力或传导螺旋，如机床的丝杠、螺旋举升器等。

5）锯齿形螺纹

锯齿形螺纹的工作面的牙型斜角为 $3°$，非工作面的牙型斜角为 $30°$。它综合了矩形螺纹效率高和梯形螺纹牙根强度高的特点，但仅能用于单向受力的传力螺旋。

二、螺纹连接

1. 螺纹连接的基本类型

螺纹连接是由带螺纹的零件，即螺纹紧固件和被连接件组成的。合理选择螺纹连接，需要了解螺纹连接类型的特点及应用场合。常用螺纹连接的基本类型有螺栓连接、双头螺柱连接、螺钉连接以及紧定螺钉连接，如表 7-1 所示。

表 7-1　螺纹连接的基本类型、特点及应用

类型	结 构 图	尺 寸 关 系	特点及应用
螺栓连接	普通螺栓连接	螺纹余量长度 l_1： 静载荷　$l_1 \geqslant (0.3 \sim 0.5)d$； 变载荷　$l_1 \geqslant 0.75d$； 冲击载荷　$l_1 \geqslant d$。 螺纹伸出长度 a： $a = (0.2 \sim 0.3)d$ 铰制孔用螺栓的 l_1 应尽可能小于伸出长度 a。	被连接件无须切制螺纹，机构简单、拆装方便，应用广泛。通常用于被连接件不太厚和便于加工通孔的场合。工作时，螺栓受轴向力，故也称为受拉螺栓
	铰制孔用螺栓连接	螺栓轴线到边缘的距离 e： $e = d + 3 \sim 6$ mm。 螺栓孔直径 d_0： $d_0 = 1.1d$。 铰制孔用螺栓的 d_0 与 d_0 的对应关系如下： $\begin{array}{c|c|c} d/\text{mm} & \text{M16} \sim \text{M27} & \text{M30} \sim \text{M48} \\ \hline d_0/\text{mm} & d+1 & d+2 \end{array}$	被连接件无需切制螺纹，孔与螺栓杆之间没有间隙。用螺栓杆承受横向载荷或固定被连接件的相互位置。适用于被连接件不太厚且便于加工通孔的场合
双头螺柱连接		螺纹旋入长度 H： 钢或青铜　$H \approx d$； 铸铁　$H \approx (1.25 \sim 1.5)d$； 铝合金　$H \approx (1.5 \sim 2.5)d$。 螺纹孔深度 H_1： $H_1 \approx H + (2 \sim 2.5)d$。 钻孔深度 H_2： $H_2 \approx H_1 + (0.5 \sim 1)d$。 其余尺寸同螺栓连接	螺柱的一端旋入被连接件的螺纹孔中，另一端则穿过另一被连接件的通孔。常用于被连接件之一较厚且需经常拆卸的场合
螺钉连接		主要尺寸同双头螺柱连接	这种连接不用螺母，而是将螺钉穿过一被连接件的通孔，并旋入另一连接件的螺纹孔中。适用于被连接件之一较厚且不经常拆装的场合
紧定螺钉连接		螺钉直径 d： $d = (0.2 \sim 0.3)d_h$ 当力或力矩大时取较大值	将紧定螺钉旋入一零件的螺纹孔，并以其末端顶紧另一零件来固定两零件的相对位置。只能传递较小的载荷，多用于轴与轴上零件的固定

2. 标准螺纹连接件

螺纹连接件的类型很多,在机械制造中常见的螺纹连接件有螺栓、双头螺柱、螺钉、螺母和垫圈等。这类零件的结构形式和尺寸都已标准化,设计时根据有关标准使用。常用标准螺纹连接件的类型、结构特点和使用情况如表 7-2 所示。

表 7-2　常用标准螺纹连接件

类型	图　例	结构特点和应用
六角头螺栓	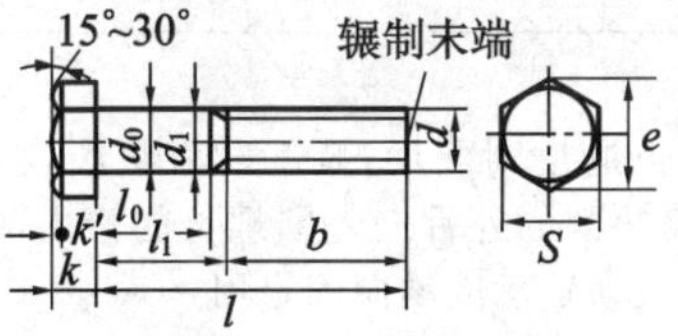	种类很多,应用最广,精度分为 A、B、C 三级,通用机械制造中多用 C 级。螺栓杆部可制出一段螺纹或全螺纹、螺纹可用粗牙或细牙(A、B 级)
双头螺柱	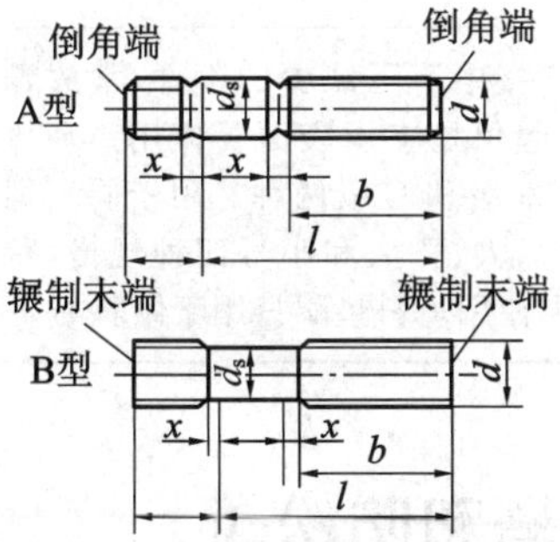	螺柱两端都制有螺纹,两端螺纹可相同或不同,螺柱可带退刀槽或制成腰杆,也可制成全螺纹的螺柱。螺柱的一端常用于旋入铸铁或有色金属的螺纹孔中,旋入后即不拆卸,另一端则用于安装螺母以固定其他零件
螺　钉	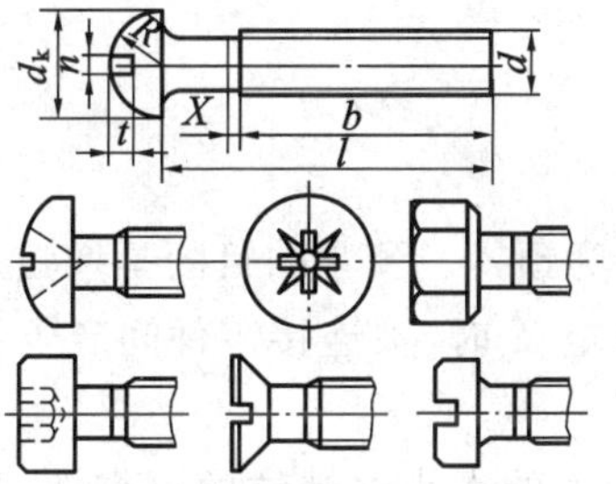	螺钉头部形状有圆头、扁圆头、六角头、圆柱头和沉头等。头部起子槽有一字槽、十字槽和内六角孔等类型。十字槽螺钉头部强度高、对中性好,便于自动装配。内六角孔螺钉能承受较大的扳手力矩,连接强度高,可代替六角头螺栓,用于要求结构紧凑的场合
紧定螺钉	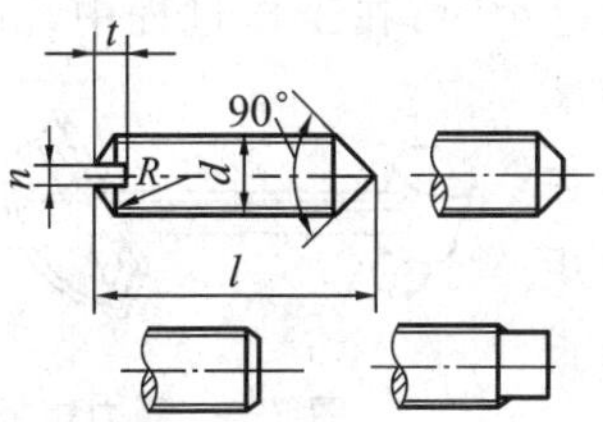	紧定螺钉的末端形状,常用的有锥端、平端和圆柱端。锥端适用于被紧定零件的表面硬度较低或不经常拆卸的场合;平端接触面积大,不伤零件表面,常用于顶紧硬度较大的平面或经常拆卸的场合;圆柱端压入轴上的凹坑中,适用于紧定空心轴上的零件位置
自攻螺钉	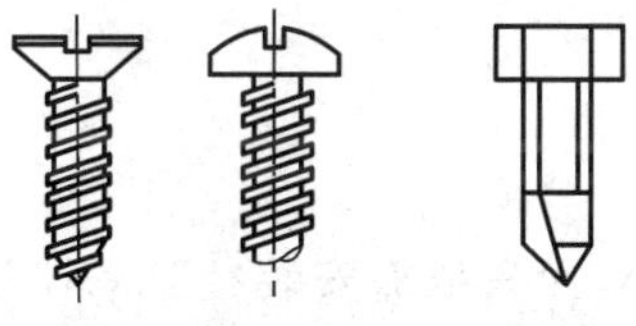	螺钉头部形状有圆头、六角头、圆柱头和沉头等。头部起子槽有一字槽、十字槽等形式。末端形状有锥端和平端等,多用于连接金属薄板、轻合金或塑料零件。在被连接件上可不预先制出螺纹,在连接时利用螺钉直接攻出螺纹

类型	图 例	结构特点和应用
六角螺母		根据螺母厚度不同,分为标准的和薄的两种。薄螺母常用于受剪力的螺栓上或空间尺寸受限制的场合。螺母的制造精度和螺栓相同,分为 A、B、C 三级,分别与相同级别的螺栓配用
圆螺母		圆螺母常与止退垫圈配用,装配时将垫圈内舌插入轴上的槽内,而将垫圈的外舌嵌入圆螺母的槽内,螺母即被锁紧。常作为滚动轴承的轴向固定用
垫圈	平垫圈 斜垫圈	垫圈是螺纹连接中不可缺少的附件,常放置在螺母和被连接件之间,起保护支承表面等作用。平垫圈按加工精度不同,分为 A 级和 C 级两种。用于同一螺纹直径的垫圈又分为特大、大、普大和小号四种规格,特大垫圈主要在铁木结构上使用。斜垫圈只用于倾斜的支承面上

◀ 7.2 螺纹连接的预紧和防松 ▶

一、螺纹连接的预紧

　　除个别情况外,螺纹连接在装配时都必须拧紧,称为预紧。预紧的目的是增强连接的可靠性、紧密性和防松能力。当螺栓连接受螺栓拧紧力矩 T 时,被连接零件间产生预紧压力 F_0,而螺栓则受到预紧拉力,此 F_0 称为螺栓的预紧力。

　　对于重要的螺纹连接,应控制其预紧力,因为预紧力的大小对螺纹的可靠性、强度和密封性均有很大的影响。如在气缸盖螺栓连接中,预紧力过小时,在工作过程中,缸盖和缸体之间可能出现间隙而漏气。当预紧力过大时,又可能使螺栓拉断。预紧力 F_0 的大小取决于拧紧力矩 T。因此,在装配螺栓连接时,要对拧紧力矩予以控制。可采用测力矩扳手(图 7-5)来控制 T,也可测量拧紧螺母后螺栓的伸长量,以此来控制预紧力 F_0。

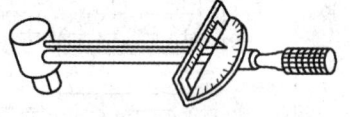

图 7-5　测力矩扳手

　　扳手力矩为

$$F \approx 0.2 F_0 d (\text{N} \cdot \text{m}) \tag{7-2}$$

式中:F_0——预紧力(N);

　　　d——螺纹的公称直径(mm)。

　　在比较重要的连接中,若不能严格控制预紧力大小,而只依靠安装经验来拧紧螺栓时,为避免螺栓拉断,通常不宜采用小于 M12 的螺栓,一般常用 M12、M24 的螺栓。

二、螺纹连接的防松

1. 防松的目的

实际工作中,外载荷有振动、变化、材料高温蠕变等会造成摩擦力减少,螺纹副中正压力在某一瞬间消失,摩擦力为零,从而使螺纹连接松动,如经反复作用,螺纹连接就会松弛而失效。因此,必须进行防松,否则会影响正常工作,造成事故。

2. 防松的原理

消除(或限制)螺纹副之间的相对运动,或增大相对运动的难度。

3. 防松的方法

按其工作原理,螺纹连接的防松可分为摩擦防松、机械防松和永久防松三大类。螺纹连接常用的防松方法如表 7-3 所示。

表 7-3　螺纹连接常用的防松方法

防松方法		结构形式	特点和应用
摩擦防松	对顶螺母	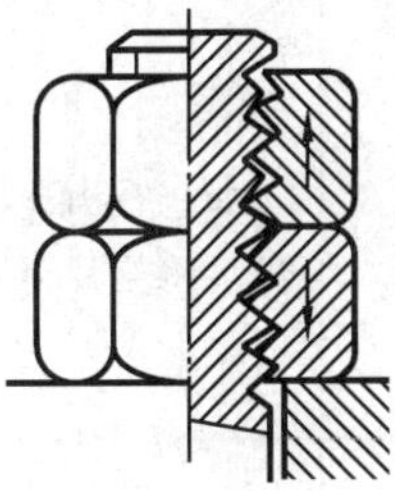	两螺母对顶拧紧后,使旋合螺纹间始终受到附加的压力和摩擦力的作用。这种方法结构简单,适用于平稳、低速和重载的固定装置的连接
	弹簧垫圈	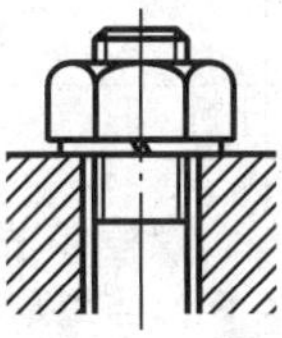	螺母拧紧后,靠垫圈压平而产生的弹性反力使旋合螺纹间压紧。同时垫圈斜口的尖端抵住螺母与被连接件的支承面也有防松作用。这种方法结构简单,使用方便,但在振动冲击载荷作用下,防松效果较差,一般用于不太重要的连接
	弹性圈锁紧螺母	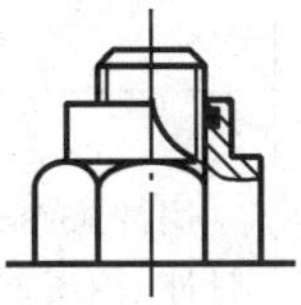	弹性圈锁紧螺母中嵌有纤维或尼龙圈,拧紧后箍紧螺栓来增加摩擦力。该弹性圈还起防止液体泄漏的作用
机械防松	开口销与六角开槽螺母	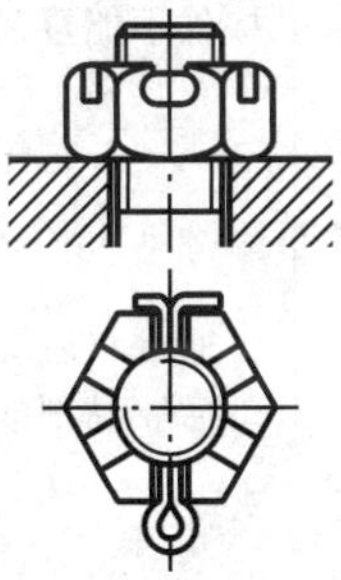	六角开槽螺母拧紧后,将开口销穿入螺栓尾部小孔和螺母的槽内,并将开口销尾部扳开与螺母侧面贴紧。这种方法适用于有较大冲击、振动的高速机械中运动部件的连接

防松方法		结构形式	特点和应用
机械防松	止动垫圈	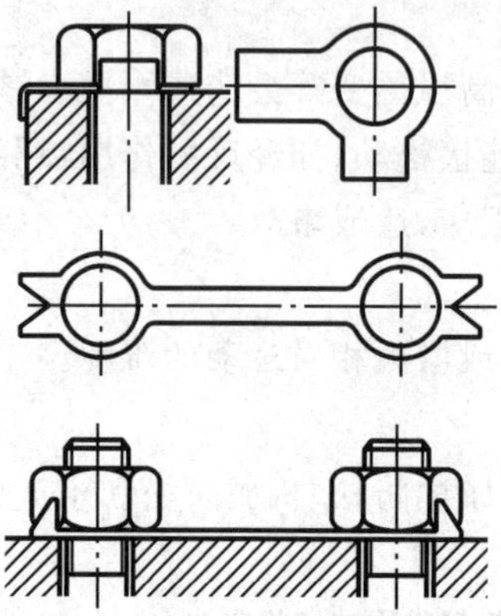	螺母拧紧后,将单耳或双耳止动垫圈分别向螺母和被连接件的侧面折弯贴紧,即可将螺母锁住。若两个螺栓需要双联锁紧时,可采用双联止动垫圈,使两个螺母相互制动。这种方法结构简单,使用方便,防松可靠
	圆螺母和止动垫片	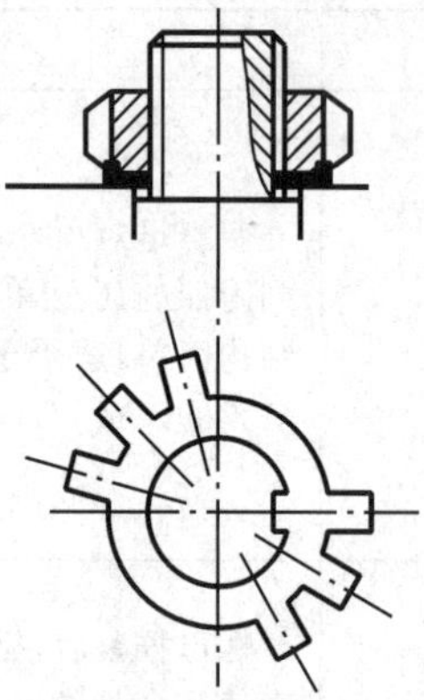	使垫片内翅嵌入螺栓(轴)的槽内,拧紧螺母后将垫片外翅之一折嵌于螺母的一个槽内
破坏螺旋副运动关系防松	铆合	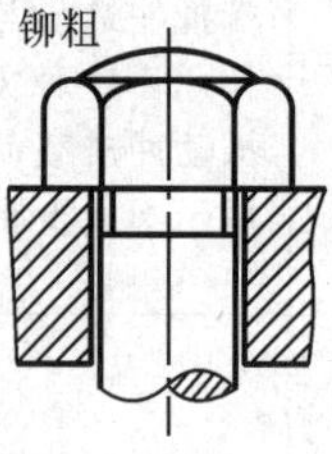 铆粗	螺栓杆末端外露长度为 $(1\sim1.5)P$(螺距),当螺母拧紧后把螺栓末端伸出部分铆死。这种防松方法可靠,但拆卸后连接件不能重复使用
	冲点	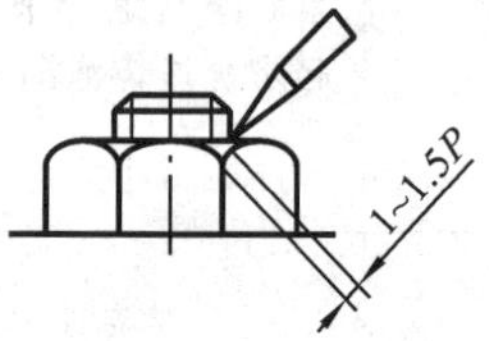 1~1.5P	用冲头在螺栓杆末端与螺母的旋合缝处打冲,利用冲点防松。冲点中心一般在螺纹的小径处。这种防松方法可靠,但拆卸后连接件不能重复使用
	涂胶黏剂	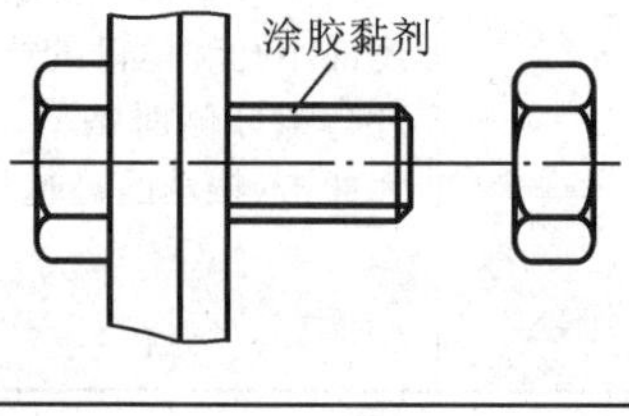 涂胶黏剂	通常将胶黏剂涂于螺纹旋合表面,拧紧螺母后胶黏剂能够自行固化,防松效果良好

◀ **7.3 螺栓连接的设计** ▶

一、螺栓连接的失效形式和计算依据

1. 失效形式

螺栓连接中单个螺栓的受力分为轴向拉力和横向剪切力两种。前者的失效形式多为螺纹部分的塑性变形或断裂,如果连接经常拆装也可能导致滑扣;后者在工作时,螺栓在结合面处受剪,并与被连接孔相互挤压,其失效形式为螺杆被剪断、螺杆或孔壁被压溃等。

2. 计算依据

根据上述失效形式,对受拉螺栓主要以拉伸强度条件作为计算依据;对受剪螺栓则以螺栓的剪切强度条件、螺杆或孔壁的挤压强度条件作为计算依据。螺纹其他部分的尺寸是根据等强度条件确定的,通常不需进行强度计算。

下面分别按受拉和受剪两种类型讨论螺栓连接的强度计算。

二、受拉螺栓连接的强度计算

1. 松螺栓连接

如图 7-6 所示起重机的吊钩螺栓即属松连接,这种连接装配时不拧紧,螺栓只在工作时才受拉力 F 的作用。忽略零件的自重,螺栓的强度条件为

$$\sigma = \frac{4F}{\pi d_1^2} \leqslant [\sigma] \qquad (7\text{-}3)$$

或

$$d_1 \geqslant \sqrt{\frac{4F}{\pi[\sigma]}} \qquad (7\text{-}4)$$

式中:F——轴向载荷(N);

$\quad d_1$——螺杆危险截面直径(mm),即为螺杆小径;

$\quad \sigma$——螺栓的工作应力(MPa);

$\quad [\sigma]$——螺栓的许用拉应力(MPa)。

求出 d_1 后,应按螺纹标准选取螺纹公称直径 d。

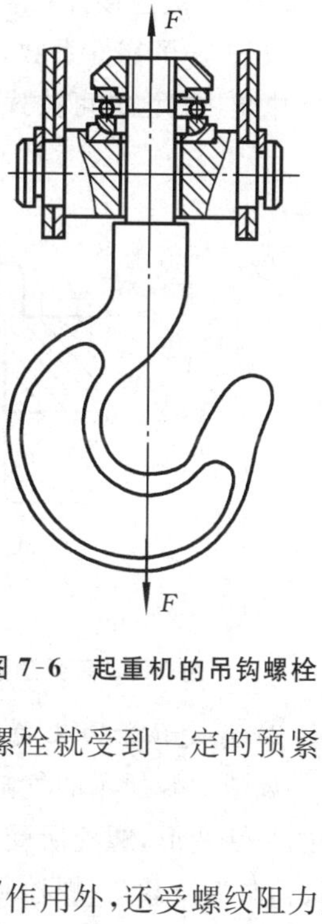

图 7-6 起重机的吊钩螺栓

2. 紧螺栓连接

受拉的紧螺栓在装配时必须拧紧,因此在承受工作载荷之前,螺栓就受到一定的预紧力(轴向拉力)。

1) 只受预紧力的螺栓连接

紧螺栓连接在装配时需拧紧螺母,所以螺栓除了受预紧拉力 F' 作用外,还受螺纹阻力矩 T_1 的复合作用。因螺栓是塑性材料,复合应力 σ_v 可按第四强度理论计算,即

$$\sigma_v = \sqrt{\sigma^2 + 3\tau^2}$$

对于 M10~M68 的普通螺栓,$\tau \approx 0.5\sigma$,因此

$$\sigma_v = \sqrt{\sigma^2 + 3\tau^2} \approx 1.3\sigma$$

在螺栓的危险截面上由 F' 产生的拉应力为

$$\sigma = \frac{4F'}{\pi d_1^2}$$

所以
$$\sigma_v = \frac{4 \times 1.3 F'}{\pi d_1^2} \leqslant [\sigma] \tag{7-5}$$

或
$$d_1 \geqslant \sqrt{\frac{4 \times 1.3 F'}{\pi [\sigma]}} \tag{7-6}$$

求出 d_1 后,应按螺纹标准选取螺纹公称直径 d。

如图 7-7 所示为螺栓只受预紧力作用的紧螺栓连接。该连接受横向工作载荷 F_s 作用时,F_s 的方向与螺栓轴线垂直。利用连接件接合面之间压力产生的摩擦力来传递横向外载荷。根据力的平衡条件有

$$KF_s = F'fz$$

即
$$F' = \frac{KF_s}{fz} \tag{7-7}$$

式中:F'——预紧力(N);

$\quad F_s$——横向载荷(N);

$\quad f$——接合面间的摩擦系数,对钢或铸铁,$f=0.1\sim0.15$;

$\quad z$——被连接件接合面数目;

$\quad K$——可靠性系数,$K=1.1\sim1.3$。

求出 F' 后,即可按式(7-5)进行螺栓强度计算。

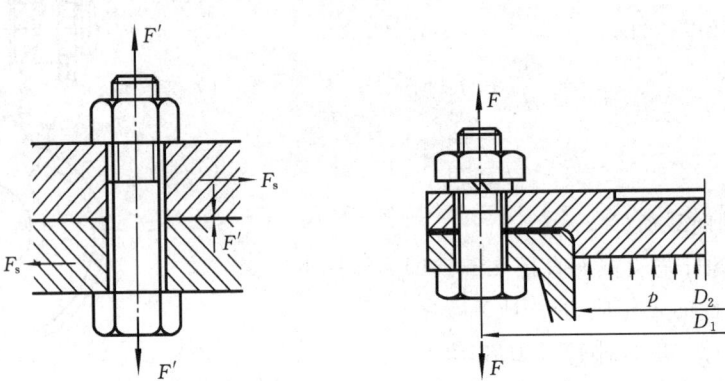

图 7-7　只受预紧力作用的紧螺栓连接　　　　图 7-8　气缸盖螺栓连接

2)既受预紧力又受轴向工作载荷的螺栓强度计算

如图 7-8 所示的气缸盖螺栓连接,螺栓拧紧后,再受轴向工作载荷。由于螺栓和被连接件的弹性变形,螺栓所受的总载荷并不等于预紧力与轴向工作载荷之和,其大小取决于预紧力、轴向工作载荷、螺栓和被连接件的刚度,现取螺栓组中的一个螺栓来分析其受载情况。

如图 7-9 所示,螺母未拧紧时,螺栓与被连接件均不受力(见图 7-9(a))。拧紧螺母后,由于预紧力 F' 的作用,螺栓受拉而伸长,变形量为 δ_1;被连接件受压而缩短,变形量为 δ_2(见图 7-9(b))。当气缸充气后,连接在预紧力的作用下又受到一个轴向工作载荷 F 的作用,螺栓伸长变形量增加了 $\Delta\delta$,而其总伸长量为 $\delta_1 + \Delta\delta$,螺栓受到的拉力也由 F' 增至 F_0;由于螺栓的伸长,连接有所放松,被连接件的压缩量由 δ_2 减小为 $\delta_2 - \Delta\delta$,所受压力由 F' 减至 F'',F''

称为残余预紧力。

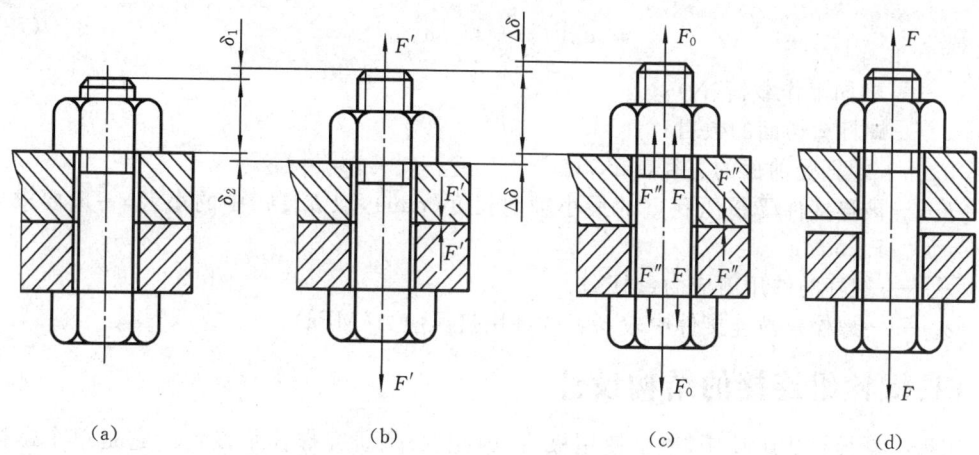

图 7-9 螺栓和被连接件的受力与变形

由上述分析可知,这类螺栓连接承受轴向工作载荷后,由于预紧力的变化,作用在螺栓上的总载荷 F_0 等于轴向工作载荷 F 与残余预紧力 F'' 之和,即

$$F_0 = F + F'' \tag{7-8}$$

随工作载荷 F 的增大,残余预紧力 F'' 将减小。当工作载荷增大到一定程度时,残余预紧力将为零。这时若载荷继续增大,被连接件间就会出现缝隙,如图 7-9(d)所示,这是螺栓连接的又一失效形式。为了保证连接的紧密性,必须维持一定的残余预紧力。残余预紧力 F'' 可参考下列数据选取:

F 无变化时,取 $F'' = (0.2 \sim 0.6)F$;

F 有变化时,取 $F'' = (0.6 \sim 1.0)F$;

有紧密性要求时,取 $F'' = (1.5 \sim 1.8)F$。

选定 F'' 后,可按式(7-8)求得螺栓总载荷 F_0。考虑到这种螺栓工作时可能需要补充拧紧,为安全起见,仍可仿式(7-5)的强度条件进行计算,即

$$\sigma_\text{v} = \frac{4 \times 1.3 F_0}{\pi d_1^2} \leqslant [\sigma] \tag{7-9}$$

$$d_1 \geqslant \sqrt{\frac{4 \times 1.3 F_0}{\pi [\sigma]}} \tag{7-10}$$

三、受剪螺栓连接的强度计算

图 7-10 所示为铰制孔螺栓连接。当承受横向载荷时,螺栓杆受到剪切,孔壁和螺栓接触面受到挤压。这种连接的失效形式有两种:螺杆受剪面的塑性变形或剪断;螺杆与被连接件中较弱者的挤压面被压溃。

由于装配时只需对连接中的螺栓施加较小的预紧力,可以忽略接合面间的摩擦,故其强度条件为

剪切强度条件

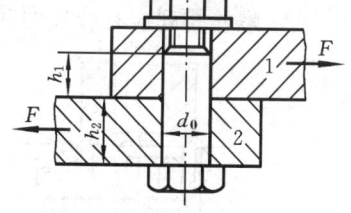

图 7-10 受剪螺栓连接

$$\tau = \frac{4F}{\pi z d_0^2} \leqslant [\tau] \tag{7-11}$$

挤压强度条件

$$\sigma_p = \frac{F}{d_0 h} \leqslant [\sigma_p] \tag{7-12}$$

式中：F——横向工作载荷(N)；

　　　z——螺杆剪切面的数目；

　　　d_0——螺杆受剪面的直径(mm)；

　　　h——被连接件受挤压孔壁的最小轴向长度(mm)，取 h_1、h_2 中的小者，一般要求 $h \geqslant$ 1.25d_0；

　　　$[\tau]$——螺杆的许用剪应力(MPa)；

　　　$[\sigma_p]$——螺栓或被连接件中较弱者的许用挤压应力(MPa)。

四、螺栓组连接的结构设计

工程中螺栓皆成组使用，单个使用极少，因此，必须研究螺栓组设计。它是单个螺栓强度计算的基础和前提条件。

螺栓组连接设计的顺序为选布局、定数目、力分析、设计尺寸。

螺栓组连接在设计时应综合考虑以下诸方面的问题。

(1) 螺栓的布置应使螺栓受力合理，布局要尽量对称分布，螺栓组中心与连接接合面形心重合(有利于分度、画线、钻孔)，以使接合面受力比较均匀，如图7-11所示。

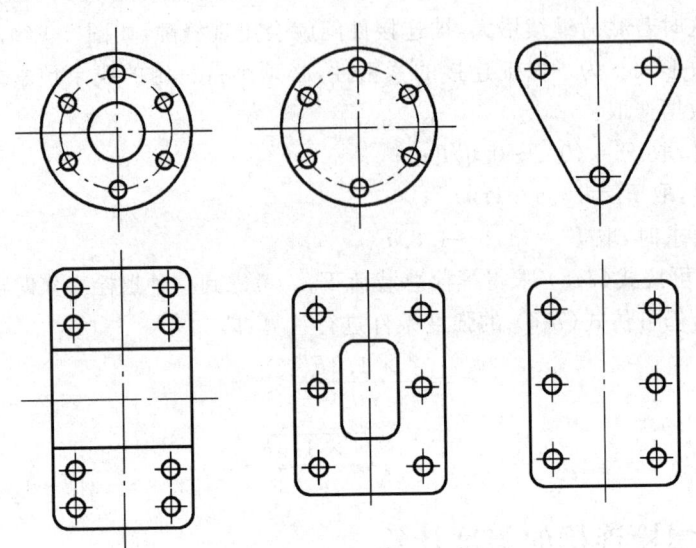

图 7-11　螺栓组连接常用布置

(2) 螺栓排列应有合理的间距和适当的边距，这样有利于扳手装拆，如图7-12所示。

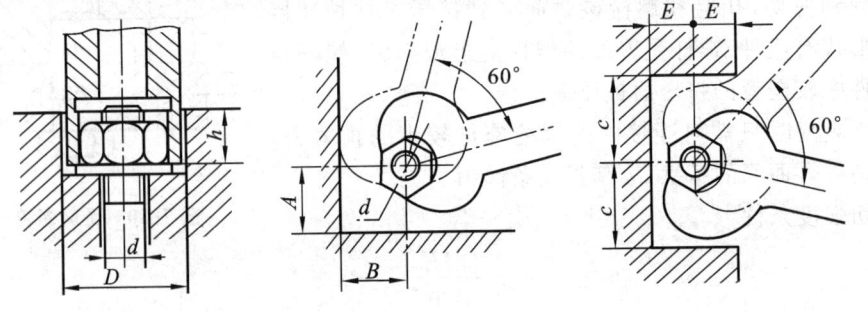

图 7-12　扳手空间尺寸

对压力容器等紧密性要求较高的重要连接,螺栓的间距 t_0 不得大于表 7-4 所推荐的数值。

表 7-4　螺栓间距 t_0

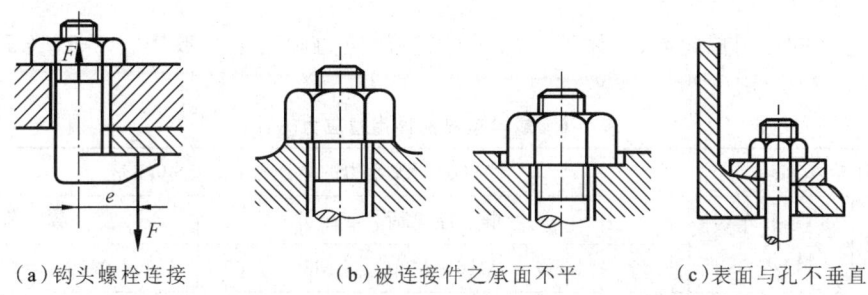

	工作压强 p/MPa					
	≤1.6	1.6~4	4~10	10~16	16~20	20~30
	t_0/mm					
	7d	4.5d	4.5d	4d	3.5d	3d

注:表中 d 为螺纹公称直径。

(3) 应避免使螺栓产生附加弯曲应力,图 7-13(a)所示钩头螺栓弯曲应力甚大,应当避免采用这类结构。若被连接零件支承表面不平或倾斜,都会使螺栓产生附加的弯曲应力,为了避免这种现象,可设计如图 7-13(b)、(c)所示的一些结构。

（a）钩头螺栓连接　　　　　（b）被连接件之承面不平　　　　（c）表面与孔不垂直

图 7-13　避免螺栓产生附加弯曲应力的措施

◀ 7.4　螺栓连接的材料和许用应力 ▶

一、螺纹连接件的常用材料

适合制造螺纹连接件的材料品种较多,普通垫圈的材料推荐采用 Q235、15、35 钢;弹簧垫圈用 65Mn 钢制造,并经热处理和表面处理。适合制造螺栓的材料应具有足够的强度、一定的塑性和韧性,而且便于加工。制造一般螺栓常用的材料为 Q215、Q235、10、35 和 45 等钢。对于承受冲击、振动或变荷载的螺纹连接件,可采用合金钢,如 15Cr、40Cr、30CrMnsi 等材料制造。对于特殊用途的螺纹连接件,可采用特种钢、铜合金、铝合金等材料制造。选择螺母的材料时,考虑到更换螺母比更换螺栓较经济、方便,所以应使螺母材料的强度低于螺栓材料的强度。

对于一般机械设计,螺纹连接件常用材料的力学性能如表 7-5 所示。

表 7-5　螺栓、螺钉和双头螺柱的力学性能

推荐材料	低碳钢	低碳钢或中碳钢					低合金钢或中碳钢		40Cr 15MnVB		30CrMnSi 15MnVB
力学性能 等级级别	3.6	4.6	4.8	5.6	5.8	6.8	8.8 ≤M16	>M16	9.8	10.9	12.9
最小抗拉强度 $\sigma_{Bmin}/(N/mm^2)$	330	400	420	500	520	600	800	830	900	1 040	1 220
最小屈服点 σ_{Smin} 或 $\sigma_{0.2min}/(N/mm^2)$	190	240	340	300	420	480	640	660	720	940	1 100
最低硬度 HBS_{min}	90	109	113	134	140	181	232	248	269	312	365
相配合螺母的 力学性能级别	4 或 5			5		6	8 或 9		9	10	12

注：① 8.8 级中≤M16、>M16 一栏，对钢结构的螺栓分别改为≤M12 和>M12；
② 紧定螺钉的性能等级与螺钉不同，此表未列入。

二、螺栓连接的许用应力和安全系数

螺栓连接的许用拉应力、许用剪应用、许用挤压应力和安全系数按表 7-6、表 7-7 和表 7-8 选取。

表 7-6　螺栓连接的许用拉应力[σ]　　　　　　　　（MPa）

不严格控制预紧力的紧连接载荷性质	松连接，$0.6\sigma_S$	严格控制预紧力的紧连接，$(0.6\sim0.8)\sigma_S$				
	载荷性质 材料	静 载 荷			变 载 荷	
		M6～M16	M16～M30	M30～M60	M6～M16	M16～M30
	碳 钢	$(0.25\sim0.33)\sigma_S$	$(0.33\sim0.50)\sigma_S$	$(0.50\sim0.77)\sigma_S$	$(0.10\sim0.15)\sigma_S$	$0.15\sigma_S$
	合金钢	$(0.20\sim0.25)\sigma_S$	$(0.25\sim0.40)\sigma_S$	$0.4\sigma_S$	$(0.13\sim0.20)\sigma_S$	$0.20\sigma_S$

注：σ_S 为螺栓材料的屈服点，MPa。

表 7-7　螺栓连接的许用剪应力[τ]和许用挤压应力[σ_p]　　　（MPa）

载荷性质	许用剪应力[τ]	许用挤压应力[σ_p]	
		被连接件为钢	被连接件为铸铁
静载荷	$0.4\sigma_S$	$0.8\sigma_S$	$(0.4\sim0.5)\sigma_B$
变载荷	$(0.2\sim0.3)\sigma_S$	$(0.5\sim0.6)\sigma_S$	$(0.3\sim0.4)\sigma_B$

注：σ_S 为钢材的屈服点，MPa；σ_B 为铸铁的抗拉强度，MPa。

表 7-8　紧螺栓连接的安全系数 S（不控制预紧力时）

材　　料	静　载　荷		变　载　荷	
	M6～M16	M16～M30	M6～M16	M16～M30
碳素钢	4～3	3～2	10～6.5	6.5
合金钢	5～4	4～2.5	7.6～5	5

【例 7-1】 如图 7-8 所示,有一气缸盖与缸体凸缘采用普通螺栓连接。已知气缸中的气体压强 $p=2$ MPa,气缸的内径 $D_2=500$ mm,螺栓分布圆直径 $D_1=650$ mm。要求紧密连接,气体不得漏气,试设计此螺栓组连接。

解 本题是受轴向载荷作用的螺栓组连接。因此应按受预紧力和工作载荷的紧螺栓连接计算。此外,为保证气密性,不仅要保证足够大的剩余预紧力,而且要选择适当的螺栓数目,保证螺栓间距不宜过大。其设计步骤如下。

(1)初选螺栓数目 z。因为螺栓分布圆直径较大,为保证螺栓间距不致过大,所以应选较多的螺栓,初选 $z=24$。

(2)计算螺栓的轴向工作载荷 F。

螺栓组连接的轴向载荷 F_Q 为

$$F_Q = \frac{p\pi D_2^2}{4} = \frac{2\times\pi\times500^2}{4}\ \text{N} = 3.927\times10^5\ \text{N}$$

单个螺栓所受轴向载荷 F 为

$$F = \frac{F_Q}{z} = \frac{3.927\times10^5}{24}\ \text{N} = 16\ 362.5\ \text{N}$$

(3)计算单个螺栓的总拉力 F_0。考虑到气缸中气体的紧密性要求,残余预紧力 F_0' 取 $1.8F$。则有

$$F_0 = F + F_0' = F + 1.8F = 2.8F = 2.8\times16\ 362.5\ \text{N} = 45\ 815\ \text{N}$$

(4)确定螺栓材料的许用应力。选螺栓的材料为 35 钢,强度等级为 5.6 级,所以屈服极限 $\sigma_s=300$ MPa,若不控制预紧力,则螺栓的许用应力与直径有关。估计螺栓的直径范围 M16～M30,查表,取安全系数 $S=2.5$,则

$$[\sigma] = \frac{\sigma_s}{S} = \frac{300}{2.5}\ \text{MPa} = 120\ \text{MPa}$$

(5)计算螺栓直径。根据式(7-10)可得

$$d_1 \geqslant \sqrt{\frac{4\times1.3 F_0}{\pi[\sigma]}} = \sqrt{\frac{4\times1.3\times45\ 815}{\pi\times120}}\ \text{mm} = 25.139\ \text{mm}$$

查表,取 M30($d_1=26.211$ mm>25.139 mm),且与估计相符。

◀ 7.5 螺 旋 传 动 ▶

螺旋传动由螺杆、螺母和机架组成,主要用于把回转运动变为直线运动,同时传递运动和动力。其应用广泛,如螺旋千斤顶、螺旋丝杠、螺旋压力机等。

一、螺旋传动的类型与特点

根据用途,螺旋传动可分为传力螺旋、传导螺旋和调整螺旋三种类型。

1. 传力螺旋

传力螺旋以传递动力为主,要求用较小的力矩转动螺杆(或螺母)而使螺母(或螺杆)产生轴向运动和较大的轴向力,这个力可以用来完成起重和加压等工作,如图 7-14 所示的螺旋千斤顶和螺旋压力机等。

2. 传导螺旋

传导螺旋以传递运动为主,并要求有较高的运动精度,速度较高且能较长时间连续工作,如机床刀架的进给机构。

3. 调整螺旋

调整螺旋调整螺旋不经常转动,主要用于调整并固定零部件之间的相互位置,如机床卡盘,压力机的调整螺旋。

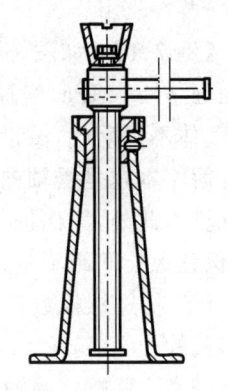

图 7-14　螺旋千斤顶

二、滚动螺旋传动

根据螺旋副的摩擦情况,螺旋传动可分为滑动螺旋、滚动螺旋和静压螺旋。滑动螺旋结构简单、加工方便、易于自锁、运转平稳无噪声,所以应用最广。它的缺点是工作时滑动摩擦阻力大、传动效率低(一般为 30%～40%)、螺纹表面磨损快、传动精度低、低速时有爬行现象。滚动螺旋和静压螺旋的摩擦阻力小、传动效率高,但结构较复杂、制造困难、成本高、加工不方便,只有在高精度、高效率的机械中才宜采用。

在螺杆和螺母之间设有封闭循环的滚道,滚道间充以钢珠,这样就使螺旋副的摩擦成为滚动摩擦,这种螺旋称为滚动螺旋或滚珠丝杠。滚动螺旋按滚道回路形式的不同,分为外循环和内循环两种。钢珠在回路过程中离开螺旋表面的称为外循环,如图 7-15(a)所示。钢珠在整个循环过程中始终不脱离螺旋表面的称为内循环,如图 7-15(b)所示。

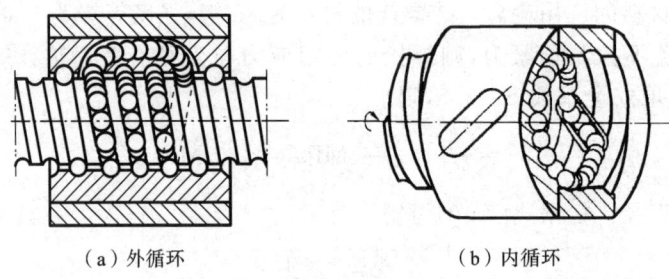

（a）外循环　　　　　　　　　　（b）内循环

图 7-15　滚动螺旋

 习题 7

一、单选题

1.在被连接件之一的厚度较大且需要经常装拆的场合,易采用(　　　)。

A.普通螺栓连接　　　　　　　　　B.双头螺栓连接

C.螺钉连接　　　　　　　　　　　D.紧定螺钉连接

2.普通螺纹的公称直径是(　　　)。

A.小径　　　　　　　　　　　　　B.中径

C.大径　　　　　　　　　　　　　D.以上都不是

二、简答题

1.常用螺纹的种类有哪些?各用于什么场合?

2.螺纹的主要参数有哪些?怎样计算?

3.为什么螺纹连接通常要采用防松措施?常用的防松方法和装置有哪些?

4.常见的螺栓失效形式有哪几种?失效发生的部位通常在何处?

三、计算题

1.起重滑轮松螺栓连接如图 7-16 所示。已知作用在螺栓上的工作载荷 $F=50$ kN,螺栓材料为 Q235,试确定螺栓的直径。

2.两个普通螺栓连接长扳手尺寸如图 7-17 所示。已知两件接合面间的摩擦系数 $f=0.15$,扳拧力 $F=200$ N,试计算两螺栓所受的力。若螺栓的材料为 Q235,试确定螺栓的直径。

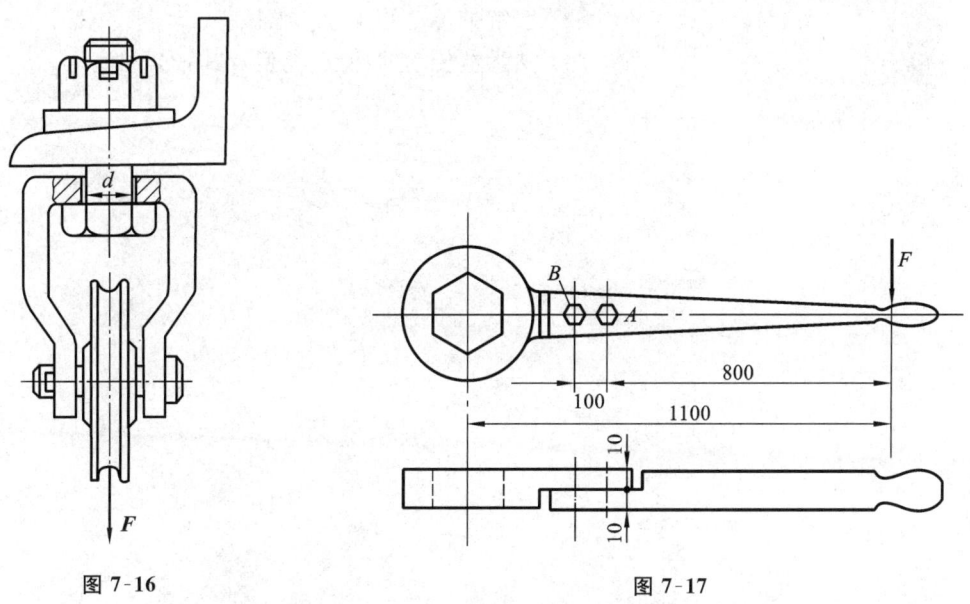

图 7-16   图 7-17

3.图 7-18 所示为普通螺栓连接,采用 2 个 M10 的螺栓,螺栓的许用应力 $[\sigma]=160$ MPa,被连接合面间的摩擦系数 $f=0.2$。若取摩擦传力可靠性系数 $K_f=1.2$,试计算该连接允许传递的最大静载荷 K_R。

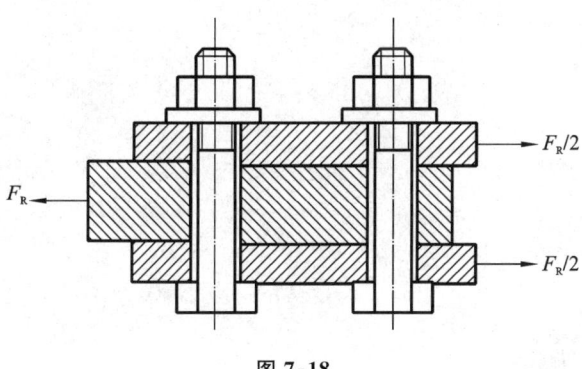

图 7-18

第8章
带传动与链传动

◀ **教学目标**

（1）熟悉带传动的特点和类型。

（2）掌握带传动的工作原理，会进行带传动设计。

（3）了解带传动的张紧和维护。

（4）熟悉链传动的特点、类型及其张紧和润滑。

◀ 8.1 带传动的组成和类型 ▶

一、带传动的组成和特点

1. 带传动的组成

带传动是机械设备中应用较多的传动装置之一。带传动一般是由主动轮、从动轮和紧套在两轮上的挠性带组成,如图 8-1 所示。

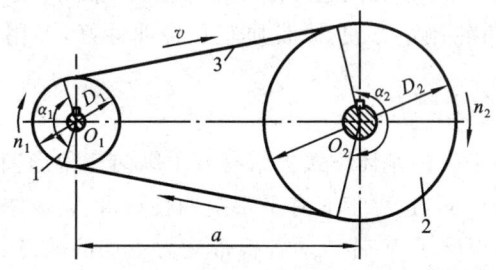

图 8-1 带传动
1—主动轮;2—从动轮;3—挠性带

2. 带传动的特点

带传动具有结构简单、传动平稳、价格低廉、缓冲吸振及过载打滑以保护其他零件等优点。缺点是传动比不稳定,传动装置外形尺寸较大,效率较低,带的寿命较短以及不适合高温易燃场合等。

3. 带传动的应用

带传动一般不宜用于大功率传动(通常不超过 50 kW),且多用于高速级传动。带的工作速度一般为 5~30 m/s,高速带可达 60 m/s。平带传动的传动比通常为约 3,最大可达到 6,有张紧轮时传动比可达到 10。V 带传动的传动比一般不超过 7,最大达到 10。

二、带传动的类型

带传动的种类很多,根据工作原理的不同,带传动可分为摩擦型和啮合型两大类。

1. 摩擦型带传动

摩擦型带传动利用带与带轮之间的摩擦力传递运动和动力。按带的横截面形状不同可分为 V 带传动(见图 8-2(a))、平带传动(见图 8-2(b))、多楔带传动(见图 8-2(c))、圆带传动(见图 8-2(d))等四种。

1) V 带传动

V 带的横截面为等腰梯形,两侧面为工作面。在初拉力相同和传动尺寸相同的情况下,V 带传动所产生的摩擦力比平带传动大很多,而且允许的传动比较大,结构紧凑,故在一般机械中已取代平带传动。

V 带有普通 V 带、窄 V 带、宽 V 带、联组 V 带、齿形 V 带、大楔角 V 带、汽车 V 带、农机双面 V 带等 10 余种。一般机械常用普通 V 带。

2) 平带传动

平带的横截面为扁平矩形。带内面与带轮接触,相互之间产生摩擦力,平带内表面为工

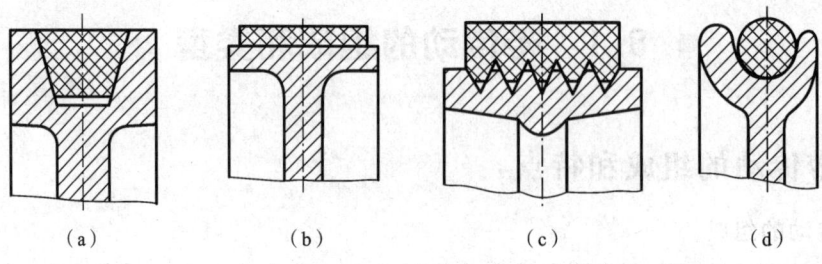

（a） （b） （c） （d）

图 8-2 摩擦型带传动的类型

作面。平带有普通平带、编织平带和高速环形平带等多种，常用普通平带。

平带传动结构简单，带轮制造方便，平带质轻且挠曲性好，多用于高速和中心距较大的传动中。

3）多楔带传动

多楔带是在绳芯结构平带的基体下接上带有若干纵向三角形楔的环形带而构成的。多楔带传动的工作面为楔的侧面，这种带兼有平带挠曲性好和 V 带摩擦力较大的优点。与普通 V 带相比，多楔带传动克服了 V 带传动各根带受力不均的缺点，传动平稳，效率高，故适用于传递功率较大且要求结构紧凑的场合，特别是要求 V 带根数较多或两传动轴垂直于地面的传动。

4）圆带传动

圆带的横截面呈圆形，传递的摩擦力较小。圆带传动仅用于低速轻载的机械，如用于缝纫机、真空吸尘器、磁带盘的机械传动和牙科机械中。

2. 啮合型带传动

1）同步带传动

同步带传动工作时，通过带上内侧凸齿与带轮齿槽的啮合来传递运动和动力，又称同步齿形带传动，如图 8-3 所示。

2）齿孔带传动

齿孔带传动工作时，利用带上的孔与带轮上的齿啮合传递运动和动力，如图 8-4 所示。

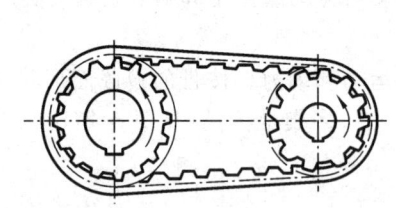

图 8-3 同步带传动

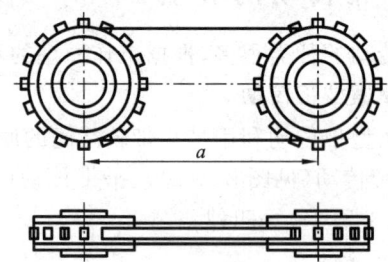

图 8-4 齿孔带传动

三、带传动的形式

常见的带传动形式有开口传动、交叉传动和半交叉传动等，如图 8-5 所示。

交叉传动用于两平行轴的反向传动；半交叉传动用于两轴空间交错的单向传动。平带可用于交叉传动和半交叉传动，V 带一般不宜用于交叉传动和半交叉传动。

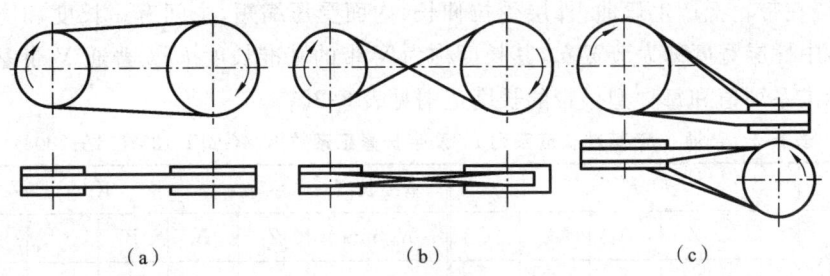

图 8-5 带的传动形式

◀ 8.2 V 带和 V 带轮 ▶

一、V 带的结构和标准

普通 V 带的截面为等腰梯形,为无接头的环形带。带两侧工作面的夹角 φ 称为带的楔角,一般 $\varphi=40°$。V 带由顶胶、抗拉体、底胶和包布等四部分组成,其结构如图 8-6 所示。顶胶和底胶材料为橡胶,包布材料为胶帆布。抗拉体是 V 带工作时的主要承载部分,其结构有绳芯结构和帘布芯结构两种。帘布芯结构的 V 带抗拉强度较高,制造方便;绳芯结构的 V 带柔韧性好,抗弯强度高,适用于转速较高、带轮直径较小的场合。目前,生产中越来越多地采用绳芯结构的 V 带。

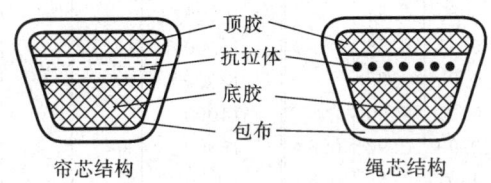

顶胶
抗拉体
底胶
包布

帘芯结构　　绳芯结构

图 8-6 V 带的结构

V 带的尺寸已标准化且均制成无接头的环形,按截面尺寸自小至大,普通 V 带分为 Y、Z、A、B、C、D、E 七种型号,见表 8-1。在同样条件下,截面尺寸越大则传递的功率就越大。

表 8-1 普通 V 带截面基本尺寸(GB/T 13575.1—2008)

型号	Y	Z	A	B	C	D	E
节宽 b_p/mm	5.3	8.5	11	14	19	27	32
顶宽 b/mm	6	10	13	17	22	32	38
高度 h/mm	4	6	8	11	14	19	23
楔角 φ	40°						
单位长度质量 q/(kg/m)	0.023	0.060	0.105	0.170	0.300	0.630	0.970

　　V 带绕在带轮上产生弯曲，外层受拉伸长，内面受压缩短，中间有一长度和宽度均不变的中性层，中性层宽度称为节宽 b_p，其长度称为 V 带的基准长度 L_d。普通 V 带基准长度系列 L_d 的标准系列值和每种型号带的长度范围见表 8-2。

表 8-2　普通 V 带基准长度系列 L_d 及带长修正系数 K_L（GB/T 13575.1—2008）

基准长度	K_L					基准长度	K_L					
L_d/mm	Y	Z	A	B	C	L_d/mm	Z	A	B	C	D	E
200	0.81					2000		1.03	0.98	0.88		
224	0.82					2240		1.06	1.00	0.91		
250	0.84					2500		1.09	1.03	0.93		
280	0.87					2800		1.11	1.05	0.95	0.83	
315	0.89					3150		1.13	1.07	0.97	0.86	
355	0.92					3550		1.17	1.09	0.99	0.89	
400	0.96	0.87				4000		1.19	1.13	1.02	0.91	
450	1.00	0.89				4500			1.15	1.04	0.93	0.90
500	1.02	0.91				5000			1.18	1.07	0.96	0.92
560		0.94				5600				1.09	0.98	0.95
630		0.96	0.81			6300				1.12	1.00	0.97
710		0.99	0.83			7100				1.15	1.03	1.00
800		1.00	0.85			8000				1.18	1.06	1.02
900		1.03	0.87	0.82		9000				1.21	1.08	1.05
1000		1.06	0.89	0.84		10000				1.23	1.11	1.07
1120		1.08	0.91	0.86		11200					1.14	1.10
1250		1.11	0.93	0.88		12500					1.17	1.12
1400		1.14	0.96	0.90		14000					1.20	1.15
1600		1.16	0.99	0.92	0.83	16000					1.22	1.18
1800		1.18	1.01	0.95	0.86							

注：表中列有长度系数 K_L 的范围，即为各型号 V 带基准可取值范围。

　　在 V 带带轮上，V 带中性层所在圆的直径称为带轮的基准直径 d_d，普通 V 带轮的最小直径和直径系列见表 8-3。

表 8-3　普通 V 带轮最小基准直径 d_{dmin} 及基准直径系列（GB/T 10412—2002）

带型	Y	Z	A	B	C	D	E
d_{dmin}	20	50	75	125	200	355	500
基准直径系列 d_d	20,22.4,25,28,31.5,35.5,40,45,50,56,63,71,75,80,85,90,95,100,106 112,118,125,132,140,150,160,170,180,200,212,224,236,250,265,280,300 315,335,355,375,400,425,450,475,500,530,560,600,630,670,710,750,800 900,1000,1060,1120,1250,1400,1500,1600,1800,1900,2000,2240,2500						

二、V 带轮的材料和结构

V 带轮设计的一般要求为:具有足够的强度和刚度,无过大的铸造内应力;结构制造工艺性好,质量小且分布均匀;各槽的尺寸都应保持适宜的精度和表面质量,以使载荷分布均匀和减少带的磨损;对转速高的带轮,要进行动平衡处理。

带轮常用材料为灰铸铁,如 HT150、HT200,适用于圆周速度 $v \leqslant 25$ m/s;转速较高时,采用铸钢或钢板冲压焊接结构;小功率时可用铸铝或塑料。

带轮常用结构有实心式(见图 8-7(a))、腹板式(见图 8-7(b))、孔板式(见图 8-7(c))和轮辐式(见图 8-7(d))。

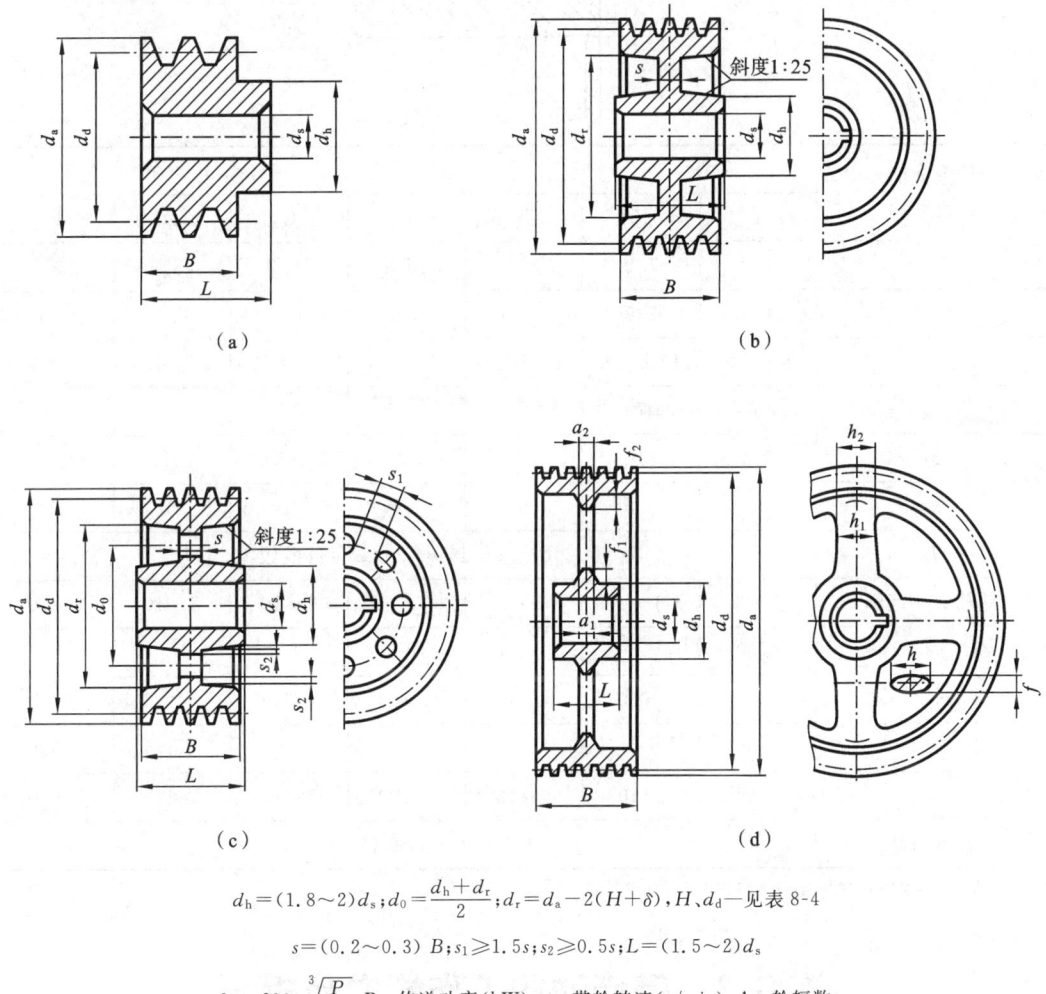

（a）　　　　　　　　　　　　（b）

（c）　　　　　　　　　　　　（d）

$$d_h = (1.8 \sim 2)d_s; d_0 = \frac{d_h + d_r}{2}; d_r = d_a - 2(H + \delta), H, d_d——见表 8-4$$

$$s = (0.2 \sim 0.3)B; s_1 \geqslant 1.5s; s_2 \geqslant 0.5s; L = (1.5 \sim 2)d_s$$

$$h_1 = 290\sqrt[3]{\frac{P}{nA}}, P——传递功率(kW), n——带轮转速(r/min), A——轮辐数$$

$$h_2 = 0.8h_1; a_1 = 0.4h_1; a_2 = 0.8a_1; f_1 = 0.2h_1; f_2 = 0.2h_2$$

图 8-7　V 带轮的结构

带轮基准直径 $d_d \leqslant 2.5d_s$(d_s 为轴孔直径,mm),可采用实心式;$d_d \leqslant 300$ mm 时,可采用腹板式($d_r - d_h \geqslant 100$ 时,可采用孔板式);$d > 300$ mm 时,可采用轮辐式。图中列有经验公式可供设计时参考。

如前所述,V 带绕在带轮上时,发生弯曲变形,顶胶因拉伸而变窄,底胶因压缩而变宽,致使 V 带两侧面夹角(40°)变小,为保证带能够贴紧轮槽两侧,V 带轮槽角规定为 32°、34°、36°和 38°。

普通 V 带轮轮缘截面形状及其各部尺寸见表 8-4。

表 8-4 普通 V 带轮轮缘尺寸(GB/T 13575.1—2008)

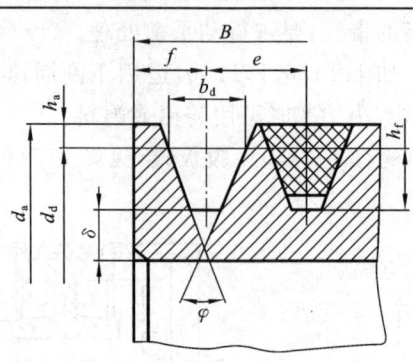

槽型截面尺寸		型 号						
		Y	Z	A	B	C	D	E
h_{fmin}		4.7	7.0	8.7	10.8	14.3	19.9	23.4
h_{amin}		1.6	2.0	2.75	3.5	4.8	8.1	9.6
e		8 ± 0.3	12 ± 0.3	15 ± 0.3	19 ± 0.4	25.5 ± 0.5	37 ± 0.6	44.5 ± 0.7
f_{min}		6	7	9	11.5	16	23	28
b_d		5.3	8.5	11	14	19	27	32
d_d		5	5.5	6	7.5	10	12	15
B		$B=(z-1)e+2f$,z 为带根数						
轮槽数 z 范围		1~3	1~4	1~5	1~6	3~10	3~10	3~10
φ	32°	d_d	≤60						
	34°			≤80	≤118	≤190	≤315		
	36°		>60					≤475	≤600
	38°			>80	>118	>190	>315	>475	>600
φ 角偏差		±30′						

注:$H=h_a+h_f$,表中长度尺寸的单位为 mm。

◀ 8.3 带传动的工作能力分析 ▶

一、带传动的工作原理

安装带传动系统时,带以一定大小的初拉力 F_0 紧套在两带轮上,使带与带轮相互压紧。带传动不工作时,传动带两边的拉力都为 F_0,如图 8-8 所示。工作时,主动轮顺时针方向旋转,由于带与轮面间的摩擦力的作用,使得绕进主动轮的一边(下边),带的拉力由 F_0 增加到

F_1，称为紧边，F_1 为紧边拉力；绕出主动轮的一边（上边）带的拉力由 F_0 减少到 F_2，称为松边，F_2 为松边拉力，如图 8-9 所示。

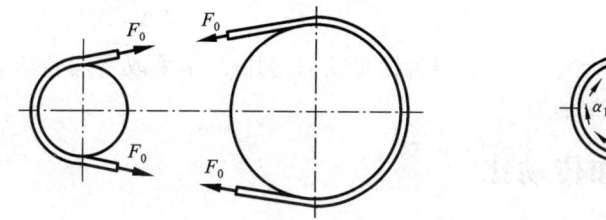

图 8-8　静止时带的拉力

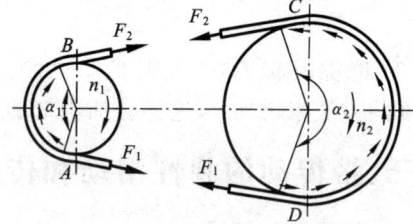

图 8-9　加载工作时带的拉力

因带是弹性体，带的变形符合胡克定律，且认为工作时带的长度不变，则紧边拉力的增加量等于松边拉力的减少量，即

$$F_1 - F_0 = F_0 - F_2$$

则

$$F_0 = (F_1 + F_2)/2 \tag{8-1}$$

两边拉力之差等于带沿带轮接触弧上摩擦力的总和，也就是带传动的有效圆周力 F_e，即

$$F_e = F_1 - F_2 \tag{8-2}$$

有效圆周力 F_e(N)、带速 v(m/s)和传递功率 P(kW)之间的关系为

$$P = \frac{F_e v}{1000} \tag{8-3}$$

二、带传动的工作能力分析

由式(8-3)可以看出，带传动的有效拉力 F_e 与带传动的传递功率 P、带速 v 有关。在带速 v 一定时，有效拉力 F_e 不随着传递功率 P 的增加而增大，但并不能无限制地增大。

根据柔性体摩擦的欧拉公式，在摩擦临界状态，紧边拉力与松边拉力的关系为

$$\frac{F_1}{F_2} = e^{f\alpha_1} \tag{8-4}$$

式中：f——带与轮面间的摩擦因数；

α_1——小带轮的包角（rad）；

e——自然对数的底，$e \approx 2.718$。

此时，有效拉力 F_e 取其极限值 F_{emax}。当带传动所传递的外载荷超过带与带轮接触面上摩擦力的极限值，即最大有效拉力 F_{emax} 时，带将沿带轮面产生显著的相对滑动，这种现象称为打滑。因此，带与带轮间的极限摩擦力限制着带传动的传动能力。联解式(8-1)与式(8-4)，得紧边拉力、松边拉力、最大有效圆周力为

$$\left. \begin{array}{l} F_1 = F_{emax} \dfrac{e^{f\alpha_1}}{e^{f\alpha_1} - 1} \\[3mm] F_2 = F_{emax} \dfrac{1}{e^{f\alpha_1} - 1} \\[3mm] F_{emax} = 2F_0 \dfrac{e^{f\alpha_1} - 1}{e^{f\alpha_1} + 1} \end{array} \right\} \tag{8-5}$$

由式(8-5)可以分析出，影响带传动工作能力的因素如下。

（1）初拉力 F_0。F_0 越大，带与带轮的正压力越大，F_{emax} 也越大，但 F_0 过大，带的磨损加剧，拉应力增加造成带的松弛和寿命降低。安装时 F_0 要适当。

（2）小轮包角 α_1。α_1 增大，F_{emax} 也增大，一般要求 $\alpha_{min} \geqslant 120°$，特殊情况下，允许 $\alpha_{min} = 90°$。

（3）摩擦因数 f。f 大则 F_{emax} 也大。一般采用铸铁带轮以增加 f，不采取增加轮槽表面粗糙度的方法来增加 f，这样会加剧带的磨损。

三、带传动的弹性滑动和传动比

1. 弹性滑动和打滑

带是弹性体，在受力时会发生弹性变形。其变形量与力的大小成正比，力大变形量大。当带绕过主动轮时，带中的拉力由 F_1 减小到 F_2，带的伸长量减少，带发生弹性收缩变形，这表明带在随着主动轮转动的同时，还向后变形收缩，带的线速度落后于主动轮的圆周速度。同理，带绕过从动轮时将逐渐伸长，带沿从动轮表面滑动的方向与转向相同，带速超前于从动轮的圆周速度。这种由于带的弹性变形而产生的带与带轮之间的相对滑动称为弹性滑动。

弹性滑动和打滑是两个截然不同的概念。弹性滑动是由带的紧边、松边的拉力差引起的，是不可以避免的物理现象。它是在包角范围内接触圆弧上发生的微量滑动，肉眼不易发现。打滑是由于过载引起的带沿主动轮发生的全面滑动，打滑时发出"喳喳"的声音，主动轮照常运转，从动轮转速急剧下降，传动失效，如不及时停机，带在短期内会严重磨损，所以应采取措施避免打滑。

2. 传动比

由于带的弹性滑动，使从动轮的圆周速度 v_2 低于主动轮的 v_1。两轮圆周速度的相对偏差称为滑动率，用 ε 表示为

$$\varepsilon = \frac{v_1 - v_2}{v_1} \times 100\% \tag{8-6}$$

因

$$v_1 = \frac{\pi d_{d1} n_1}{60 \times 1000} \text{ m/s}, \quad v_2 = \frac{\pi d_{d2} n_2}{60 \times 1000} \text{ m/s}$$

代入式(8-6)，得带的传动比为

$$i = \frac{n_1}{n_2} = \frac{d_{d2}}{d_{d1}(1-\varepsilon)} \tag{8-7}$$

或从动轮的转速为

$$n_2 = \frac{n_1 d_{d1}(1-\varepsilon)}{d_{d2}}$$

通常 V 带传动的滑动率 $\varepsilon = 0.01 \sim 0.02$，在一般计算中可以不予考虑。

即

$$i = \frac{n_1}{n_2} = \frac{d_{d2}}{d_{d1}} \tag{8-8}$$

四、带传动的应力分析

传动时，带中的应力由以下三部分组成。

1. 紧边和松边拉力产生的拉应力

紧边拉应力 $\qquad\qquad\qquad \sigma_1 = \dfrac{F_1}{A}$ （MPa）

松边拉应力
$$\sigma_2 = \frac{F_2}{A} \quad (\text{MPa})$$

式中：A——带的横截面积（mm^2）。

2. 离心力产生的拉应力

当带绕过带轮，作圆周运动时会产生离心力。由离心力在带中产生的离心拉应力为

$$\sigma_c = qv^2/A$$

式中：q——带单位长度的质量（kg/m），查表 8-1；

v——带速（m/s）。

离心力只发生在带作圆周运动的部分，但产生的离心拉力却作用于带的全长，且各个截面数值相等。

因离心拉应力与速度的二次方成正比，σ_c 过大会降低带传动的工作能力，因此应限制带速 $v \leqslant 25 \text{ m/s}$。

3. 弯曲应力

带轮绕过带轮时，会引起弯曲变形并产生弯曲应力。由材料力学公式得带的弯曲应力

$$\sigma_b = \frac{2Eh_a}{d_d} \quad (\text{MPa})$$

式中：E——带材料的弹性模量（MPa）；

h_a——带的顶部到中性层的距离（mm），查表 8-4；

d_d——V 带轮的基准直径（mm）。

弯曲应力只发生在带与带轮接触的圆周部分，且带轮直径越小、带越厚（型号越大），带的弯曲应力就越大，如两个带轮直径不同，则带在小带轮上的弯曲应力 σ_{b1} 比大带轮上的弯曲应力 σ_{b2} 大。为避免弯曲应力过大，带轮直径不能过小。部分型号 V 带轮的最小直径如表 8-3 所示。

图 8-10 所示为带在工作时的应力分布情况。可以看出，带处于变应力状态下，当应力循环次数达到一定数值后，带将发生疲劳破坏。图中小带轮为主动轮，最大应力发生在紧边与小带轮接触处，其数值为

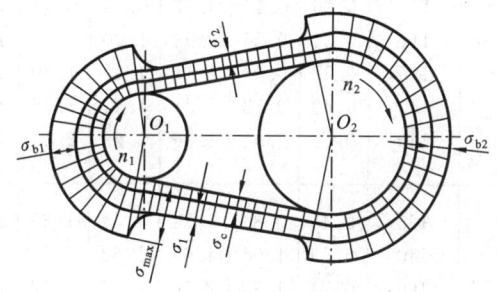

图 8-10 带工作时的应力分布情况

$$\sigma_{max} = \sigma_1 + \sigma_{b1} + \sigma_c \tag{8-9}$$

◀ 8.4 带传动的设计和计算 ▶

一、带传动的设计准则和单根 V 带所能传递的额定功率

1. 设计准则

根据带传动工作能力分析可知，带传动的主要失效形式有：① 带在带轮上打滑，不能传递动力；② 带发生疲劳破坏，经历一定应力循环次数后发生拉断、撕裂、脱层。

根据带传动的失效形式,可知其设计准则为:① 带在传递规定功率时不发生打滑;② 具有一定的疲劳强度和寿命。为此,应使带的设计功率不大于许用功率。

2. 单根 V 带所能传递的额定功率

经推导,单根 V 带所能传递的额定功率为

$$P_0 = ([\sigma] - \sigma_{b1} - \sigma_c)(1 - 1/e^{f_v \alpha})Av \times 10^{-3} \tag{8-10}$$

式中:v——带速(m/s)。

在特定带长、使用寿命、传动比($i=1$、$\alpha=180°$)以及在载荷平稳条件下,通过疲劳试验测得带的许用应力$[\sigma]$后,代入式(8-10)便可求出特定条件下的P_0值,见表 8-5。

表 8-5　包角 $\alpha=180°$、特定带长、工作平稳情况下,单根 V 带的额定功率 P_0　　　　(kW)

型号	小带轮直径 d_{d1}/mm	小带轮转速 n_1/(r/min)												
		200	400	730	800	980	1200	1460	1600	2000	2400	2800	3200	3600
Z	56	—	0.06	0.11	0.12	0.14	0.17	0.19	0.20	0.25	0.30	0.33	0.35	0.37
	63	—	0.08	0.13	0.15	0.18	0.22	0.25	0.27	0.32	0.37	0.41	0.45	0.47
	71	—	0.09	0.17	0.20	0.23	0.27	0.31	0.33	0.39	0.46	0.50	0.54	0.58
	80	—	0.14	0.20	0.22	0.26	0.30	0.36	0.39	0.44	0.50	0.56	0.61	0.64
	90	—	0.14	0.22	0.24	0.28	0.33	0.37	0.40	0.48	0.54	0.60	0.64	0.68
A	75	0.16	0.27	0.42	0.45	0.52	0.60	0.68	0.73	0.84	0.92	1.00	1.04	1.08
	90	0.22	0.39	0.63	0.68	0.79	0.93	1.07	1.15	1.34	1.50	1.64	1.75	1.83
	100	0.26	0.47	0.77	0.83	0.97	1.14	1.32	1.42	1.66	1.87	2.05	2.19	2.28
	112	0.31	0.56	0.93	1.00	1.18	1.39	1.62	1.74	2.04	2.30	2.51	2.68	2.78
	125	0.37	0.67	1.11	1.19	1.40	1.66	1.93	2.07	2.44	2.74	2.98	3.16	3.26
	140	0.43	0.78	1.31	1.41	1.66	1.96	2.29	2.45	2.87	3.22	3.48	3.65	3.72
	160	0.51	0.94	1.56	1.69	2.00	2.36	2.74	2.94	3.42	3.80	4.06	4.19	4.17
B	125	0.48	0.84	1.34	1.44	1.67	1.93	2.20	2.33	2.64	2.85	2.96	2.94	2.80
	140	0.59	1.05	1.69	1.82	2.13	2.47	2.83	3.00	3.42	3.70	3.85	3.83	3.63
	160	0.74	1.32	2.16	2.32	2.72	3.17	3.64	3.86	4.40	4.75	4.89	4.80	4.46
	180	0.88	1.59	2.61	2.81	3.30	3.85	4.41	4.68	5.30	5.67	5.76	5.52	4.92
	200	1.02	1.85	3.06	3.30	3.86	4.50	5.15	5.46	6.13	6.47	6.43	5.95	4.98
	224	1.19	2.17	3.59	3.86	4.50	5.26	5.99	6.33	7.02	7.25	6.95	6.05	4.47

型号	小带轮直径 d_1/mm	小带轮转速 n_1/(r/min)												
		100	200	300	400	500	600	730	980	1200	1460	1600	1800	2000
C	200	—	1.39	1.92	2.41	2.87	3.30	3.80	4.66	5.29	5.86	6.07	6.28	6.34
	224	—	1.70	2.37	2.99	3.58	4.12	4.78	5.89	6.71	7.47	7.75	8.00	8.05
	250	—	2.03	2.85	3.62	4.33	5.00	5.82	7.18	8.21	9.06	9.38	9.63	9.62
	280	—	2.42	3.40	4.32	5.19	6.00	6.99	8.65	9.81	10.74	11.06	11.22	11.04
	315	—	2.86	4.04	5.14	6.17	7.14	9.34	10.23	11.53	12.48	12.72	12.67	12.14
	400	—	3.91	5.54	7.06	8.52	9.82	11.52	13.67	15.04	15.51	15.24	14.08	11.95

型号	小带轮直径 d_{d1}/mm	小带轮转速 n_1/(r/min)												
		200	400	730	800	980	1200	1460	1600	2000	2400	2800	3200	3600
D	355	3.01	5.31	7.35	9.24	10.90	12.39	14.04	16.30	17.25	16.70	15.63	12.97	—
	400	3.66	6.52	9.13	11.45	13.55	15.42	17.58	20.25	21.20	20.03	18.31	14.28	—
	450	4.37	7.90	11.02	13.85	16.40	18.67	21.12	24.16	24.84	22.42	19.59	13.34	—
	500	5.08	9.21	12.88	16.20	19.17	21.78	24.52	27.60	27.61	23.28	18.88	9.59	—
	560	5.91	10.76	15.07	18.95	22.38	25.32	28.28	31.00	29.67	22.08	15.13	—	—
E	500	6.21	10.86	14.96	18.55	21.65	24.21	26.62	28.52	25.53	16.25	—	—	—
	560	7.32	13.09	18.10	22.49	26.25	29.30	32.02	33.00	28.49	14.52	—	—	—
	630	8.75	15.65	21.69	26.95	31.36	34.83	37.64	37.14	29.17	—	—	—	—
	710	10.31	18.52	25.69	31.83	36.85	40.58	43.07	39.56	25.91	—	—	—	—
	800	12.05	21.70	30.05	37.05	42.53	46.26	47.79	39.08	16.46	—	—	—	—
SPZ	63	0.20	0.35	0.56	0.60	0.70	0.81	0.93	1.00	1.17	1.32	1.45	1.56	1.66
	71	0.25	0.44	0.72	0.78	0.92	1.08	1.25	1.35	1.59	1.81	2.00	2.18	2.33
	75	0.28	0.49	0.79	0.87	1.02	1.21	1.41	1.52	1.79	2.04	2.27	2.48	2.65
	80	0.31	0.55	0.88	0.99	1.15	1.38	1.60	1.73	2.05	2.34	2.61	2.85	3.06
	90	0.37	0.67	1.12	1.21	1.44	1.70	1.98	2.14	2.55	2.93	3.26	3.57	3.84
	100	0.43	0.79	1.33	1.44	1.70	2.02	2.36	2.55	3.05	3.49	3.90	4.26	4.58
SPA	90	0.43	0.75	1.21	1.30	1.52	1.76	2.02	2.16	2.49	2.77	3.00	3.16	3.26
	100	0.53	0.94	1.54	1.65	1.93	2.27	2.61	2.80	3.27	3.67	3.99	4.25	4.42
	112	0.64	1.16	1.91	2.07	2.44	2.86	3.31	3.57	4.18	4.71	5.15	5.49	5.72
	125	0.77	1.40	2.33	2.52	2.98	3.5	4.06	4.38	5.15	5.80	6.34	6.76	7.03
	140	0.92	1.68	2.81	3.03	3.58	4.23	4.91	5.29	6.22	7.01	7.64	8.11	8.39
	160	1.11	2.04	3.42	3.70	4.38	5.17	6.01	6.47	7.60	8.53	9.24	9.72	9.94
SPB	140	1.08	1.92	3.13	3.35	3.92	4.55	5.21	5.54	6.31	6.86	7.15	7.17	6.89
	160	1.37	2.47	4.06	4.37	5.13	5.98	6.89	7.33	8.38	9.13	9.52	9.53	9.10
	180	1.65	3.01	4.99	5.37	6.31	7.38	8.50	9.05	10.34	11.21	11.62	11.43	10.77
	200	1.94	3.54	5.88	6.35	7.47	8.74	10.07	10.70	12.18	13.11	13.41	13.01	11.83
	224	2.28	4.18	6.97	7.52	8.83	10.33	11.86	12.59	14.21	15.10	15.14	14.22	—
	250	2.64	4.86	8.11	8.75	10.27	11.99	13.72	14.51	16.19	16.89	16.44	—	—
SPC	224	2.90	5.19	8.38	8.99	10.39	11.89	13.26	13.81	14.58	14.01	—	—	—
	250	3.50	6.31	10.27	11.02	12.76	14.61	16.26	16.92	17.70	16.69	—	—	—
	280	4.18	7.59	12.40	13.31	15.40	17.60	19.49	20.20	20.75	18.88	—	—	—
	315	4.97	9.07	14.82	15.90	18.37	20.88	22.92	23.58	23.47	19.98	—	—	—
	355	5.87	10.72	17.50	18.76	21.55	24.34	26.32	26.80	25.37	19.22	—	—	—
	400	6.86	12.56	20.41	21.84	25.15	27.33	29.40	29.53	25.81	—	—	—	—

二、带传动的设计步骤和参数选择

设计带传动的原始数据为带传递的功率 P，转速 n_1、n_2（或传动比 i）以及外廓尺寸的要求等。设计内容有：确定带的型号、长度、根数、传动中心距、带轮直径以及带轮结构尺寸等。设计步骤一般如下。

1. 确定计算功率 P_d

$$P_d = K_A P \tag{8-11}$$

式中：P——带传递的额定功率（kW）；

K_A——工况系数，见表 8-6。

表 8-6 工况系数 K_A

载荷性质	工作机	原动机					
		空、轻载启动			重载启动		
		每天工作小时数/h					
		<10	10~16	>16	<10	10~16	>16
载荷变动微小	液体搅拌机、通风机和鼓风机（≤7.5 kW）、离心式水泵和压缩机、轻型输送机	1.0	1.1	1.2	1.1	1.2	1.3
载荷变动小	带式输送机（不均匀负荷）、通风机（>7.5 kW）旋转式水泵和压缩机（非离心式）、发电机、金属切削机床、旋转筛、锯木机和木工机械	1.1	1.2	1.3	1.2	1.3	1.4
载荷变动较大	制砖机、斗式提升机、往复式水泵和压缩机、起重机、磨粉机、冲剪机床、旋转筛、纺织机械、重载输送机	1.2	1.3	1.4	1.4	1.5	1.6
载荷变动很大	破碎机（旋转式、颚式等）、磨碎机（球磨、棒磨、管磨）	1.3	1.4	1.5	1.5	1.6	1.8

注：对于空轻载启动——电动机（交流启动、三角启动、直流并励）、四缸以上的内燃机、装有离心式离合器、液力联轴器的动力机，重载启动——电动机（联机交流启动、直流复励或串励）、四缸以下的内燃机，以及在反复启动、正反转频繁、工作条件恶劣等场合，K_A 应乘以 1.2。

2. 选择 V 带的型号

根据计算功率 P_d 和主动轮转速 n_1 由图 8-11、图 8-12 选择带的型号。

3. 确定带轮的基准直径 d_{d1} 和 d_{d2}

小带轮直径 d_{d1} 应大于或等于表 8-3 所列的最小直径 d_{min}。d_{d1} 过小则带的弯曲应力较大，反之又使外廓尺寸增大。一般在工作位置允许的情况下，小带轮直径取得大些可减小弯曲应力，提高承载能力和延长带的使用寿命。由式（8-8）得

$$d_{d2} = \frac{n_1}{n_2} d_{d1}$$

d_{d1}、d_{d2} 均应符合表 8-3 所列带轮直径系列尺寸。

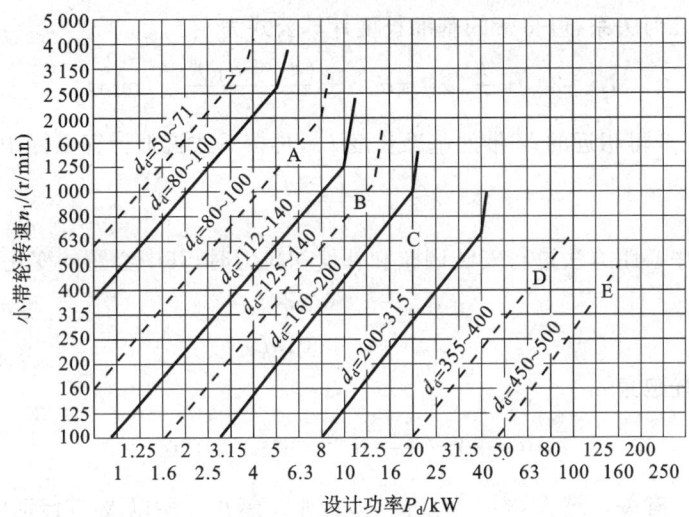

图 8-11 普通 V 带选型图

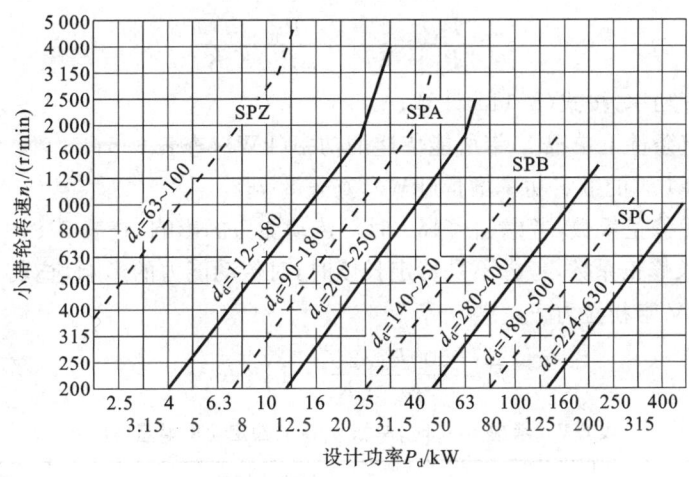

图 8-12 窄 V 带选型图

说明:① 普通 V 带和窄 V 带选型图中,以斜粗直线划定型号区域;

② 当工况坐标点临近两种型号的交界线时,可按两种型号同时进行计算,分析比较决定取舍。

4. 验算带速 v

$$v = \frac{\pi d_{d1} n_1}{60 \times 1000} \qquad (8\text{-}12)$$

带速太高则离心力较大,使带与带轮间的摩擦力减小,容易打滑;带速太低,传递功率一定时所需的有效拉力过大,也会打滑。一般带速为

普通 V 带   5 m/s $< v <$ 25 m/s

窄 V 带   5 m/s $< v <$ 35 m/s

否则应重选 d_{d1}。

5. 确定中心距 a 和带的基准长度 L_d

在无特殊要求时,可按式(8-13)初选中心距 a_0 为

$$0.7(d_{d1}+d_{d2})\leqslant a_0 \leqslant 2(d_{d1}+d_{d2}) \qquad (8-13)$$

由带传动的几何关系,可得带的基准长度计算公式为

$$L_0 = 2a_0 + \frac{\pi}{2}(d_{d1}+d_{d2}) + \frac{(d_{d2}-d_{d1})^2}{4a_0} \quad (\text{mm}) \qquad (8-14)$$

按 L_0 查表 8-2 得相近的 V 带的基准长度 L_d,再按下式近似计算实际中心距

$$a \approx a_0 + \frac{L_d - L_0}{2} \qquad (8-15)$$

当采用改变中心距方法进行安装调整和补偿初拉力时,其中心距的变化范围为

$$\begin{cases} a_{\max} = a + 0.030L_d \\ a_{\min} = a - 0.015L_d \end{cases} \qquad (8-16)$$

6. 验算小带轮包角 α_1

$$\alpha_1 \approx 180° - \frac{d_{d2}-d_{d1}}{a} \times 57.3° \geqslant 120° \qquad (8-17)$$

α_1 与传动比 i 有关,i 越大,$d_{d2}-d_{d1}$ 值越大,则 α_1 越小。所以 V 带传动的传动比一般小于 7,推荐值为 2~5。传动比不变时,可用增大中心距 a 的方法增大 α_1。

7. 确定 V 带根数 z

$$z \geqslant \frac{P_d}{[P_0]} = \frac{P_d}{(P_0 + \Delta P_0)K_\alpha K_L} \qquad (8-18)$$

式中:P_d——计算功率,按式(8-11)计算;

P_0——特定条件下单根 V 带所能传递的功率(kW),查表 8-5;

ΔP_0——$i>1$ 时的额定功率增量(kW),查表 8-7;

K_α——包角修正系数,考虑 $\alpha_1<180°$ 时对传动能力的影响,查表 8-8;

K_L——带长修正系数,考虑不是特定长度时,对传动能力的影响,查表 8-2。

8. 确定单根 V 带初拉力 F_0

$$F_0 = \frac{500P_d}{zv}\left(\frac{2.5}{K_\alpha}-1\right)+qv^2 \qquad (8-19)$$

表 8-7　考虑 $i\neq 1$ 时,单根 V 带的额定功率增量 ΔP_0　　　　　　　　(kW)

型号	传动比 i	小带轮转速 n_1/(r/min)												
		200	400	730	800	980	1200	1460	1600	2000	2400	2800	3200	3600
Z	1.00~1.01	—												
	1.02~1.04	—												0.02
	1.05~1.08	—		0.00										
	1.09~1.12	—												
	1.13~1.18	—					0.01							
	1.19~1.24	—												
	1.25~1.34	—										0.03		
	1.35~1.51	—						0.02						
	1.52~1.99	—										0.04		0.05
	≥2.0													
	带速 v/(m/s)						5				10		15	

型号	传动比 i	小带轮转速 n_1/(r/min)												
		200	400	730	800	980	1200	1460	1600	2000	2400	2800	3200	3600
A	1.00~1.01	0.00												
	1.02~1.04						0.02	0.02	0.02	0.03	0.03	0.04	0.04	0.05
	1.05~1.08		0.01	0.02	0.02	0.03	0.03	0.04	0.04	0.06	0.07	0.08	0.09	0.10
	1.09~1.12		0.02	0.03	0.03	0.04	0.05	0.06	0.06	0.08	0.10	0.11	0.13	0.15
	1.13~1.18		0.02	0.04	0.04	0.05	0.07	0.08	0.09	0.11	0.13	0.15	0.17	0.19
	1.19~1.24		0.03	0.05	0.05	0.06	0.08	0.09	0.11	0.13	0.16	0.19	0.22	0.24
	1.25~1.34	0.02	0.03	0.06	0.06	0.07	0.10	0.11	0.13	0.16	0.19	0.23	0.26	0.29
	1.35~1.51	0.02	0.04	0.07	0.08	0.08	0.11	0.13	0.15	0.19	0.23	0.26	0.30	0.34
	1.52~1.99	0.02	0.04	0.08	0.09	0.10	0.13	0.15	0.17	0.22	0.26	0.30	0.34	0.39
	≥2.0	0.03	0.05	0.09	0.10	0.11	0.15	0.17	0.19	0.24	0.29	0.34	0.39	0.44
	带速 v/(m/s)			5			10		15	20		25		30
B	1.00~1.01	0.00	0.00	0.00	0.00	0.00	0.00	0.00	0.00	0.00	0.00	0.00	0.00	0.00
	1.02~1.04	0.01	0.01	0.02	0.03	0.03	0.04	0.05	0.06	0.07	0.08	0.10	0.11	0.13
	1.05~1.08	0.01	0.03	0.05	0.06	0.07	0.08	0.10	0.11	0.14	0.17	0.20	0.23	0.25
	1.09~1.12	0.02	0.04	0.07	0.08	0.10	0.13	0.15	0.17	0.21	0.25	0.29	0.34	0.38
	1.13~1.18	0.03	0.06	0.10	0.11	0.13	0.17	0.20	0.23	0.28	0.34	0.39	0.45	0.51
	1.19~1.24	0.04	0.07	0.12	0.14	0.17	0.21	0.25	0.28	0.35	0.42	0.49	0.56	0.63
	1.25~1.34	0.04	0.08	0.15	0.17	0.20	0.25	0.31	0.34	0.42	0.51	0.59	0.68	0.76
	1.35~1.51	0.05	0.10	0.17	0.20	0.23	0.30	0.36	0.39	0.49	0.59	0.69	0.79	0.89
	1.52~1.99	0.06	0.11	0.20	0.23	0.26	0.34	0.40	0.45	0.56	0.68	0.79	0.90	1.01
	≥2.0	0.06	0.13	0.22	0.25	0.30	0.38	0.46	0.51	0.63	0.76	0.89	1.01	1.14
	带速 v/(m/s)		5	10			15	20		25		30	35	40

型号	传动比 i	小带轮转速 n_1/(r/min)												
		100	200	300	400	500	600	730	980	1200	1460	1600	1800	2000
C	1.00~1.01	—	0.00	0.00	0.00	0.00	0.00	0.00	0.00	0.00	0.00	0.00	0.00	0.00
	1.02~1.04	—	0.02	0.03	0.04	0.05	0.06	0.07	0.09	0.12	0.14	0.16	0.18	0.20
	1.05~1.08	—	0.04	0.06	0.08	0.10	0.12	0.14	0.19	0.24	0.28	0.31	0.35	0.39
	1.09~1.12	—	0.06	0.09	0.12	0.15	0.18	0.21	0.27	0.35	0.42	0.47	0.53	0.59
	1.13~1.18	—	0.08	0.12	0.16	0.20	0.24	0.27	0.37	0.47	0.58	0.63	0.71	0.78
	1.19~1.24	—	0.10	0.15	0.20	0.24	0.29	0.34	0.47	0.59	0.71	0.78	0.88	0.98
	1.25~1.34	—	0.12	0.18	0.23	0.29	0.35	0.41	0.56	0.70	0.85	0.94	1.06	1.17
	1.35~1.51	—	0.14	0.21	0.27	0.34	0.41	0.48	0.65	0.82	0.99	1.10	1.23	1.37
	1.52~1.99	—	0.16	0.24	0.31	0.39	0.47	0.55	0.74	0.94	1.14	1.25	1.41	1.57
	≥2.0	—	0.18	0.26	0.35	0.44	0.53	0.62	0.83	1.06	1.27	1.41	1.59	1.76
	带速 v/(m/s)			5		10		15	20		25	30	35	40
D	1.00~1.01	0.00	0.00	0.00	0.00	0.00	0.00	0.00	0.00	0.00	0.00	0.00	0.00	—
	1.02~1.04	0.03	0.07	0.10	0.14	0.17	0.21	0.24	0.33	0.42	0.51	0.56	0.63	—
	1.05~1.08	0.07	0.14	0.21	0.28	0.35	0.42	0.49	0.66	0.84	1.01	1.11	1.24	—
	1.09~1.12	0.10	0.21	0.31	0.42	0.52	0.62	0.73	0.99	1.25	1.51	1.67	1.88	—
	1.13~1.18	0.14	0.28	0.42	0.56	0.70	0.83	0.97	1.32	1.67	2.02	2.23	2.51	—
	1.19~1.24	0.17	0.35	0.52	0.70	0.87	1.04	1.22	1.60	2.09	2.52	2.78	3.13	—
	1.25~1.34	0.21	0.42	0.62	0.83	1.04	1.25	1.46	1.92	2.50	3.02	3.33	3.74	—
	1.35~1.51	0.24	0.49	0.73	0.97	1.22	1.46	1.70	2.31	2.92	3.52	3.89	4.98	—
	1.52~1.99	0.28	0.56	0.83	1.11	1.39	1.67	1.95	2.64	3.34	4.03	4.45	5.01	—
	≥2.0	0.31	0.63	0.94	1.25	1.56	1.88	2.19	2.97	3.75	4.53	5.00	5.62	—
	带速 v/(m/s)		5	10	15		20	25	30	35	40			

型号	传动比 i	小带轮转速 n_1/(r/min)												
		200	400	730	800	980	1200	1460	1600	2000	2400	2800	3200	3600
E	1.00~1.01	0.00	0.00	0.00	0.00	0.00	0.00	0.00	0.00	0.00	0.00	0.00	—	—	—
	1.02~1.04	0.07	0.14	0.21	0.28	0.34	0.41	0.48	0.65	0.80	0.98	—	—	—
	1.05~1.08	0.14	0.28	0.41	0.55	0.64	0.83	0.97	1.29	1.61	1.95	—	—	—
	1.09~1.12	0.21	0.41	0.62	0.83	1.03	1.24	1.45	1.95	2.40	2.92	—	—	—
	1.13~1.18	0.28	0.55	0.83	1.00	1.38	1.65	1.93	2.62	3.21	3.90	—	—	—
	1.19~1.24	0.34	0.69	1.03	1.38	1.72	2.07	2.41	3.27	4.01	4.88	—	—	—
	1.25~1.34	0.41	0.83	1.24	1.65	2.07	2.48	2.89	3.92	4.81	5.85	—	—	—
	1.35~1.51	0.48	0.96	1.45	1.93	2.41	2.89	3.38	4.58	5.61	6.83	—	—	—
	1.52~1.99	0.55	1.10	1.65	2.20	2.76	3.31	3.86	5.23	6.41	7.80	—	—	—
	≥2.0	0.62	1.24	1.86	2.48	3.10	3.72	4.34	5.89	7.21	8.78	—	—	—
	带速 v/(m/s)	5	10	15	20	25		35	40					
SPZ	1.00~1.01	0.00	0.00	0.00	0.00	0.00	0.00	0.00	0.00	0.00	0.00	0.00	0.00	0.00
	1.02~1.05	0.00	0.00	0.01	0.01	0.01	0.01	0.02	0.02	0.02	0.03	0.03	0.04	0.04
	1.06~1.11	0.01	0.01	0.02	0.03	0.03	0.04	0.05	0.05	0.07	0.08	0.09	0.11	0.12
	1.12~1.18	0.01	0.02	0.04	0.05	0.06	0.07	0.08	0.09	0.12	0.14	0.16	0.18	0.20
	1.19~1.26	0.02	0.03	0.06	0.06	0.08	0.09	0.11	0.13	0.16	0.19	0.22	0.25	0.28
	1.27~1.38	0.02	0.04	0.07	0.08	0.09	0.11	0.14	0.15	0.19	0.23	0.27	0.31	0.34
	1.39~1.57	0.02	0.04	0.08	0.09	0.11	0.13	0.16	0.18	0.22	0.27	0.31	0.36	0.40
	1.58~1.94	0.03	0.05	0.09	0.10	0.12	0.15	0.18	0.20	0.25	0.30	0.35	0.40	0.46
	1.95~3.38	0.03	0.06	0.10	0.11	0.13	0.16	0.20	0.22	0.27	0.33	0.38	0.44	0.49
	≥3.39	0.03	0.06	0.10	0.12	0.14	0.17	0.21	0.23	0.29	0.35	0.41	0.47	0.52
	带速 v/(m/s)	5					10			15		20		
SPA	1.00~1.01	0.00	0.00	0.00	0.00	0.00	0.00	0.00	0.00	0.00	0.00	0.00	0.00	0.00
	1.02~1.05	0.00	0.01	0.02	0.02	0.03	0.03	0.04	0.04	0.05	0.06	0.07	0.08	0.10
	1.06~1.11	0.02	0.03	0.05	0.06	0.07	0.09	0.10	0.12	0.14	0.17	0.20	0.23	0.26
	1.12~1.18	0.03	0.05	0.09	0.10	0.12	0.15	0.18	0.20	0.25	0.30	0.35	0.40	0.45
	1.19~1.26	0.03	0.07	0.12	0.14	0.16	0.21	0.24	0.27	0.34	0.41	0.48	0.54	0.62
	1.27~1.38	0.04	0.08	0.15	0.17	0.20	0.25	0.30	0.33	0.41	0.50	0.58	0.66	0.75
	1.39~1.57	0.05	0.10	0.17	0.20	0.23	0.29	0.35	0.39	0.49	0.59	0.68	0.78	0.88
	1.58~1.94	0.05	0.11	0.19	0.22	0.26	0.33	0.40	0.44	0.55	0.66	0.77	0.88	0.99
	1.95~3.38	0.06	0.12	0.21	0.24	0.28	0.36	0.43	0.48	0.60	0.72	0.84	0.95	1.07
	≥3.39	0.06	0.13	0.22	0.25	0.30	0.38	0.46	0.51	0.63	0.76	0.89	1.01	1.14
	带速 v/(m/s)	5		10	15					20	25	35		
SPB	1.00~1.01	0.00	0.00	0.00	0.00	0.00	0.00	0.00	0.00	0.00	0.00	0.00	0.00	0.00
	1.02~1.05	0.01	0.02	0.04	0.04	0.05	0.07	0.08	0.09	0.11	0.13	0.15	0.17	0.20
	1.06~1.11	0.03	0.06	0.11	0.12	0.15	0.18	0.22	0.24	0.30	0.36	0.42	0.47	0.53
	1.12~1.18	0.05	0.10	0.19	0.21	0.25	0.31	0.38	0.41	0.52	0.62	0.72	0.83	0.93
	1.19~1.26	0.07	0.14	0.26	0.28	0.34	0.42	0.51	0.56	0.70	0.84	0.98	1.13	1.27
	1.27~1.38	0.09	0.17	0.31	0.34	0.42	0.51	0.62	0.68	0.85	1.02	1.19	1.36	1.53
	1.39~1.57	0.10	0.20	0.36	0.40	0.49	0.60	0.73	0.80	1.00	1.20	1.40	1.60	1.80
	1.58~1.94	0.11	0.22	0.41	0.45	0.55	0.68	0.82	0.90	1.13	1.35	1.58	1.81	2.03
	1.95~3.38	0.12	0.25	0.45	0.49	0.60	0.74	0.89	0.98	1.23	1.47	1.72	1.96	2.21
	≥3.39	0.13	0.26	0.47	0.52	0.64	0.78	0.95	1.04	1.30	1.56	1.82	2.08	2.34
	带速 v/(m/s)	5	10		15		20	25	30	35				

续表

型号	传动比 i	小带轮转速 n_1/(r/min)												
		200	400	730	800	980	1200	1460	1600	2000	2400	2800	3200	3600
SPC	1.00~1.01	0.00	0.00	0.00	0.00	0.00	0.00	0.00	0.00	0.00	0.00	—	—	—
	1.02~1.05	0.03	0.05	0.10	0.11	0.13	0.16	0.19	0.21	0.26	0.32	—	—	—
	1.06~1.11	0.07	0.14	0.26	0.29	0.35	0.43	0.53	0.58	0.72	0.86	—	—	—
	1.12~1.18	0.13	0.25	0.46	0.50	0.62	0.75	0.92	1.00	1.25	1.51	—	—	—
	1.19~1.26	0.17	0.34	0.62	0.68	0.84	1.02	1.24	1.36	1.71	2.05	—	—	—
	1.27~1.38	0.21	0.41	0.75	0.83	1.01	1.24	1.51	1.65	2.07	2.48	—	—	—
	1.39~1.57	0.24	0.49	0.89	0.97	1.19	1.46	1.77	1.94	2.43	2.92	—	—	—
	1.58~1.94	0.27	0.55	1.00	1.10	1.34	1.64	2.00	2.19	2.74	3.28	—	—	—
	1.95~3.38	0.30	0.59	1.08	1.19	1.46	1.78	2.17	2.38	2.97	3.57	—	—	—
	≥3.39	0.32	0.63	1.15	1.26	1.55	1.89	2.30	2.52	3.15	3.79	—	—	—
	带速 v/(m/s)	10		15		20		25		30		35		40

表 8-8　小带轮的包角修正系数 K_α

包角 α_1	180°	175°	170°	165°	160°	155°	150°	145°	140°	135°	130°	125°	120°	110°	100°	90°
K_α	1	0.99	0.98	0.96	0.95	0.93	0.92	0.91	0.89	0.88	0.86	0.84	0.8	0.78	0.74	0.69

9. 计算带对轴的压轴力 F_Q

如图 8-13 所示,由力平衡条件得静止时轴上的压力为

$$F_Q = 2zF_0 \sin(\alpha_1/2) \tag{8-20}$$

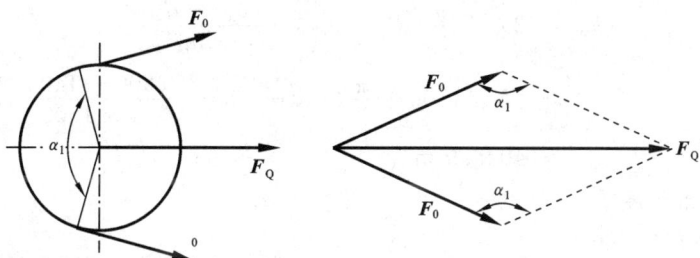

图 8-13　带传动作用在轴上的压力

【例 8-1】 设计一个由电动机驱动的旋转式水泵的普通 V 带传动。电动机型号为 Y160M-4,额定功率 $P = 11$ kW,转速 $n_1 = 1460$ r/min,水泵转速 $n_2 = 400$ r/min,轴间距约为 1500 mm,每天工作 16 h。

解 (1)确定设计功率 P_d。

查表,得工况系数 $K_A = 1.2$,得

$$P_d = 1.2 \times 11 \text{ kW} = 13.2 \text{ kW}$$

(2)选择带型。

根据 $P_d = 13.2$ kW 和 $n_1 = 1460$ r/min,查表选取 B 型普通 V 带。

(3)选取带轮基准直径 d_{d1} 及 d_{d2}。

查表,取 $d_{d1} = 140$ mm。

大带轮基准直径为

$$d_{d2} = id_{d1} = \frac{n_1}{n_2} d_{d1} = \frac{1460}{400} \times 140 \text{ mm} = 511 \text{ mm}$$

查表，取 $d_{d2} = 500$ mm

（4）验算传动比误差 ε。

传动比

$$i = \frac{d_{d2}}{d_{d1}} = \frac{500}{400} = 3.57$$

原传动比

$$i' = \frac{n_1}{n_2} = \frac{1460}{400} = 3.65$$

则传动比误差

$$\varepsilon = \frac{i' - i}{i'} \times 100\% = \frac{3.65 - 3.57}{3.65} \times 100\% = 2.2\%$$

在允许范围 $\pm 5\%$ 以内。

（5）验算带速 v。

$$v = \frac{\pi d_{d1} n_1}{60 \times 1000} = \frac{\pi \times 140 \times 1460}{60 \times 1000} \text{ m/s} = 10.7 \text{ m/s}$$

在 5 m/s $< v <$ 25 m/s 范围内，带速合适。

（6）初定中心距 a_0 及带的基准长度 L_d。

①初定中心距 a_0。

由题要求取 $a_0 = 1500$ mm。

②初算带长 L_{d0}。

$$L_{d0} = 2a_0 + \frac{\pi}{2}(d_{d1} + d_{d2}) + \frac{(d_{d2} - d_{d1})^2}{4a_0}$$

$$= \left[2 \times 1500 + \frac{\pi}{2}(140 + 500) + \frac{(500 - 140)^2}{4 \times 1500} \right] \text{ mm}$$

$$\approx 4026.9 \text{ mm}$$

③确定带基准长度 L_d。

由表取 $L_d = 4000$ mm。

④确定实际中心距 a。

$$a = a_0 + \frac{L_d + L_{d0}}{2} = 1500 \times \frac{4000 - 4026.9}{2} \text{ mm} \approx 1486.6 \text{ mm}$$

查表，取 $b_d = 14$ mm。安装时所需最小中心距为

$$a_{\min} = a - (2b_d + 0.009 L_d) = \left[1486.6 - (2 \times 14 + 0.009 \times 4000) \right] \text{ mm} = 1422.6 \text{ mm}$$

张紧或补偿伸长所需最大中心距为

$$a_{\max} = a + 0.02 L_d = (1486.6 + 0.02 \times 4000) \text{ mm} = 1566.6 \text{ mm}$$

（7）验算小带轮包角 α_1。

$$a_1 = 180° - \frac{d_{d2} - d_{d1}}{a} \times 57.3° = 180° - \frac{500 - 400}{1486.6} \times 57.3° = 166.12° > 120°$$

（8）确定单根 V 带的额定功率 P_0。

根据 $d_{d1} = 140$ mm 和 $n_1 = 1460$ s/min，查表得 B 型带 $P_0 = 2.83$ kW。

（9）确定额定增量 ΔP_0。

查表得 $\Delta P_0 = 0.46 \text{ kW}$。

（10）确定 V 带根数 z。

$$z = \frac{P_d}{(P_0 + \Delta P_0) K_a K_L}$$

查表得 $K_a = 0.964$（线性插入法），$K_L = 1.13$。

$$z = \frac{13.2}{(2.83 + 0.46) \times 0.964 \times 1.13} \approx 3.68$$

取 $z = 4$。

（11）确定带的初拉力 F_0。

查表得 B 型带 $q = 0.19 \text{ kg/m}$。带的初拉力为

$$F_0 = 500 \left(\frac{2.5}{K_a} - 1 \right) \frac{P_d}{vz} + qv^2$$

$$= \left[500 \times \left(\frac{2.5}{0.964} - 1 \right) \times \frac{13.2}{10.7 \times 4} + 0.19 \times 10.7^2 \right] \text{N} = 267.5 \text{ N}$$

（12）计算带对轴的压力 F_Q。

$$F_Q = 2z F_0 \sin \frac{\alpha_1}{2} = \left[2 \times 4 \times 267.5 \times \sin \frac{166.12°}{2} \right] \text{N} = 2124.3 \text{ N}$$

带轮的结构尺寸及零件工作图略。

8.5　带传动的张紧和维护

一、带传动的张紧

带经过一段时间使用后，会因带的伸长而产生松弛现象，使初拉力 F_0 下降，为保证正常工作，应定期检查 F_0 大小。如 F_0 不合格，应重新张紧，必要时安装张紧装置。

V 带的张紧方法有以下几种。

1. 调整中心距法

如图 8-14(a)所示为滑道式张紧装置，通过调节螺钉 3，使电动机 1 在滑道 2 上移动，直到所需位置；图 8-14(b)所示为摆架式张紧装置，通过螺栓 2 使电动机 1 绕定轴 O 摆动将带

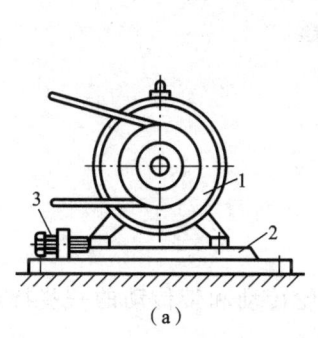
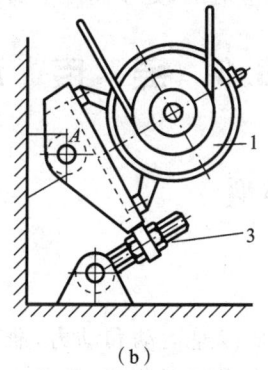
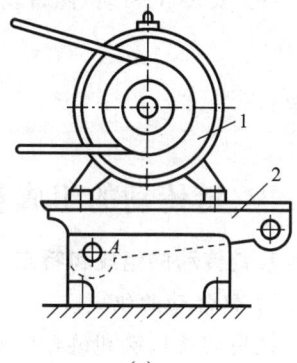

（a）　　　　　　　　　　（b）　　　　　　　　　　（c）

图 8-14　调整中心距法
1—电动机；2—滑道；3—调节螺钉

张紧,也可依靠电动机和机架的自重使电动机摆动实现自动张紧,如图 8-14(c)所示。

2. 加张紧轮法

如图 8-15 所示,当中心距不能调整时安装张紧轮,在张紧轮的作用下使带张紧。

V 带张紧时,张紧轮一般放在松边内侧,并尽量靠近大带轮,如图 8-15(a)所示,使带呈单向弯曲且不致使小带轮包角过小。

平带传动时,张紧轮一般放在松边外侧并尽量靠近小带轮处,如图 8-15(b)所示,这样可以增大小带轮包角,提高平带的传动能力。

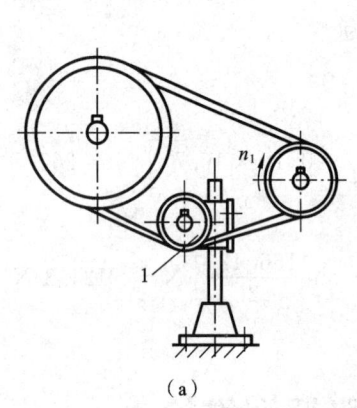 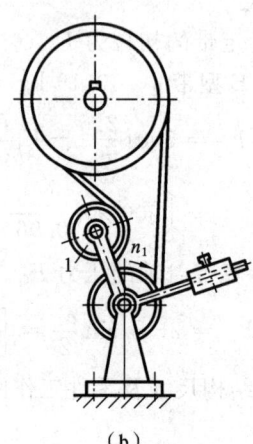

（a）　　　　　　　　　　　　　　　（b）

图 8-15　张紧轮的布置

1—张紧轮

二、带传动的安装和维护

带传动的安装和维护注意事项如下。

（1）安装 V 带时不能硬撬(应先缩小中心距或顺势盘上)。

（2）传动带禁止与矿物油、酸、碱等介质接触,以免腐蚀带,不能曝晒。

（3）不能新旧带混用(多根带时),以免载荷分布不匀。

（4）带传动一般应加防护罩。

（5）带传动应定期检查初拉力,初拉力不合格时应进行张紧处理。

（6）安装 V 带时,两带轮轮槽应对准,处于同一平面。

◀ 8.6　链　传　动 ▶

一、链传动的组成和类型

1. 链传动的组成和特点

1）链传动的组成

链传动通过链和链轮的啮合来传递运动和动力,兼有齿轮传动和带传动的一些特点。链传动由两轴平行的主动、从动链轮和链条组成,如图 8-16 所示。

2）链传动的特点

链传动的优点:无弹性滑动和打滑现象,因而能保持准确的传动比(平均传动比),传动

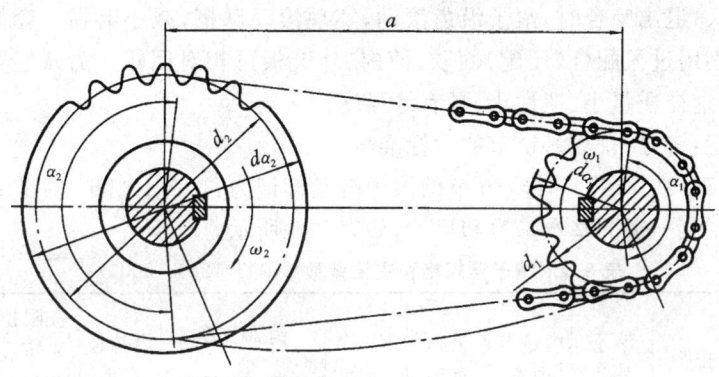

图 8-16　链传动

效率较高(润滑良好的链传动的效率约为 $97\%\sim98\%$);又因链条不需要像带那样张得很紧,所以作用在轴上的压轴力较小;在同样条件下,链传动的结构较紧凑;同时链传动能在温度较高、有水或油等恶劣环境下工作。与齿轮传动相比,链传动易于安装,成本低廉;在远距离传动时,结构更显轻便。

链传动的缺点:运转时不能保持恒定传动比,传动的平稳性差;工作时冲击和噪声较大;磨损后易发生跳齿;只能用于平行轴间的传动。

2. 链传动的应用

链传动主要用于要求工作可靠、两轴相距较远、不宜采用齿轮传动的场合。它可以用于工作条件较恶劣的场合,广泛应用于农业、建筑、石油、采矿、起重、金属切削机床、摩托车、自行车等。

链传动应用的一般范围为中低速传动:$i\leqslant8(i=2\sim4)$,$P\leqslant100$ kW,$v\leqslant12\sim15$ m/s,无声链 $v_{max}=40$ m/s。(不适于在冲击与急促反向等情况下采用)

3. 链传动的类型

链的种类繁多,按用途不同可分为传动链、起重链和输送链三类。

在一般机械传动装置中,根据结构的不同,传动链又可分为滚子链和齿形链两种。在链条的生产和应用中,传动用、短节距、精密滚子链占有支配地位。

滚子链(套筒滚子链)相当于活动铰链,由滚子、套筒、销轴、外链板、内链板组成,如图 8-17 所示。

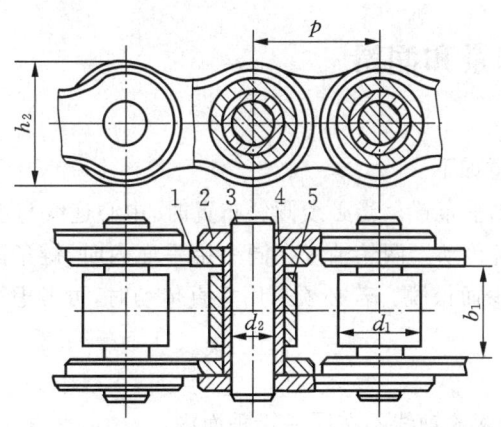

图 8-17　滚子链

1—内链板;2—外链板;3—销轴;4—套筒;5—滚子

当链节进入、退出啮合时,滚子沿齿滚动,实现滚动摩擦,减小磨损。套筒与内链板、销轴与外链板分别用过盈配合(压配)固联,使内、外链板可相对回转。为减轻重量制成"8"字形,亦有弯板。这样质量小、惯性小、具有等强度。

滚子链标记:链号-排数×链节数　标准号

例如,A系列,10号链,单排,86节的滚子链其标记为:10A-1×86　GB/T 1243—2006。

标准规定了滚子链的基本参数和尺寸,如表8-9所示。

表8-9　滚子链规格和主要参数(GB/T 1243—2006)

链号	节距 P/mm	排距 P_1/mm	滚子外径 d_1/mm	内链节内宽 b_1/mm	销轴直径 d_2/mm	内链节外宽 b_2/mm	销轴长度		内链板高度 h_2/mm	极限拉伸载荷 F_{Qmin}/N		单排质量 q/(kg/m)
							单排 b_4/mm	双排 b_t/mm		单排	双排	
05B	8.00	5.64	5.00	3.00	2.31	4.77	8.6	14.3	7.11	4400	7800	0.18
06B	9.252	10.24	6.35	5.72	3.28	8.53	13.5	23.8	8.26	8900	16900	0.40
08B	12.7	13.92	8.51	7.75	4.45	11.30	17.01	31.0	11.81	17800	31100	0.70
08A	12.7	14.38	7.95	7.85	3.96	11.18	17.8	32.3	12.07	13800	27600	0.6
10A	15.875	18.11	10.16	9.40	5.08	13.84	21.8	39.9	15.09	21800	43600	1.0
12A	19.05	22.78	11.91	12.57	5.94	17.75	26.9	49.8	18.08	31100	62300	1.5
16A	25.4	29.29	15.88	15.75	7.92	22.61	33.5	62.7	24.13	55600	112100	2.6
20A	31.75	35.76	19.05	18.9	9.53	27.46	41.1	77.0	30.18	86700	173500	3.8
24A	38.10	45.44	22.23	25.22	11.10	35.46	50.8	96.3	36.20	124600	249100	5.6
28A	44.45	48.87	25.4	25.22	12.70	37.19	54.9	103.8	42.24	169000	338100	7.5
32A	50.8	58.55	28.58	31.55	14.27	45.21	65.5	124.2	48.26	222400	444800	10.1
40A	63.5	71.55	39.68	37.85	19.54	54.89	80.3	151.9	60.33	347000	693900	16.1
48A	76.2	87.83	47.63	47.35	23.80	67.82	95.5	183.8	72.39	500400	1000800	22.6

注:①极限拉伸载荷也可用 kgf 表示,取 1 kgf=9.8 N;

②过渡链节的极限拉伸载荷按 $0.8F_Q$ 计算。

二、链传动的张紧和润滑

1. 链传动的布置

布置链传动时应注意如下。

(1) 传动装置最好水平布置。当必须倾斜布置时,中心连线与水平面夹角应小于 45°。

(2) 应尽量避免垂直传动。两轮轴线在同一铅垂面内时,链条因磨损而垂度增大,使与下链轮啮合的链节数减少而松脱。若必须采用垂直传动时,可考虑采取以下措施:

①中心距可调;

②设张紧装置;

③上下两轮错开,使两轮轴线不在同一铅垂面内。

④链传动时,松边在下,紧边在上,可以顺利地啮合。若松边在上,会由于垂度增大,链条与链轮齿相干扰,破坏正常啮合,或者引起松边与紧边相碰。

2. 链传动的张紧

链传动正常工作时,应保持一定张紧程度,链传动的张紧程度,合适的松边垂度推荐为 $f=(0.010.02)a$,a 为中心距。对于重载,经常启动、制动、反转的链传动,以及接近垂直的链传动,松边垂度应适当减少。

链传动的张紧可采用以下方法。

(1) 调整中心距。增大中心距可使链张紧,对于滚子链传动,其中心距调整量可取为 $2P$,P 为链条节距。

(2) 缩短链长。当链传动没有张紧装置而中心距又不可调整时,可采用缩短链长(即拆去链节)的方法对因磨损而伸长的链条重新张紧。

(3) 用张紧轮张紧。下述情况应考虑增设张紧装置:两轴中心距较大;两轴中心距过小,松边在上面;两轴接近垂直布置;需要严格控制张紧力;多链轮传动或反向传动;要求减小冲击,避免共振;需要增大链轮包角等。

3. 链传动的润滑

良好的润滑可以减少链传动的磨损,提高工作能力,延长使用寿命。链传动采用的润滑方式有以下几种。

(1) 人工定期润滑。用油壶或油刷,每班注油一次。人工定期润滑适用于低速($v \leqslant 4$ m/s)的链传动。

(2) 滴油润滑。用油杯通过油管滴入松边内、外链板间隙处,每分钟约 5~20 滴。滴油润滑适用于 $v \leqslant 10$ m/s 的链传动。

(3) 油浴润滑。将松边链条浸入油盘中,浸油深度为 6~12 mm。油浴润滑适用于 $v \leqslant 12$ m/s 的链传动。

(4) 飞溅润滑。在密封容器中,甩油盘将油甩起,沿壳体流入集油处,然后引导至链条上,但甩油盘线速度应大于 3 m/s。

(5) 压力润滑。当采用 $v \geqslant 8$ m/s 的大功率传动时,应采用特设的油泵将油喷射至链轮链条啮合处。

 习题 8

一、单选题

1. 摩擦型带传动是依靠(　　)来传递运动和动力的。

A. 带和带轮接触面之间的正压力

B. 带与带轮之间的摩擦力

C. 带的紧边拉力

2. 带张紧的目的是(　　)。

A. 减轻带的弹性滑动

B. 提高带的寿命

C. 使带具有一定的初拉力

3. 带传动超过最大工作能力时,将发生打滑失效,打滑总是(　　)开始。

A. 先在大带轮上

B. 先在小带轮上

C. 在两带轮上同时

二、简答题

1. 什么是有效拉力？什么是初拉力？它们之间有何关系？

2. 带传动的主要类型有哪些？各有何特点？试分析带传动的工作原理。

3. 窄 V 带强度比普通 V 带强度高,这是为什么？窄 V 带与普通 V 带高度相同时,哪种传动能力大？为什么？

4. 带传动的弹性滑动和打滑是怎样产生的？它们对传动有何影响？是否可以避免？

5. 链传动的类型有哪些？

6. 链传动和带传动相比有哪些优缺点？

7. 链传动的主要失效形式有哪几种？

8. 链传动的张紧方法有哪些？

三、计算题

1. 已知带传动功率 $P = 5\ \text{kW}$, $n_1 = 400\ \text{r/min}$, $d_1 = 450\ \text{mm}$, $d_2 = 650\ \text{mm}$, 中心距 $a = 1.5\ \text{m}$, $f_v = 0.2$, 求带速 v、包角 a_1 和有效拉力 F。

2. 图 8-18 所示为磨碎机的传动系统图。

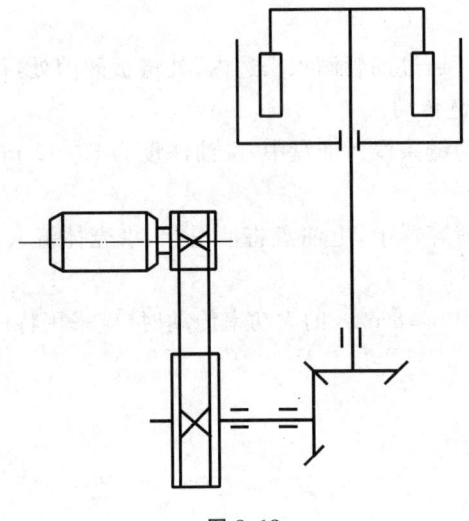

图 8-18

已知电动机功率 $P = 30\ \text{kW}$, 转速 $n_1 = 1470\ \text{r/min}$, 带传动比 $i \approx 1.15$, 试设计 V 带传动参数。

第 9 章
齿轮传动

◀ **教学目标**

（1）熟悉齿轮传动的特点和类型。

（2）掌握渐开线直齿圆柱齿轮的基本参数和啮合原理。

（3）了解齿轮传动的失效形式和设计准则。

（4）会进行标准直齿圆柱齿轮传动的强度计算。

（5）熟悉平行轴斜齿圆柱齿轮传动。

（6）熟悉直齿圆锥齿轮传动。

◀ 9.1 齿轮传动的特点和类型 ▶

齿轮传动是现代机械设备中应用最广泛的一种机械传动,它可以传递空间任意两轴间的运动和动力,可以完成减速、增速、变向等动作。

一、齿轮传动的特点

与其他传动形式比较,齿轮传动具有下列优点:能保证传动比恒定不变;适用的功率和速度范围广;结构紧凑;效率高,$\eta=0.94\sim0.99$;工作可靠且寿命长。其主要缺点是:齿轮制造需要专用的设备和刀具,成本较高;精度低时,传动的噪声和振动较大;不宜用于轴间距离大的传动。

二、齿轮传动的类型

齿轮传动的类型很多,按照齿轮传动轴线相对位置和轮齿方向,齿轮传动的分类如下。

$$
\text{齿轮传动}
\begin{cases}
\text{平行轴齿轮传动}
\begin{cases}
\text{直齿圆柱齿轮传动}
\begin{cases}
\text{外啮合传动(见图 9-1(a))}\\
\text{内啮合传动(见图 9-1(b))}\\
\text{齿轮-齿条传动(见图 9-1(c))}
\end{cases}\\
\text{斜齿圆柱齿轮传动}
\begin{cases}
\text{外啮合传动(见图 9-1(d))}\\
\text{内啮合传动}\\
\text{齿轮-齿条传动}
\end{cases}\\
\text{人字齿轮传动(见图 9-1(e))}
\end{cases}\\
\text{相交轴齿轮传动}
\begin{cases}
\text{直齿圆锥齿轮传动(见图 9-1(f))}\\
\text{斜齿圆锥齿轮传动}\\
\text{曲齿圆锥齿轮传动}
\end{cases}\\
\text{交错轴齿轮传动}
\begin{cases}
\text{交错轴斜齿圆柱齿轮传动(见图 9-1(g))}\\
\text{蜗杆传动(见图 9-1(h))}
\end{cases}
\end{cases}
$$

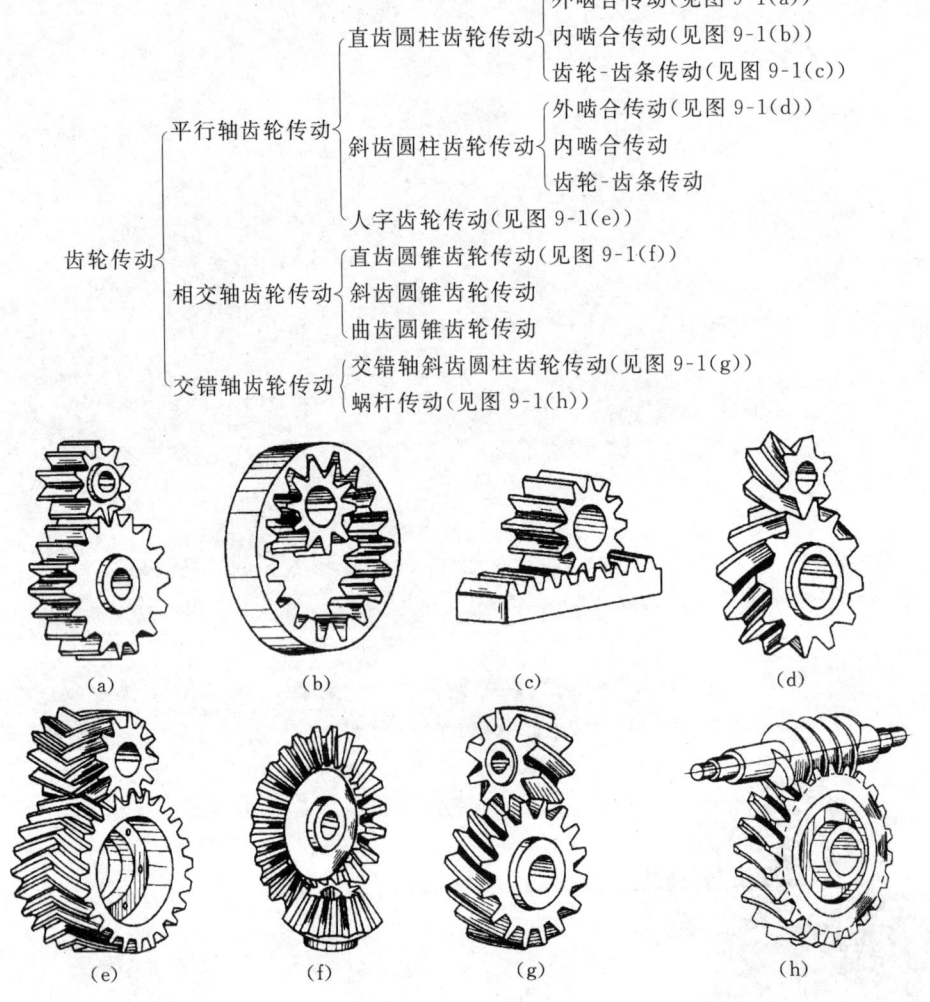

(a)　　　　(b)　　　　(c)　　　　(d)

(e)　　　　(f)　　　　(g)　　　　(h)

图 9-1　齿轮传动的类型

按照齿轮传动的工作条件,齿轮传动可分为闭式齿轮传动和开式齿轮传动。闭式齿轮传动中的齿轮封闭在具有足够刚度和良好润滑条件的箱体内,一般用于速度较高或重要的齿轮传动中;开式齿轮传动中的齿轮暴露在外面,不能保持良好的润滑,齿面容易磨损,因此,一般用于低速或不重要的齿轮传动中。

按照齿轮圆周速度,齿轮传动可分为:极低速齿轮传动,圆周速度 $v < 0.5$ m/s;低速齿轮传动,圆周速度 $v = 0.5 \sim 3$ m/s;中速齿轮传动,圆周速度 $v = 3 \sim 15$ m/s;高速齿轮传动,圆周速度 $v > 15$ m/s。

按照齿轮的齿廓形状,齿轮传动可分为:渐开线齿轮传动、摆线齿轮传动、圆弧齿轮传动等。其中应用最广泛的是渐开线齿轮传动,本章只介绍渐开线齿轮传动。

三、齿轮传动的基本要求

齿轮用于传递运动和动力,必须满足以下两个要求。

1. 传动准确、平稳

齿轮传动的最基本要求之一是瞬时传动比恒定不变,以避免产生动载荷、冲击、震动和噪声。这与齿轮的齿廓形状、制造和安装精度有关。

2. 承载能力强

齿轮传动在具体的工作条件下,必须有足够的工作能力,以保证齿轮在整个工作过程中不致产生各种失效。这与齿轮的尺寸、材料、热处理工艺因素有关。

9.2 渐开线齿廓及其啮合特征

一、齿廓啮合基本定律

齿轮传动最主要的特点是瞬时传动比恒定,当主动齿轮以等角速度转动时,从动齿轮也能以等角速度转动。若从动轮以变角速度转动,会引起惯性力,导致传动中的振动与冲击。

为保证瞬时传动比不变,齿轮的齿廓曲线必须满足一定的条件。

图 9-2 所示为一对相互啮合的轮齿,主动齿轮 1 和从动齿轮 2 的齿廓曲线分别为 C_1、C_2,主动齿轮以角速度 ω_1 绕轴心 O_1 顺时针方向转动,推动从动齿轮以角速度 ω_2 绕 O_2 逆时针方向转动。此刻两齿廓曲线在 K 点接触。过 K 点作两齿廓曲线的公法线 N_1N_2,与连心线 O_1O_2 相交于 C 点。

两齿轮上 K 点的速度分别为

$$v_{K1} = \omega_1 \overline{O_1K}, \quad v_{K2} = \omega_2 \overline{O_2K}$$

两齿廓要能在 K 点正确啮合,则两齿廓 K 点的速度在公法线 N_1N_2 上的速度分量应相等。

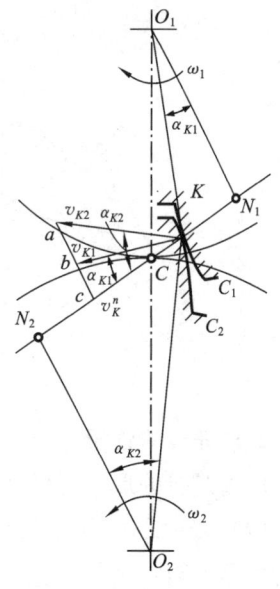

图 9-2 齿廓形状与传动比的关系

由此可得

$$i_{12}=\frac{\omega_1}{\omega_2}=\frac{O_2N_2}{O_1N_1}=\frac{O_2C}{O_1C} \tag{9-1}$$

这就是齿轮1、2瞬时传动比 i_{12} 的计算公式。该式表明,互相啮合的一对齿轮,在任一位置时的传动比,都与其连心线 O_1O_2 被其啮合齿廓在接触点 K 处的公法线所分成的线段成反比。这一规律称为齿廓啮合基本定律。齿廓公法线与两轮连心线的交点 C 称为节点;满足该定律而相互啮合的一对齿廓称为共轭齿廓。

齿轮传动要保证传动比恒定,就要保证比值 $\frac{O_2C}{O_1C}$ 为常量。当两轮轴心连线 O_1O_2 为定长时,若满足上述要求,节点 C 应为 O_1O_2 上的一个定点。故齿轮保证恒定传动比的条件为:两轮齿廓无论在任何位置接触,过节点(啮合点)的公法线必须与两轮的连心线交于一定点。当要求两齿轮作变传动比传动时,节点 C 就不再是一个连心线上的一个定点,而是按传动比的变化规律在连心线上移动。当两轮作定比传动时,节点 C 在轮1、轮2的运动平面上的轨迹为分别以 O_1P、O_2P 为半径的圆,该圆称为节圆,则一对齿轮的啮合传动可看作是一对节圆在作纯滚动。

二、渐开线的形成及其性质

1. 渐开线的形成

如图 9-3(a)所示,当直线 NK 沿半径为 r_b 的圆作纯滚动时,该直线上任意一点 K 的轨迹曲线 AK 称为该圆的渐开线,该圆称为渐开线的基圆,直线 NK 则称为渐开线的发生线。

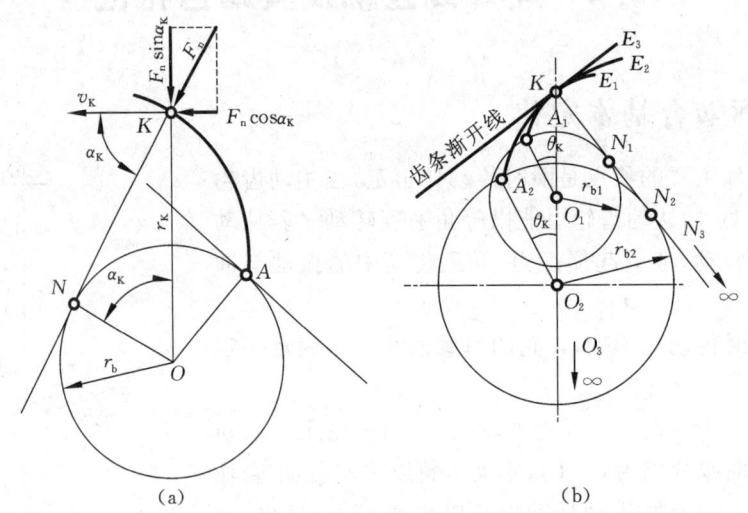

图 9-3　渐开线的形成与基本性质

2. 渐开线的性质

由渐开线的形成过程可知,渐开线具有如下性质。

(1)发生线在基圆上滚过的长度等于基圆上被滚过的弧长,即直线上的线段 NK 长度等于基圆上的弧长 $\overparen{AN}$。

(2)发生线 NK 是基圆的切线,也是渐开线上点 K 的法线。线段 NK 为渐开线在点 K 的曲率半径,点 N 为渐开线上点 K 的曲率中心。

(3) 在不计摩擦时,两渐开线齿轮相互作用的正压力 F_n 的方向线与接触点渐开线的法线方向一致。正压力 F_n 与接触点 K 的速度 v_K 方向所夹的锐角 α_K,称为渐开线上该点的压力角。由图 9-3(a)可得

$$\cos\alpha_K = \frac{r_b}{r_K} \qquad (9-2)$$

式中:r_b——渐开线的基圆半径;

　　　r_K——渐开线上点 K 的向径。

由上式可知,渐开线上各点的压力角不相等,离开基圆越远的点,其压力角越大。

(4) 渐开线的形状取决于基圆的大小(见图 9-3(b))。基圆相同的渐开线,其形状相同;基圆越大,渐开线越平直,反之渐开线越弯曲;当基圆半径为无穷大时,渐开线就变成直线,齿轮就变为齿条。

(5) 基圆内无渐开线。

三、渐开线齿廓的啮合特性

图 9-4 所示为一对渐开线齿廓的啮合传动,设图中渐开线齿廓 E_1E_2 在任意点 K 接触,过点 K 作两齿廓的公法线 N_1N_2,N_1N_2 与两轮连心线交于点节 C。令 $O_1C=r'_1$,$O_2C=r'_2$,两个齿轮轴线间的距离称为中心距,以 a' 表示,$a'=r'_1+r'_2$。

1. 传动比恒定性

由齿廓啮合基本定律可知

$$i_{12}=\frac{\omega_1}{\omega_2}=\frac{O_2C}{O_1C} \qquad (9-3)$$

由渐开线性质可知,两齿廓在任一位置的公法线 N_1N_2 必定是两轮基圆的一条内公切线。因为两轮基圆的大小和位置都已确定,同一方向的内公切线只有一条,因此,不论这两齿廓在何处接触,过接触点的公法线都是同一条直线 N_1N_2,即齿廓接触点

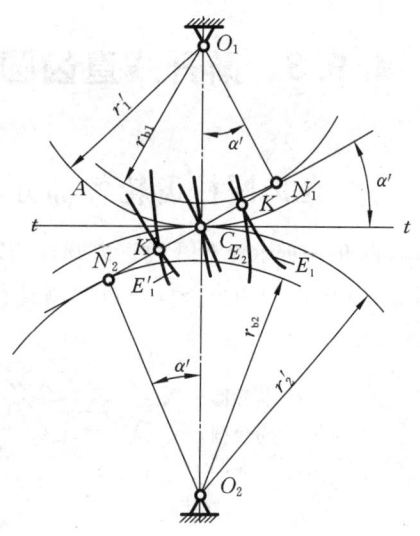

图 9-4　渐开线齿廓的啮合

的公法线与两轮连心线相交于一固定点。这说明渐开线齿廓能满足定传动比传动,即

$$i_{12}=\frac{\omega_1}{\omega_2}=\frac{O_2C}{O_1C}=常数 \qquad (9-4)$$

2. 中心距可分性

在图 9-4 中,因为 $\triangle O_1N_1C \backsim \triangle O_2N_2C$,所以有

$$i_{12}=\frac{\omega_1}{\omega_2}=\frac{O_2C}{O_1C}=\frac{r'_2}{r'_1}=\frac{r_{b2}}{r_{b1}}=常数 \qquad (9-5)$$

式中:r'_1、r'_2——两齿轮的节圆半径;

　　　r_{b1}、r_{b2}——两齿轮的基圆半径。

式(9-5)表明,两齿轮的传动比不仅与两轮节圆半径成反比,同时也与两轮的基圆半径成反比。由于齿轮加工完成后其基圆半径已经确定,所以即使因制造和安装误差以及磨损等原因造成两轮中心距发生变化,也不会影响齿轮的传动比。渐开线齿轮传动的这一特性称为中

心距可分性。这是渐开线齿轮传动的一大优点,也是渐开线齿轮传动获得广泛应用的重要原因。

3. 啮合角为常数

齿轮传动时其齿廓接触点的轨迹称为啮合线。渐开线齿廓啮合时,无论在哪一点接触,接触点的公法线总是两基圆的内公切线 N_1N_2,故渐开线齿廓的啮合线就是直线 N_1N_2。

啮合线 N_1N_2 与两齿轮节圆的公切线 tt 间的夹角 α' 称为啮合角。显然,渐开线齿廓啮合传动时,啮合角 α' 为常数。由图 9-4 中几何关系可知,啮合角在数值上等于渐开线在节圆上的压力角。由于两齿廓啮合传动时,其间的正压力是沿齿廓法线方向作用,也就是沿啮合线方向传递,故啮合角不变表示齿廓间压力方向不变。若齿轮传递的力矩恒定,则轮齿之间、轴与轴承之间压力的大小和方向也均不变,从而使传动平稳。这是渐开线齿廓传动的又一大优点。

需要注意的是,只有在一对齿轮相互啮合的情况下才有节圆和啮合角,单个齿轮不存在节圆和啮合角。

9.3 渐开线直齿圆柱齿轮的基本参数和几何尺寸

一、直齿圆柱齿轮各部分名称

图 9-5 所示为渐开线直齿圆柱齿轮的一部分,其中图 9-5(a)为外齿轮,图 9-5(b)为内齿轮,图 9-5(c)为齿条。轮齿两侧具有互相对称的齿廓。

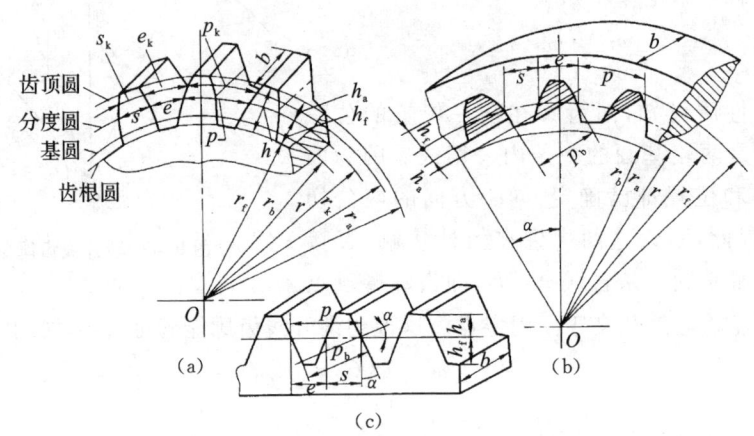

图 9-5 渐开线直齿圆柱齿轮各部分名称

在齿轮整个圆周上均匀分布的轮齿总数称为齿数,以 z 表示。对于圆柱齿轮,过所有轮齿顶部的圆称为齿顶圆,其直径和半径以 d_a 和 r_a 表示;过所有轮齿底部的圆称为齿根圆,其直径和半径以 d_f 和 r_f 表示。同一轮齿两侧齿廓间在任意圆(直径和半径以 d_k 和 r_k 表示)周上的弧长称为该圆上的齿厚,以 s_k 表示;相邻两轮齿间的空间称为齿槽,在任意圆周上的齿槽弧长称为齿槽宽,以 e_k 表示;相邻两轮齿同侧齿廓间在任意圆周上的弧长称为齿距,以 p_k 表示,依定义,有

$$p_k = s_k + e_k \tag{9-6}$$

根据齿距定义,可得任意圆的周长为

$$zp_k = \pi d_k \tag{9-7}$$

即

$$d_k = \frac{p_k}{\pi} z \tag{9-8}$$

显然,在不同圆周上,比值 $\frac{p_k}{\pi}$ 不同。由于式(9-8)包含无理数"π",这给齿轮尺寸计算、齿轮制造和测量都带来不便。因此,人为地在齿轮上规定一个作为测量和计算基准的圆,并使该圆上的比值 $\frac{p_k}{\pi}$ 和压力角都为标准值,这个圆称为分度圆,其直径用 d 表示。为了表达上的方便,分度圆上各参数均不带下标,如 s、e、p、α 分别表示分度圆上的齿厚、齿槽宽、齿距、压力角。

齿顶圆与齿根圆之间的径向距离称为齿高,用 h 表示;分度圆与齿顶圆之间的径向距离称为齿顶高,用 h_a 表示;分度圆与齿根圆之间的径向距离称为齿根高,用 h_f 表示。根据定义有

$$h = h_a + h_f \tag{9-9}$$

由图 9-5(a)、(b)可知,外齿轮的齿顶圆大于齿根圆,而内齿轮则相反。当基圆半径为无穷大时,齿轮就变为如图 9-5(c)所示的齿条,齿条各部分的名称相应称为齿顶线、齿根线、中线等。

二、直齿圆柱齿轮的基本参数

1. 模数 m 和压力角 α

分度圆上的比值 $\frac{p}{\pi}$ 称为齿轮的模数,用 m 表示,单位为 mm,即

$$m = \frac{p}{\pi} \tag{9-10}$$

渐开线齿轮分度圆上的模数 m 和压力角 α 的取值都已经标准化,国标(GB/T 1357—2008)规定 $\alpha = 20°$,标准模数系列如表 9-1 所示。

表 9-1 **标准模数系列**(GB/T 1357—2008)

第一系列	1 1.25 1.5 2 2.5 3 4 5 6 8 10 12 16 20 25 32 40 50
第二系列	1.125 1.375 1.75 2.25 2.75 3.5 4.5 5.5 (6.5) 7 9 11 14 18 22 28 36 45

在齿轮各参数中,模数是一个重要参数。模数越大,轮齿的尺寸越大,承载能力也越强。

根据以上分析,齿轮分度圆可定义为在齿轮上具有标准模数和标准压力角的圆。由以上定义,可得分度圆的直径和齿距分别为

$$d = mz \tag{9-11}$$

$$p = \pi m = s + e \tag{9-12}$$

2. 齿顶高系数 h_a^* 和顶隙系数 c^*

齿顶高和齿根高都与模数成正比。所以,齿顶高 h_a 和齿根高 h_f 可分别表示为

$$\left. \begin{array}{l} h_a = h_a^* m \\ h_f = (h_a^* + c^*)m \end{array} \right\} \tag{9-13}$$

式中:h_a^*、c^*——齿顶高系数和顶隙系数。对于圆柱齿轮,国标规定

$$h_a^* = 1, \qquad c^* = 0.25 \tag{9-14}$$

$c^* m$ 称为顶隙,顶隙是一齿轮齿顶圆与另一齿轮齿根圆之间的径向距离。顶隙可避免传

动时一齿轮的齿顶与另一齿轮的齿根相碰撞,而且能储存润滑油,有利于齿轮的啮合传动。

当齿轮具有标准模数、标准压力角、标准齿顶高系数和标准顶隙系数,而且分度圆上齿厚等于齿槽宽时,这样的齿轮就称为标准齿轮。对标准齿轮,显然有

$$s = e = \frac{p}{2} = \frac{\pi m}{2} \tag{9-15}$$

三、直齿圆柱齿轮的几何尺寸计算

一对齿轮在安装时,为避免齿轮反转时出现空程并发生冲击,所以在理论上要求齿轮传动时齿廓间没有齿侧间隙。若是一对模数相等的标准齿轮传动,则一个齿轮的分度圆齿厚与另一个齿轮的分度圆齿槽宽必相等。这样的两个齿轮在安装传动时,其分度圆相切,节圆与分度圆重合,啮合角 α' 等于分度圆压力角 α,即 $\alpha' = \alpha = 20°$,齿侧的理论间隙为零。这样安装的中心距称为正确安装的标准中心距,以 a 表示,于是有

$$a = \frac{1}{2}(d_2' \pm d_1') = \frac{1}{2}(d_2 \pm d_1) = \frac{m}{2}(z_2 \pm z_1) \tag{9-16}$$

式中:"+"用于外啮合齿轮传动,"−"用于内啮合齿轮传动。

标准直齿圆柱齿轮的几何尺寸计算公式如表 9-2 所示。

表 9-2　渐开线标准直齿圆柱齿轮传动的几何尺寸　　　　　　　　　　　　　(mm)

序　号	名　称	符　号	计　算　公　式
1	齿顶高	h_a	$h_a = h_a^* m = m$
2	齿根高	h_f	$h_f = (h_a^* + c^*)m = 1.25m$
3	齿全高	h	$h = h_a + h_f = (2h_a^* + c^*)m = 2.25m$
4	顶隙	c	$c = c^* m = 0.25m$
5	分度圆直径	d	$d = mz$
6	基圆直径	d_b	$d_b = d\cos\alpha$
7	齿顶圆直径	d_a	$d_a = d \pm 2h_a = m(z \pm 2h_a^*)$
8	齿根圆直径	d_f	$d_f = d \mp 2h_f = m(z \mp 2h_a^* \mp 2c_c^*)$
9	齿距	p	$p = \pi m$
10	齿厚	s	$s = \frac{p}{2} = \frac{\pi m}{2}$
11	齿槽宽	e	$e = \frac{p}{2} = \frac{\pi m}{2}$
12	标准中心距	a	$a = \frac{1}{2}(d_2 \pm d_1) = \frac{1}{2}m(z_2 \pm z_1)$

注:表中 d_a、d_f 中"±"分别用于外齿轮和内齿轮的计算。

◀ 9.4　渐开线直齿圆柱齿轮的啮合 ▶

1. 渐开线直齿圆柱齿轮正确的啮合条件

图 9-6 所示为一对渐开线直齿圆柱齿轮啮合传动。由于两轮齿廓的啮合点是沿啮合线 N_1N_2 移动的,因此前一对轮齿的齿廓接触点 K 和后一对轮齿的齿廓接触点 K' 必定同在啮合线 N_1N_2 上,KK' 称为两齿轮的法向齿距。

因为 N_1N_2 是两齿轮在齿廓接触点处的公法线,由渐开线的性质可知,齿轮的法向齿距

应等于齿轮的基圆齿距。要使两齿轮能正确啮合，即两轮齿之间不产生间隙或卡住，则必须满足两齿轮的法向齿距相等的条件，亦即

$$p_{b1} = p_{b2} \tag{9-17}$$

而

$$p_b = \frac{\pi d_b}{z} = \frac{\pi d \cos\alpha}{z} = \pi m \cos\alpha \tag{9-18}$$

故有

$$m_1 \cos\alpha_1 = m_2 \cos\alpha_2 \tag{9-19}$$

由于模数和压力角都已标准化，所以要满足上式，应使

$$\left.\begin{array}{c} m_1 = m_2 = m \\ \alpha_1 = \alpha_2 = \alpha \end{array}\right\} \tag{9-20}$$

即一对渐开线直齿圆柱齿轮正确的啮合的条件是：两齿轮的模数和压力角应分别相等。

根据正确啮合条件，一对渐开线齿轮的传动比公式(9-5)可表示为

$$i = \frac{\omega_1}{\omega_2} = \frac{r_2'}{r_1'} = \frac{r_{b2}}{r_{b1}} = \frac{d_{b2}}{d_{b1}} = \frac{d_2 \cos\alpha}{d_1 \cos\alpha} = \frac{d_2}{d_1} = \frac{mz_2}{mz_1} = \frac{z_2}{z_1} \tag{9-21}$$

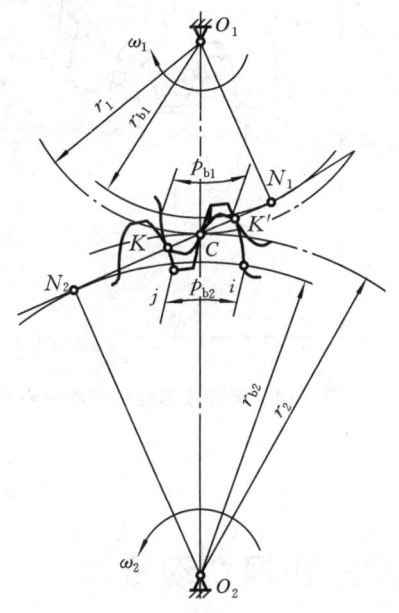

图 9-6　渐开线齿轮正确啮合的条件

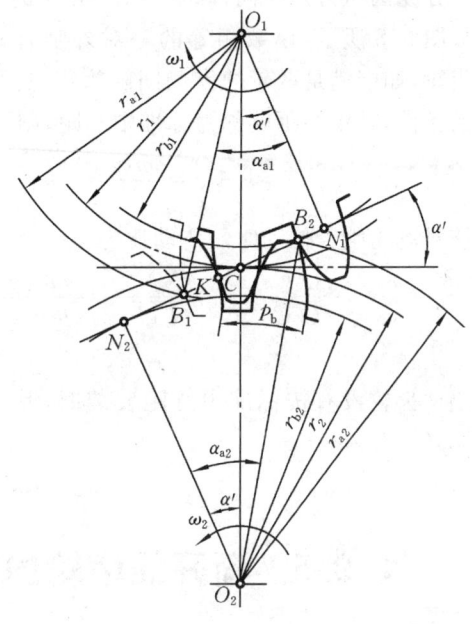

图 9-7　渐开线齿廓的啮合传动

2. 渐开线直齿圆柱齿轮齿廓的啮合过程

如图 9-7 所示，一对齿廓的啮合是由从动轮 2 的齿顶圆与啮合线 N_1N_2 的交点 B_2 开始，此时是主动轮 1 的齿根部推动从动轮 2 的齿顶部。随着齿轮的转动，啮合点将沿啮合线 N_1N_2 由点 B_2 向点 B_1 移动。点 B_1 为主动轮 1 的齿顶圆与啮合线 N_1N_2 的交点。当啮合点移至点 B_1 时，这对齿廓的啮合终止。所以，B_2B_1 是一对齿廓啮合的实际啮合线段，点 N_1、点 N_2 是理论上的啮合极限点，故 N_1N_2 是理论上的最大啮合线段，称为理论啮合线段。

3. 渐开线直齿圆柱齿轮连续传动的条件

由上述一对齿廓的啮合过程可看出，要保证齿轮能连续啮合传动，应要求在前一对轮齿的

啮合点 K 到达啮合终止点 B_1 时,后一对轮齿已提前或至少同时到达啮合起始点 B_2,进入啮合状态。否则主动齿轮1继续转过一定角度后,后一对轮齿才进入啮合,这样,齿轮传动的啮合过程就出现中断,并产生冲击。因此,保证一对齿轮能连续啮合传动的条件是:实际啮合线段的长度 B_1B_2 应大于或等于齿轮的法向齿距 B_2K。因齿轮的法向齿距等于基圆齿距,所以有

$$B_1B_2 \geqslant B_2K \quad \text{或} \quad B_1B_2 \geqslant p_b \tag{9-22}$$

令 $\varepsilon = \dfrac{B_1B_2}{p_b}$,$\varepsilon$ 称为齿轮传动的重合度。根据齿轮连续啮合条件,有

$$\varepsilon = \frac{B_1B_2}{p_b} \geqslant 1 \tag{9-23}$$

理论上只要 $\varepsilon = 1$ 就能保证连续传动,但因齿轮有制造和安装等误差,实际应使 $\varepsilon > 1$。一般机械中常取 $\varepsilon \geqslant 1.1 \sim 1.4$。

4. 渐开线直齿圆柱齿轮的标准中心距

如图9-8所示,一对模数相等的标准齿轮,由于分度圆上的齿厚与齿槽宽相等,故正确安装时,两轮的分度圆相切,即分度圆与节圆重合,即 $r_1' = r_1$,$r_2' = r_2$。啮合角与分度圆压力角相同,即 $\alpha_1' = \alpha_1 = \alpha_2 = \alpha_2'$。

如图9-8所示,模数相等的一对外啮合标准直齿圆柱齿轮,如能满足两轮的齿侧间隙为零,且顶隙为标准值的条件,其中心距就称为标准中心距,则

$$a = r_1' + r_2' = r_1 + r_2 = \frac{m(z_1 + z_2)}{2} \tag{9-24}$$

该对齿轮啮合传动时的传动比为

$$i_{12} = \frac{\omega_1}{\omega_2} = \frac{\overline{O_2C}}{\overline{O_1C}} = \frac{\overline{O_2N_2}}{\overline{O_1N_1}} = \frac{mz_2}{mz_1} = \frac{z_2}{z_1} \tag{9-25}$$

当两齿轮没有按标准中心距安装时,其实际中心距 $a' = r_1' + r_2'$,此时有

$$a'\cos\alpha' = a\cos\alpha \tag{9-26}$$

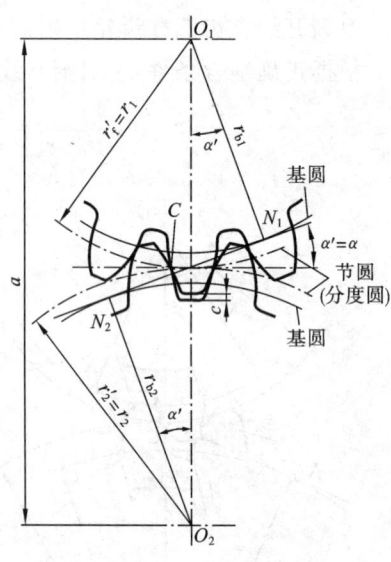

图9-8　渐开线齿轮的标准中心距

◀ 9.5 渐开线齿轮的加工方法和根切现象 ▶

一、渐开线齿轮的加工方法

渐开线齿轮轮齿的成形方法有铸造、模锻、热轧、切削加工等,生产中最常用的是切削法。切削法按其原理可分为仿形法和展成法两种,展成法又称为范成法。

1. 仿形法

仿形法是用渐开线齿形的成形铣刀直接切出齿形的切削方法。常用的成形铣刀有盘形铣刀和指状铣刀两种,如图9-9(a)、(b)所示。

由于渐开线齿廓的形状取决于基圆大小,而基圆半径 $r_b = \dfrac{mz\cos\alpha}{2}$,故即使模数和压力角

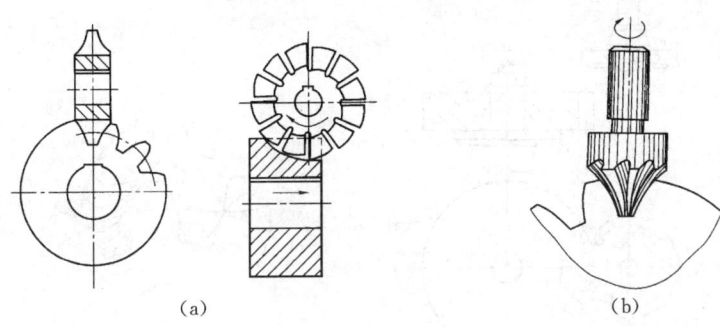

（a）　　　　　　　　　　　　　　　（b）

图 9-9　仿形法加工

相同的齿轮,如果齿数不同,则其齿廓形状也不同。因此当用仿形法加工齿轮时,为保证加工精度,对每一种模数、每一齿数的齿轮都要对应配一把铣刀,但这是无法实现的。所以在生产实际中,为减少刀具数量,对于具有相同模数和压力角的齿轮,一般配 8 把或 15 把为一套的铣刀,每把铣刀铣削一定齿数范围的齿轮。每把铣刀铣削的齿数范围如表 9-3 所示。

表 9-3　铣刀号数与切齿范围

铣刀刀号	1	2	3	4	5	6	7	8
切齿范围	12～13	14～16	17～20	21～25	26～34	35～54	55～134	135 以上

表中每号铣刀的齿形与该组齿数范围中最少齿数的齿形一致,因而加工该齿数的齿轮时可得到精确的渐开线齿廓,但铣削其余齿数的齿轮所得齿廓都是近似渐开线。因此仿形法铣削的齿廓精度较低。

仿形法切齿简单,不需要专用机床,但加工过程不连续,生产率低,切削精度低,故只适用于修配及小批量的齿轮加工。

2. 展成法

展成法是利用一对齿轮传动时,其轮齿齿廓互为包络线的原理来切削轮齿齿廓的切削方法。这种切齿方法采用的刀具主要有齿轮插刀、齿条插刀和齿轮滚刀。与仿形法相比,这种方法加工的齿轮不仅精度高,而且生产率也较高。

1）齿轮插刀切齿

齿轮插刀的形状如图 9-10(a)所示,刀具顶部比正常轮齿高,以便切出齿轮的顶隙。插齿时,插刀沿轮坯轴线方向作往复切削运动,同时插刀与轮坯以一定的角速比转动(见图 9-10(b)),直至切出全部齿廓。

因齿轮插刀的齿廓是渐开线,所以插制的齿轮也是渐开线。根据正确的啮合条件,被切齿轮的模数和压力角必定与插刀的模数和压力角相等。故用同一把刀具可加工出具有相同模数和压力角的任意齿数的齿轮。

2）齿条插刀切齿

当齿轮插刀的齿数增加到无穷多时,基圆半径增至无穷大,渐开线齿廓变成直线齿廓,齿轮插刀就变为齿条插刀,如图 9-11(a)所示。图 9-11(b)所示为齿条插刀的刀刃形状,其齿顶比传动齿条的齿条顶线高出 $c = c^* m$ 的距离,同样是为了保证切制出齿轮的顶隙。齿条插刀插制齿轮时,其展成运动相当于齿条与齿轮的啮合传动,插刀的移动速度与轮坯分度圆上的圆周速度相等。

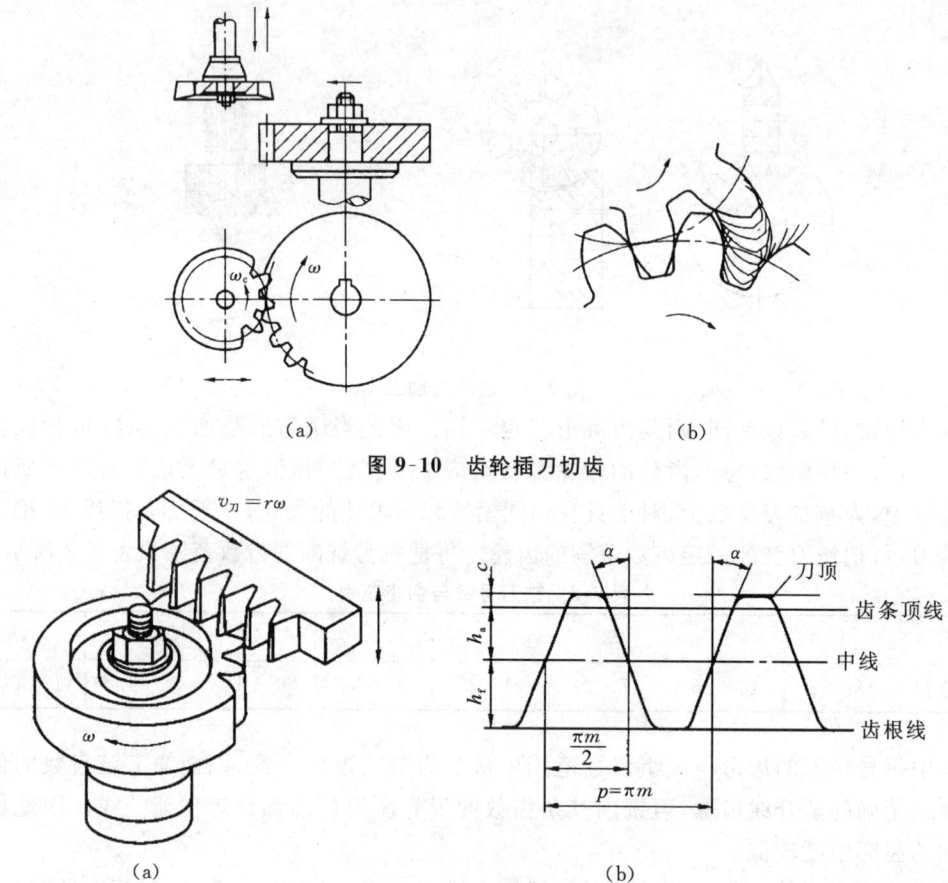

(a) 　　　　　　　　　　　　　　　(b)

图 9-10　齿轮插刀切齿

(a) 　　　　　　　　　　　　　　　(b)

图 9-11　齿条插刀切齿

3）齿轮滚刀切齿

上述两种刀具切削齿轮时都是间断切削，故生产率较低。为此，人们研制出了齿轮滚刀。图 9-12 所示为齿轮滚刀切削齿轮坯的情形。滚刀形状很像螺旋状，它的轴向截面为一齿条。当滚刀绕其轴线回转时，就相当于齿条在连续不断地移动。当滚刀和轮坯分别绕各自轴线转动时，便按展成原理切制出轮坯的渐开线齿廓。由于滚刀是连续切削，因此生产率高，利用齿轮滚刀加工齿轮是目前广泛采用的一种切削方法。

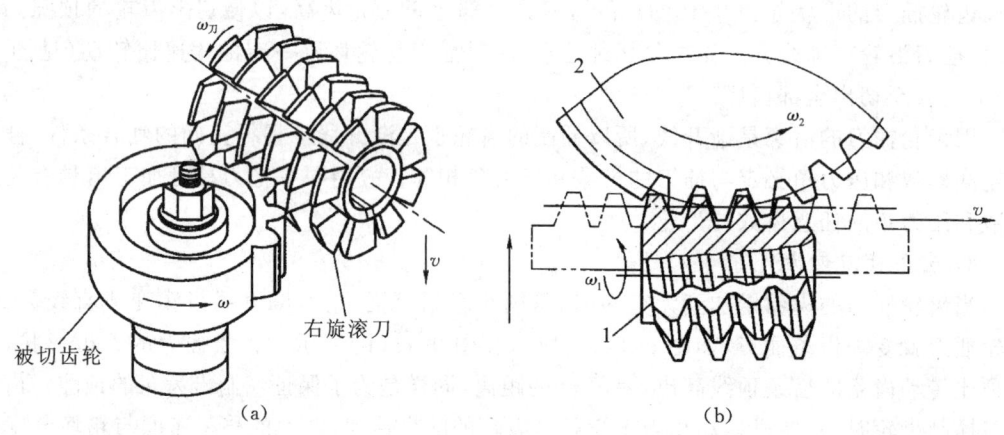

被切齿轮　　　　　　　右旋滚刀

(a) 　　　　　　　　　　　　　　　(b)

图 9-12　齿轮滚刀切齿

二、根切现象和最少齿数

当以展成法用齿条刀具加工齿轮时,若被加工齿轮的齿数过少,则齿轮毛坯的渐开线齿廓根部会被刀具的齿顶过多地切削掉,如图 9-13(a)中的虚线齿廓所示。这种现象称为齿轮的根切。根切不仅使轮齿根部削弱,弯曲强度降低,而且使重合度减小,因此应尽量避免根切现象。

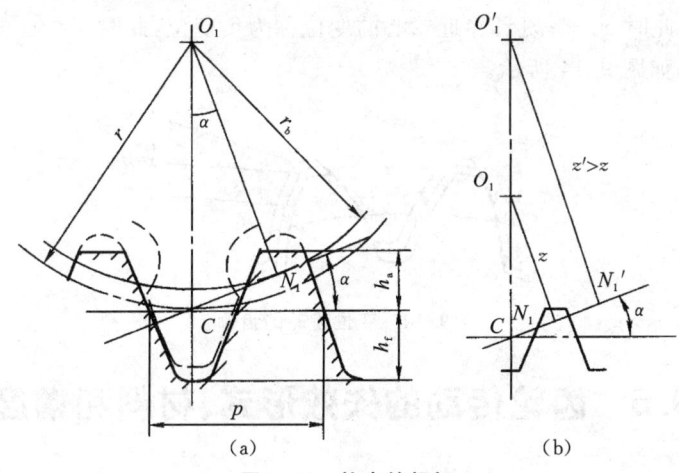

图 9-13 轮齿的根切

根据分析可知,产生根切的直接原因是刀具顶线(不包括 $c^* m$ 部分)超过了理论啮合线的上界点 N_1。因为基圆以内无渐开线,因此在刀具与被加工轮坯所进行的展成运动中,超过上界点 N_1 的刀刃不但不能展成渐开线齿廓,反而会将已加工好的齿轮根部的渐开线齿廓切去一部分。故为了防止根切,必须保证点 N_1 不低于刀具顶线。

由于加工标准齿轮时刀具的相对位置固定,点 N_1 在啮合线上的位置与被加工齿轮的齿数 z 有关,如图 9-13(b)所示。根据数学知识和渐开线齿轮的几何尺寸关系,可以推导出不产生根切的条件是

$$z \geqslant \frac{2h_a^*}{\sin^2 \alpha} \tag{9-27}$$

式中:z——被加工齿轮的齿数。由此可得齿轮不产生根切的最少齿数为

$$z_{\min} = \frac{2h_a^*}{\sin^2 \alpha} \tag{9-28}$$

当 $\alpha = 20°$、$h_a^* = 1$ 时,$z_{\min} = 17$。

三、标准齿轮的局限性

前面讨论的都是渐开线标准齿轮,它们设计计算简单,互换性好,但标准齿轮传动仍存在着如下一些局限性。

(1) 受根切限制,齿数不得少于 $z_{\min}$,使传动结构不够紧凑。

(2) 不适用于安装中心距 a' 不等于标准中心距 a 的场合。当 $a' < a$ 时无法安装,当 $a' > a$ 时,虽然可以安装,但会产生过大的侧隙而引起冲击振动,影响传动的平稳性。

(3) 一对标准齿轮传动时,小齿轮的齿根厚度小而且啮合次数又较多,故小齿轮的强度较低,齿根部分磨损也较严重,因此小齿轮容易损坏,同时也限制了大齿轮的承载能力。

四、变位齿轮简介

在齿轮加工时,产生根切的原因在于刀具的齿顶线超过了极限点,要避免根切,就必须使刀具的齿顶线不超过根据点。在不改变被切齿轮齿数的情况下,只要改变刀具与轮坯的相对位置,就可以切出不根切的齿轮,但是此时齿条的分度线与齿轮的分度圆不再相切。这种齿轮称为变位齿轮。刀具移动的距离 xm 称为变位量,x 称为变位系数。刀具远离轮心的变位称为正变位,此时 $x>0$;刀具移近轮心的变位称为负变位,此时 $x<0$。标准齿轮就是变位系数 $x=0$ 齿轮,如图 9-14 所示。

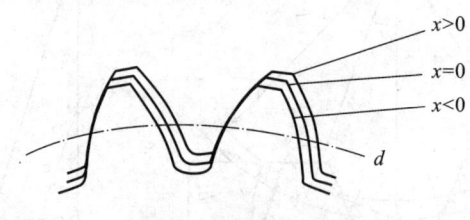

图 9-14 变位齿轮的齿廓

◀ 9.6 齿轮传动的失效形式、材料和精度 ▶

为计算齿轮的承载能力,必须对齿轮的受载特点、失效形式等进行分析,并由此制定出齿轮传动的设计准则。

一、齿轮传动的失效形式

齿轮传动时,载荷直接作用在齿轮的轮齿上。由于轮齿相对于齿轮的其他部位相对薄弱,因此齿轮传动的失效主要是轮齿的失效。齿轮轮齿的失效主要有以下五种形式。

1. 轮齿折断

轮齿折断主要发生在齿根处,它又分为疲劳折断和过载折断两种类型。

1) 疲劳折断

齿轮轮齿受力时与悬臂梁的受力情况相似,在齿根处要产生最大的弯曲应力,如图 9-15(a)所示。当齿轮单向运转时,弯曲应力为脉动循环变应力,如图 9-15(b)所示。由于齿根处过渡部分的尺寸发生了急剧变化,存在着应力集中(即应力在过渡区相对集中);加工轮齿时,沿齿宽方向易留下刀痕,这些都极易使轮齿根部产生疲劳裂纹,如图 9-15(c)所示。随着应力循环次数的增加,裂纹不断扩展,最终会因疲劳强度不足而使轮齿突然折断,这种折断就称为疲劳折断。在齿轮正常使用中,疲劳折断是轮齿折断的主要形式。

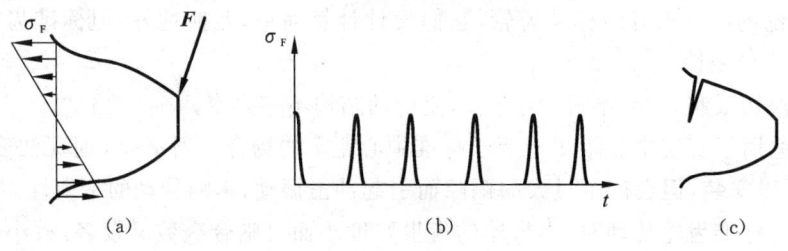

图 9-15 疲劳折断

2）过载折断

由于短时的严重过载或冲击载荷过大，轮齿因静强度不足而产生折断，这种折断称为过载折断。采取对轮齿表面进行淬火的热处理方法，或适当降低齿轮材料的硬度，提高其韧度的方法，可改善轮齿抗折断的能力。

2. 齿面疲劳点蚀

齿轮传动时，一对齿轮表面的接触区域理论上为一条直线，但实际上在受载变形后，其接触区域为一较小长方形面积。由于此面积很小而使轮齿表层的局部应力很大，这种在接触表面局部产生的应力称为接触应力 σ_H，如图 9-16(a) 所示。由于齿轮传动时，轮齿表面的接触区域在不停地移动，因此齿轮表面受到的是脉动循环接触变应力的作用。当接触应力超过表层材料的接触疲劳极限时，经一定的应力循环次数，齿面材料就会出现图 9-16(b) 所示的点状剥落，使轮齿啮合情况恶化而失效，这种失效称为疲劳点蚀。疲劳点蚀一般发生在齿根部位靠近节线处。

疲劳点蚀是润滑条件良好的闭式软齿面齿轮传动的主要失效形式。在润滑条件较差的开式传动中，由于齿面磨损较快，在点蚀未形成之前，部分齿面已被磨损，因而一般不发生点蚀失效。采取提高齿面硬度、降低齿面粗糙度等措施，可提高齿轮齿面的抗点蚀能力。

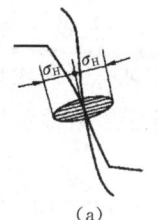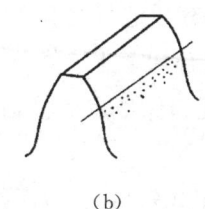

　　（a）　　　　　　　　　（b）

图 9-16　齿面疲劳点蚀

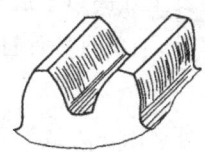

图 9-17　齿面胶合

3. 齿面胶合

齿轮传动在低速重载时，由于啮合齿面间压力大，不易形成润滑油膜；而在高速重载时，即便形成润滑油膜，但由于啮合区的摩擦升温使润滑油黏度降低，润滑油膜易破裂，这两种情况均会导致两齿面金属直接接触。当啮合区瞬时温升过高时，两齿面会出现峰点黏着现象。随着齿面间的相对滑动，黏着点被撕脱，从而在较软齿面上留下与滑动方向一致的黏撕沟痕，使轮齿表面遭到破坏，这种现象称为胶合，如图 9-17 所示。

为了增强抗胶合能力，除适当提高齿面硬度和降低齿面表面粗糙度值外，对于低速传动，应选用黏度较大的润滑油；对于高速传动，应采用抗胶合能力强的润滑油。

4. 齿面磨损

齿面磨损通常是磨粒磨损。在开式齿轮传动中，由于齿轮暴露在外，润滑条件差，灰尘、沙粒、金属碎屑等极易进入啮合齿面起到磨粒作用，形成磨粒磨损。这是开式传动不可避免的一种主要失效形式。如图 9-18 所示，齿面磨损不仅使轮齿失去正确的齿形，还会使轮齿变薄，严重时还会引起轮齿折断。

改开式传动为闭式传动是防止齿面磨损的最有效方法。此外，提高齿面硬度和降低齿面的粗糙度对于防止和减轻齿面磨损也很有效。

5.齿面塑性变形

在重载荷作用下,齿面间的正压力和与之形成的摩擦力都较大,较软一侧的齿面在较硬一侧齿面的推挤作用下,产生局部塑性变形,如图9-19所示。这种失效多发生在低速、严重过载和起动频繁的软齿面齿轮传动中。

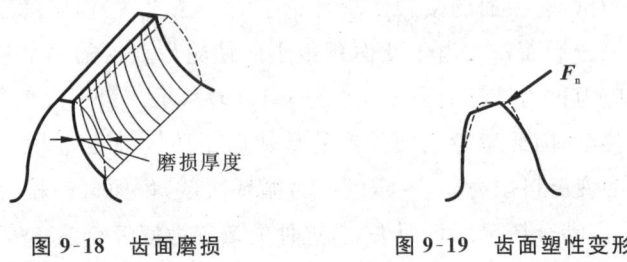

图 9-18　齿面磨损　　　　图 9-19　齿面塑性变形

二、齿轮传动的设计准则

齿轮传动在不同的工作条件下有着不同的失效形式,不同的失效形式对应于不同的设计准则。因此,设计齿轮时,应根据实际工作条件,分析其主要失效形式,选择相应的设计准则进行设计计算。目前,对齿面磨损等还没有建立起行之有效的计算方法及设计数据,齿面胶合主要发生在高速重载等重要场合,而且胶合计算比较复杂。因此,对一般齿轮传动进行设计计算时,通常只按保证齿根弯曲疲劳强度和保证齿面接触疲劳强度这两种设计准则进行。

（1）对于以正火或调质钢为齿轮材料的闭式软齿面(齿面硬度≤350 HBS)齿轮传动,其抗点蚀能力比较低,故计算准则为:按齿面接触疲劳强度设计齿轮的主要参数,再对所设计出的齿轮进行齿根弯曲疲劳强度校核。

（2）对于以淬火钢或铸铁等为齿轮材料的闭式硬齿面(齿面硬度＞350 HBS)齿轮传动,其主要失效是轮齿的折断,故计算准则为:按齿根弯曲疲劳强度设计齿轮的主要参数,再对所设计出的齿轮进行齿面接触疲劳强度校核。

（3）对于开式齿轮传动,其主要失效形式是磨粒磨损和因磨损导致的轮齿折断。但因目前尚无适当的磨损计算方法,故计算准则为:按齿根弯曲疲劳强度进行设计计算,并考虑磨损对轮齿折断的影响,将计算结果适当增大。

三、齿轮的常用材料

选择齿轮材料主要应考虑齿轮承受载荷的大小和性质、齿轮速度的高低等工作情况以及结构、尺寸、重量和工艺性、经济性等方面的要求。

1.锻钢

碳素结构钢和合金结构钢是制造齿轮最常用的材料。齿轮毛坯经锻造后,钢的强度、韧度高并可用多种热处理方法改善其力学性能。因此,重要齿轮均采用锻钢。齿轮传动中,两齿轮齿面硬度的组合对齿轮的寿命影响很大。齿面硬度组合及其应用如表9-4所示。

表 9-4　齿轮齿面硬度及其组合的应用举例

齿面类型	齿轮种类	热 处 理		两轮工作齿面硬度差	工作齿面硬度举例		备 注
		小齿轮	大齿轮		小齿轮	大齿轮	
软齿面	直齿	调质	正火调质	25～30 HBS	240～270 HBS 260～290 HBS	180～220 HBS 220～240 HBS	用于重载中低速和一般的传动装置
	斜齿及人字齿	调质	正火正火调质	40～50 HBS	240～270 HBS 260～290 HBS 270～300 HBS	160～190 HBS 180～210 HBS 200～230 HBS	
软、硬组合齿面	斜齿及人字齿	表面淬火	调质	齿面硬度差很大	45～50 HRC	270～300 HBS 200～230 HBS	用于冲击载荷及过载都不大的重载中、低速传动装置
		渗氮渗碳	调质		56～62 HRC	270～300 HBS 300～330 HBS	
硬齿面	直齿、斜齿及人字齿	表面淬火	表面淬火	齿面硬度大致相同	45～50 HRC		用于传动尺寸受结构限制的情形和寿命、承载能力要求较高的传动装置
		渗碳	渗碳		56～62 HRC		

1）软齿面齿轮

这类齿轮的热处理方法是调质或正火。由于小齿轮轮齿受载循环次数多于大齿轮,且小齿轮齿根较薄、弯曲强度较低,因此,在选择材料及热处理时:对直齿轮,小齿轮齿面硬度应比大齿轮的齿面硬度高 25～30 HBS;对斜齿轮,则应比大齿轮的齿面硬度高 40～50 HBS。

软齿面齿轮制造工艺简单,适用于中小功率、对尺寸和重量无严格要求的一般机械中。

2）硬齿面齿轮

这类齿轮的热处理方法是表面淬火、渗碳淬火和氮化。小齿轮材料优于大齿轮材料,两齿轮的齿面硬度大致相同。一般来说,硬齿面齿轮传动适用于尺寸受结构限制的场合。

2. 铸钢

当齿顶圆直径 $d_a \geqslant 400～500$ mm,结构形状较复杂时,轮坯不宜锻造,这种情况下可采用铸钢作为齿轮材料。常用的铸钢牌号有 ZG310-570、ZG340-640 等。铸钢轮坯在切削加工以前,一般要进行正火处理,以消除内应力和改善切削加工性能。

3. 铸铁

普通灰铸铁具有较好的减摩性和切削工艺性,且价格低廉。但其强度较低,抗冲击能力较差,故只适用于低速、轻载和无冲击的场合。铸铁齿轮对润滑要求较低,因此较多地用于开式传动中,常用的铸铁牌号有 HT250、HT300 等。

近年来,用球墨铸铁制造的齿轮得到了较广泛应用,常用来代替开式传动中的铸铁齿轮和闭式传动中的铸钢齿轮,其常用牌号有 QT500-5、QT600-2 等。常用的齿轮材料及其力学性能如表 9-5 所示。

表 9-5　齿轮常用材料及其力学性能

材　料	牌　　号	热 处 理	硬　　度	强度极限 σ_b/MPa	屈服极限 σ_s/MPa	应用范围
优质碳素钢	45	正火 调质 表面淬火	169～217 HBS 217～255 HBS 48～55 HRC	580 650 750	290 360 450	低速轻载 低速中载 高速中载或低速重载,冲击很小
	50	正火	180～220 HBS	620	320	低速轻载
合金钢	40Cr	调质 表面淬火	240～260 HBS 48～55 HRC	700 900	550 650	中速中载 高速中载,无剧烈冲击
	42SiMn	调质 表面淬火	217～269 HBS 45～55 HRC	750	470	高速中载,无剧烈冲击
	20Cr	渗碳、淬火	56～62 HRC	650	400	高速中载,承受冲击
	20CrMnTi	渗碳、淬火	56～62 HRC	1100	850	
铸钢	ZG310～570	正火 表面淬火	160～210 HBS 40～50 HRC	570	320	中速、中载、大直径
	ZG340～640	正火 调质	170～230 HBS 240～270 HBS	650 700	350 380	
球墨铸铁	QT600-2 QT500-5	正火	220～280 HBS 147～241 HBS	600 500	—	低、中速轻载,有小的冲击
灰铸铁	HT200 HT300	人工时效 (低温退火)	170～230 HBS 187～235 HBS	200 300	—	低速轻载,冲击很小

四、齿轮的精度

齿轮在加工过程中,由于刀具和机床本身等原因,使加工的齿轮不可避免地产生一定的误差。齿轮精度就是用制造公差加以区别的齿轮制造精确程度。齿轮精度标准是齿轮设计、制造、检验的依据,也是产品销售和采购的技术依据。

国家标准 GB/T 10095—2008 中,对渐开线圆柱齿轮规定了 13 个精度等级,0 级精度最高,12 级最低,6～12 级常用。

齿轮的精度等级,应根据齿轮传动的用途、使用条件、传递的功率、圆周速度以及经济性等技术要求选择。具体选择时可根据齿轮的圆周速度参考表 9-6 进行。

表 9-6　齿轮常用精度等级及其应用

精度等级	圆周速度 $v/(m/s)$			应 用 举 例
	直齿圆柱	斜齿圆柱	直齿锥齿轮	
6	$\leqslant 15$	$\leqslant 30$	$\leqslant 12$	要求运转精确或在高速重载下工作的齿轮传动；精密仪器和飞机、汽车、机床中重要齿轮
7	$\leqslant 10$	$\leqslant 20$	$\leqslant 6$	一般机械中的重要齿轮；标准系列减速器齿轮；飞机、汽车和机床中的齿轮
8	$\leqslant 5$	$\leqslant 12$	$\leqslant 3$	一般机械中的重要齿轮；飞机、汽车和机床中的不重要齿轮；纺织机械中的齿轮；农业机械中的重要齿轮
12	$\leqslant 3$	$\leqslant 6$	$\leqslant 2.5$	工作要求不高的齿轮；农业机械中的齿轮

◀ 9.7　标准直齿圆柱齿轮传动的强度计算 ▶

一、轮齿上的作用力

在计算齿轮的强度、设计轴和轴承之前,需先分析轮齿上的作用力大小和方向。图9-20所示为一对标准直齿轮啮合时的受力情况,其齿廓在节点接触,略去齿面间的摩擦力,轮齿间的法向力 F_n 应沿啮合线方向且垂直于齿面。在分度圆上 F_n 可分解为两个互相垂直的分力,即切于分度圆的圆周力 F_t 和沿半径方向的径向力 F_r,分别作用在主、从动轮上,其大小相等,方向相反。

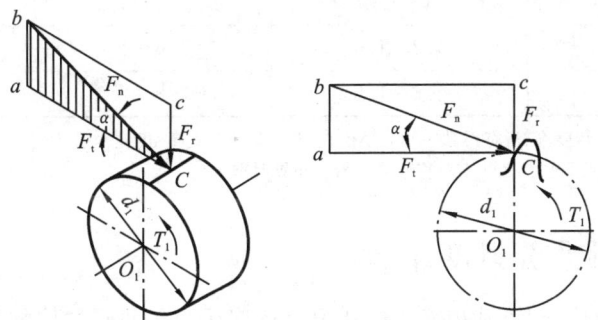

图 9-20　直齿圆柱齿轮传动的受力分析

$$\left. \begin{array}{l} F_{t1} = \dfrac{2T_1}{d_1} \\[2mm] F_{r1} = F_{t1}\tan\alpha \\[2mm] F_{n1} = \dfrac{F_{t1}}{\cos\alpha} = \dfrac{2T_1}{d_1\cos\alpha} \end{array} \right\} \tag{9-29}$$

式中:T_1——主动轮传递的名义转矩(N·mm),$T_1 = 9.55 \times 10^6 \dfrac{P_1}{n_1}$;

　　　P_1——主动轮传递的功率(kW);

　　　n_1——主动轮的转速(r/min);

　　　d_1——主动轮的分度圆直径(mm);

　　　α——分度圆压力角(°)。

作用在主动轮和从动轮上的 F_n 大小相等,方向相反,根据作用力与反作用力的原理,可求出作用在从动轮上的力:$F_{t2}=-F_{t1}$,$F_{r2}=-F_{r1}$。主动轮上所受的圆周力是阻力,与转动方向相反;从动轮上所受的圆周力是驱动力,运转方向相同。两个齿轮上的径向力分别指向各自的轮心。

二、轮齿上的计算载荷

按式(9-29)计算 F_n、F_t、F_r 均是作用在轮齿上的名义载荷,在实际传动中会受到很多因素的影响,故应将名义载荷修正为计算载荷。进行齿轮的强度设计或校核时,应按计算载荷进行,通常用计算载荷 KF_n 代替理论载荷 F_n,K 称为载荷系数。

$$K = K_A K_V K_\alpha K_\beta \tag{9-30}$$

式中:K_A——考虑原动机和工作机的工作特性、轴和联轴器系统的质量与刚度以及运行状态等外部因素引起的附加动载荷;

K_V——考虑齿轮副在啮合过程中因制造及啮合误差(基圆齿距误差、齿形误差和轮齿变形等)和运转速度而引起的内部附加载荷;

K_α——考虑由于轴的变形和齿轮制造误差等引起载荷沿齿宽方向分布不均匀的影响;

K_β——考虑同时参与啮合的各对轮齿间载荷分配不均匀的影响。

载荷系数 K 可由表9-7查取。

表 9-7 载荷系数 K

原 动 机	工作机械的载荷特性		
	均匀	中等冲击	大的冲击
电动机	1～1.2	1.2～1.6	1.6～1.8
多缸内燃机	1.2～1.6	1.6～1.8	1.9～2.1
单缸内燃机	1.6～1.8	1.8～2.0	2.2～2.4

注:斜齿、圆周速度低、精度高、齿宽系数小时取小值;直齿、圆周速度高、齿宽系数大时取大值。齿轮在两轴承之间并对称布置时取小值,齿轮在两轴承之间不对称布置及悬臂布置时取大值。

三、齿面接触疲劳强度计算

一对渐开线齿轮啮合时,其齿面接触状况可近似认为与两圆柱体的接触状况相当,故其齿面接触应力 σ_H 可近似地用赫兹公式计算。

轮齿在啮合过程中,齿廓接触线是不断变化的。实际情况表明,齿面点蚀往往先在节线附近的齿根表面出现,所以接触疲劳强度计算通常以节点为计算点,得到齿面接触疲劳强度的校核公式为

$$\sigma_H = Z_E Z_H \sqrt{\frac{2KT_1}{bd_1^2} \cdot \frac{u\pm1}{u}} \leqslant [\sigma_H] \tag{9-31}$$

式中:"$+$"号用于外啮合,"$-$"号用于内啮合。

引入齿宽系数 $\phi_d = \dfrac{b}{d_1}$,则由式(9-31)可得齿面接触疲劳强度设计公式为

$$d_1 \geqslant \sqrt[3]{\frac{2KT_1}{\phi_d} \cdot \frac{u\pm1}{u} \cdot \left(\frac{Z_E Z_H}{[\sigma_H]}\right)^2} \tag{9-32}$$

式中:K——载荷系数;

T_1——主动轮的名义转矩($N \cdot mm$);

b——啮合齿宽(mm);

d_1——主动轮节圆直径,对于标准齿轮传动为分度圆直径(mm);

u——齿数比,$u = \dfrac{z_2}{z_1}$,z_1 为主动轮齿数,减速传动时 $u = i$,增速传动时 $u = \dfrac{1}{i}$;

$[\sigma_H]$——许用接触应力(MPa);

Z_E——材料弹性系数($\sqrt{MPa}$),考虑配对齿轮材料的弹性模量和泊松比对接触应力的影响,其值见表9-8;

Z_H——节点区域系数,考虑节点处齿面形状对接触应力的影响,对于标准直齿轮 $\alpha = 20°$,$Z_H = 2.5$;

ϕ_d——齿宽系数,$\phi_d = 0.5(i \pm 1)\phi_a$,一般 $\phi_a = b/a = 0.1 \sim 1.2$,标准齿轮传动中 ϕ_a 应取标准系列值:0.2,0.25,0.3,0.4,0.5,0.6,0.8,1.0,1.2。

应该注意:一对齿轮相啮合时,齿面间的接触应力相等,即 $\sigma_{H1} = \sigma_{H2}$。由于大、小齿轮的材料有可能不同,因此许用接触应力 $[\sigma_H]_1$、$[\sigma_H]_2$ 也不一定相等。$[\sigma_H]$小的强度低,易点蚀,在计算时,应取两者中的较小值代入式中。

表 9-8　材料弹性系数 Z_E　　　　　　　　　　　　($\sqrt{MPa}$)

小齿轮材料	大齿轮材料			
	锻钢	铸钢	球墨铸铁	灰铸铁
锻钢	189.8	188.9	181.4	162.0
铸钢	—	188.0	180.5	161.4
球墨铸铁	—	—	173.9	156.6
灰铸铁	—	—	—	143.7

四、齿根弯曲疲劳强度计算

轮齿受载时,齿根所受的弯矩最大,因此齿根处的弯曲疲劳强度最弱。当轮齿在齿顶啮合时,处于双对齿啮合区,此时的弯矩力臂虽然最大,但力并不是最大,因此弯矩并不是最大。根据分析,齿根所受的最大弯矩发生在轮齿啮合点位于单对齿啮合区的最高点,由于这种算法比较复杂,通常只用于 6 级精度以上的齿轮传动。对于制造精度较低的齿轮传动,为便于计算,通常按全部载荷作用于齿顶来计算齿根的弯曲疲劳强度。

把轮齿看作是悬臂梁,轮齿根部危险截面用 30° 切线法确定:作与轮齿对称线成 30° 角并与齿根圆弧相切的两根直线,圆弧上所得两切点的连线所确定的截面即齿根危险截面,其力学模型如图 9-21 所示。

则单位齿宽时齿根危险截面的弯曲应力为

$$\sigma_F = \frac{M}{W} = \frac{KF_n h_F \cos\alpha_F}{b s_F^2 / 6} = \frac{KF_t}{bm} \cdot \frac{6\left(\dfrac{h_F}{m}\right)\cos\alpha_F}{\left(\dfrac{s_F}{m}\right)^2 \cos\alpha}$$

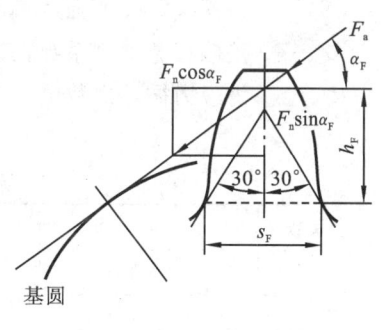

图 9-21　齿根弯曲力学模型

令
$$Y_F = \frac{6\left(\dfrac{h_F}{m}\right)\cos\alpha_F}{\left(\dfrac{s_F}{m}\right)^2\cos\alpha}$$

Y_F 反映轮齿的齿廓形状,与齿数、压力角、变位系数等有关,而与齿的大小(模数 m)无关,称为齿形系数。载荷作用于齿顶时的齿形系数 Y_F 可查表9-9。

表 9-9　齿形系数 Y_F 及应力校正系数 Y_S

$z(z_v)$	17	18	19	20	21	22	23	24	25	26	27	28	29
Y_F	2.97	2.91	2.85	2.80	2.76	2.72	2.69	2.65	2.62	2.60	2.57	2.55	2.53
Y_S	1.52	1.53	1.54	1.55	1.56	1.57	1.575	1.58	1.59	1.595	1.60	1.61	1.62
$z(z_v)$	30	35	40	45	50	60	70	80	90	100	150	200	∞
Y_F	2.52	2.45	2.40	2.35	2.32	2.28	2.24	2.22	2.20	2.18	2.14	2.12	2.06
Y_S	1.625	1.65	1.67	1.68	1.70	1.73	1.75	1.77	1.78	1.79	1.83	1.865	1.97

考虑到齿根危险截面处过渡圆角所引起的应力集中作用以及弯曲应力以外的其他应力对齿根应力的影响,引入应力校正系数 Y_S,由此得到齿根弯曲疲劳强度的校核公式为

$$\sigma_F = \frac{KF_t Y_F Y_S}{bm} = \frac{2KT_1 Y_F Y_S}{bd_1 m} = \frac{2KT_1 Y_F Y_S}{\phi_d m^3 z_1^2} \leqslant [\sigma_F] \tag{9-33}$$

齿根弯曲疲劳强度的设计公式为

$$m \geqslant \sqrt[3]{\frac{2KT_1}{\phi_d z_1^2} \cdot \frac{Y_F Y_S}{[\sigma_F]}} \tag{9-34}$$

应该注意:一对齿轮啮合传动时,一般 $z_1 \neq z_2$,即 $Y_{F1}Y_{S1} \neq Y_{F2}Y_{S2}$,$\sigma_{F1} \neq \sigma_{F2}$,又因为大、小齿轮的材料有可能不同,因此许用弯曲应力 $[\sigma_F]_1$、$[\sigma_F]_2$ 也不一定相等。因此按齿根弯曲疲劳强度设计齿轮传动时,应将 $\dfrac{[\sigma_F]_1}{Y_{S1}Y_{F1}}$ 或 $\dfrac{[\sigma_F]_2}{Y_{S2}Y_{F2}}$ 中的较小者代入式中进行计算,这样才能满足抗弯强度较弱的那个齿轮的要求。

五、许用应力

1. 许用接触应力

$$[\sigma_H] = \frac{\sigma_{Hlim}}{S_H} Z_N \tag{9-35}$$

式中:σ_{Hlim}——失效概率为1%时,试验齿轮的接触疲劳极限,其值由图9-22(a)查取;

S_H——齿面接触疲劳强度最小安全系数,由表9-10查取;

Z_N——接触疲劳寿命系数,其值与应力循环次数有关,由图9-23(a)查询,图中横坐标为应力循环次数 N,按下式计算

$$N = 60njL_h \tag{9-36}$$

表 9-10　安全系数 S_F 及 S_H

安全系数	软 齿 面	硬 齿 面	重要的传动、渗碳淬火齿轮或铸铁齿轮
S_H	1.0~1.1	1.1~1.2	1.3
S_F	1.3~1.4	1.4~1.6	1.6~2.2

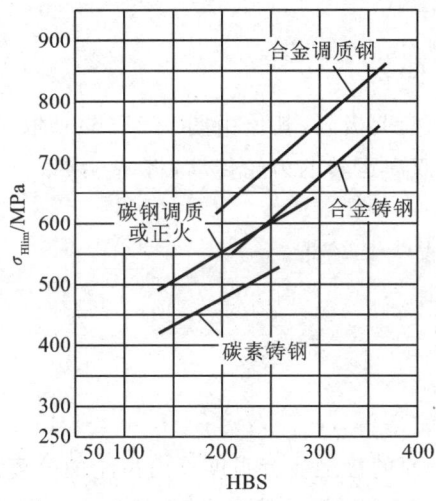
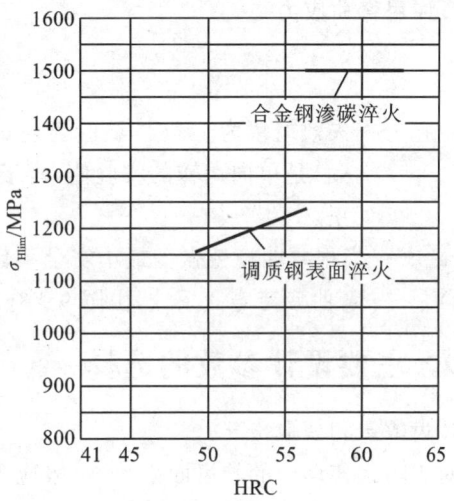

（a）

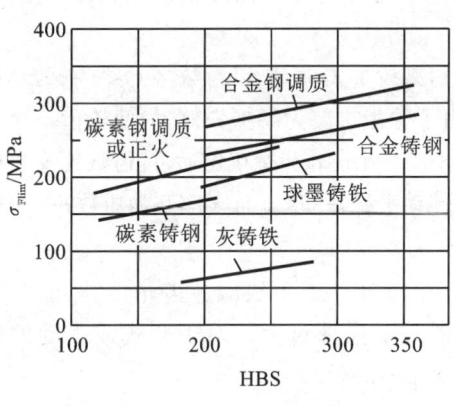
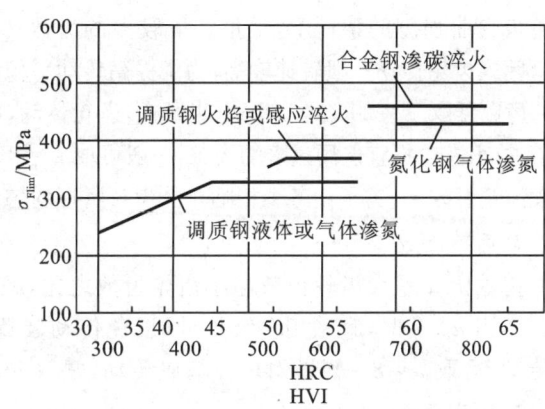

（b）

图 9-22 疲劳极限

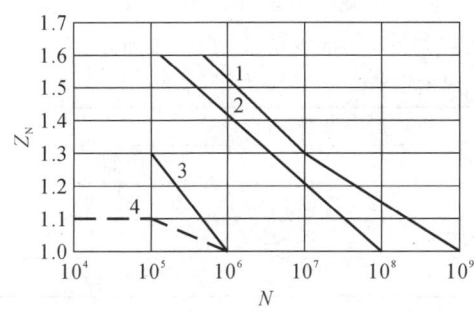
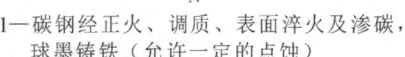
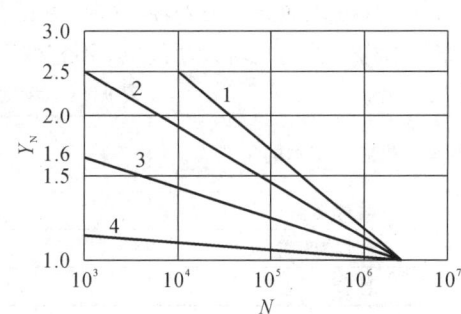

1—碳钢经正火、调质、表面淬火及渗碳，球墨铸铁（允许一定的点蚀）
2—碳钢经正火、调质、表面淬火及渗碳，球墨铸铁（不允许出现点蚀）
3—碳钢调质后气体渗氮，灰铸铁
4—碳钢调质后液体渗氮

（a）

1—碳钢经正火、调质，球墨铸铁
2—碳钢经表面淬火、渗碳
3—渗氮钢气体渗氮，灰铸铁
4—碳钢调质后液体渗氮

（b）

图 9-23 疲劳寿命系数

2. 许用弯曲应力

$$[\sigma_{F}] = \frac{\sigma_{Flim}}{S_{F}} Y_{N} \tag{9-37}$$

式中：σ_{Flim}——失效概率为 1‰时，试验齿轮的接触疲劳极限，其值由图 9-22(b)查取，图中 σ_{Flim} 是单向运转的实验值，对于长期双向运转的齿轮传动，将 σ_{Flim} 乘以 0.7 修正。

S_{F}——齿根弯曲疲劳强度最小安全系数，由表 9-10 查取。

Y_{N}——弯曲疲劳寿命系数，由图 9-23(b)查询。

六、主要设计参数的选择

1. 齿数 z 和模数 m

对于闭式传动中的软齿面齿轮，一般应先按齿面的接触疲劳强度算出齿轮的分度圆直径，然后再确定齿数和模数。在分度圆直径一定的情况下，齿数越多，模数就越小。齿数多，则重合度就大，传动就平稳。模数小，齿顶圆直径也小，轮齿的弯曲强度低。所以必须在满足轮齿弯曲强度的条件下，尽量选取较多的齿数。

闭式齿轮传动一般转速较高，为了提高传动平稳性，减少冲击振动，以齿数多一些为好，小齿轮的齿数可取 $z_1 = 20 \sim 40$。开式(半开式)齿轮传动，由于轮齿主要为磨损失效，为使轮齿不至于过小，故小齿轮不宜选用过多的齿数，一般可取 $z_1 = 17 \sim 20$。小齿轮齿数确定后，按齿数比 u 可确定大齿轮齿数 z_2，为了使各个相啮合的齿对磨损均匀，传动平稳，一般 z_1 与 z_2 应互为质数。

2. 齿数比 u

齿数比 u 是大齿轮齿数与小齿轮齿数之比，$u \geqslant 1$。对于一般单级减速齿轮传动，通常取 $u \leqslant 7$。当 $u > 7$ 时，宜采用多级传动，以免传动装置的外廓尺寸过大。对于开式或手动的齿轮传动，可取 $u = 8 \sim 12$。对增速齿轮传动，常取 $u \leqslant 2.5 \sim 3$。

3. 齿宽系数 ϕ_{d}

齿宽系数的大小表示齿宽的相对值。ϕ_{d} 小时，齿轮传动的外廓尺寸细而长；ϕ_{d} 大时，齿轮传动的外廓尺寸短而宽。另外，ϕ_{d} 大时，齿宽 b 就大，齿轮承载能力增强。但 ϕ_{d} 大时，载荷沿齿宽分布的不均匀性随之增大，所以 ϕ_{d} 不宜取得过大或过小，其推荐值如表 9-11 所示。

表 9-11 齿宽系数 ϕ_{d} 的推荐值

齿轮相对于支承的位置	工作齿面硬度	
	软齿面	硬齿面
对称布置	0.8~1.4	0.4~0.9
非对称布置	0.6~1.2	0.3~0.6
悬臂布置	0.3~0.4	0.2~0.25

注：直齿轮取小值，斜齿轮取大值。载荷平稳、刚度大时取大值，反之取小值。

4. 精度等级

齿轮精度等级的高低，直接影响着内部动载荷、齿间载荷分配与齿向载荷分布及润滑油膜的形成，并影响齿轮传动的振动和噪声。提高齿轮的加工精度，可以有效地减少振动和噪声，但制造成本也会提高。齿轮的精度等级应根据传动的用途、使用条件、传递功率、圆周速度及性能指标或其他技术要求来确定。

【例 9-1】 设计某带式运输机减速器双级直齿轮传动中的高速级齿轮传动。电动机驱动,带式运输机工作平稳,转向不变,传递功率 $P_1 = 5$ kW,$n_1 = 960$ r/min,齿数比 $u = 4.8$,工作寿命为 10 年(每年工作 300 天),双班制。

解 (1)选择齿轮精度等级。运输机为一般工作机器,速度不高,故齿轮选用 8 级精度。

(2)选材与热处理。因传递功率不大,转速不高,选用软齿面齿轮传动,齿轮选用便于制造且价格便宜的材料。小齿轮 45 钢(调质),硬度为 240 HBW;大齿轮 45 钢(正火),硬度为 200 HBW。

$z_1 = 24, u = i = 4.8, z_2 = uz_1 = 4.8 \times 24 = 115.2$,取 $z_2 = 115$,在误差范围内。

(3)因选用闭式软齿面传动,故按齿面接触疲劳强度设计,然后校核其齿根弯曲疲劳强度。

试选载荷系数 $K = 1.3$。

小齿轮名义转矩为

$$T_1 = 9.55 \times 10^6 \times \frac{P_1}{n_1} = 9.55 \times 10^6 \times \frac{5}{960} \text{ N} \cdot \text{mm} = 49\,739.6 \text{ N} \cdot \text{mm}$$

由表 9-11 可选取齿宽系数 $\phi_d = 0.8$,由表 9-8 查取弹性系数 $Z_E = 189.8\sqrt{\text{MPa}}$,节点区域系数 $Z_H = 2.5 (\alpha = 20°)$。查图 9-23 得 $\sigma_{\text{Hlim1}} = 590$ MPa,$\sigma_{\text{Hlim2}} = 550$ MPa。

按一年工作 300 天计算,应力循环次数为

$$N_1 = 60 n_1 j L_h = 60 \times 960 \times 1 \times (2 \times 8 \times 300 \times 10) = 2.76 \times 10^9$$

$$N_2 = \frac{N_1}{u} = 2.76 \times \frac{10^9}{4.8} = 5.76 \times 10^8$$

查图 9-23 取接触疲劳强度寿命系数为

$$Z_{N1} = 1, Z_{N2} = 1.03 \text{(允许一定点蚀)}$$

取失效概率为 1%,接触强度最小安全系数 $S_H = 1$。

$$[\sigma_{H1}] = \frac{\sigma_{\text{Hlim1}} Z_{N1}}{S_H} = \frac{590 \times 1}{1} \text{ MPa} = 590 \text{ MPa}$$

$$[\sigma_{H2}] = \frac{\sigma_{\text{Hlim2}} Z_{N2}}{S_H} = \frac{550 \times 1.03}{1} \text{ MPa} = 567 \text{ MPa}$$

取 $[\sigma_{H1}] = [\sigma_{H2}] = 567$ MPa。

$$d_{1t} \geqslant \sqrt[3]{\frac{2KT_1}{\phi_d} \frac{u+1}{u} \left(\frac{Z_H Z_E}{[\sigma_H]}\right)^2}$$

$$= \sqrt[3]{\frac{2 \times 1.3 \times 49739.6}{0.8} \times \frac{4.8+1}{4.8} \times \left(\frac{2.5 \times 189.8}{567}\right)^2} \text{ mm}$$

$$= 51.526 \text{ mm}$$

$$v_1 = \frac{\pi d_1 n_1}{60 \times 1000} = \frac{3.14 \times 51.526 \times 960}{60 \times 1000} \text{ m/s} = 2.589 \text{ m/s}$$

由表查取使用系数 $K_A = 1$。

根据 $v_1 z_1 / 100 = 2.589 \times 24 / 100$ m/s $= 0.621$ m/s,查图可知动载系数 $K_V = 1.07$。直齿轮传动,齿间载荷分配系数 $K_\alpha = 1$。查表可知,齿向载荷分配系数 $K_\beta = 1.11$。

载荷系数为

$$K = K_A K_V K_\alpha K_\beta = 1 \times 1.07 \times 1 \times 1.11 = 1.188$$

$$d_1 = d_{1t} \sqrt[3]{K/K_t} = 51.526 \times \sqrt[3]{1.188/1.3} \text{ mm} = 50.002 \text{ mm}$$

$$m = \frac{d_1}{z_1} = \frac{50.002}{24} \text{ mm} = 2.083 \text{ mm}$$

由表 9-1 可知,圆形为标准值,$m = 2.5$ mm。

$$d_1 = mz_1 = 2.5 \times 24 \text{ mm} = 60 \text{ mm}$$

$$d_2 = mz_2 = 2.5 \times 115 \text{ mm} = 287.5 \text{ mm}$$

$$a = \frac{d_1 + d_2}{2} = \frac{60 + 287.5}{2} \text{ mm} = 173.75 \text{ mm}$$

$$b = \phi_d d_1 = 0.8 \times 60 \text{ mm} = 48 \text{ mm}$$

取 $b_1 = 55$ mm,$b_2 = 50$ mm。

(4) 校核齿根弯曲疲劳强度。

查表 9-9,取 $Y_{Fa1} = 2.65$,$Y_{Fa2} = 2.168$(内插法)。

查表 9-9,取 $Y_{Sa1} = 1.58$,$Y_{Sa2} = 1.802$(内插法)。

查图 9-22,取 $\sigma_{Hlim1} = 230$ MPa,$\sigma_{Hlim2} = 210$ MPa。

查图 9-23,取 $Y_{N1} = 1$,$Y_{N2} = 1$。

取弯曲强度最小安全系数 $S_F = 1.4$。

$$[\sigma_{F1}] = \frac{\sigma_{Hlim1} Y_{ST} Y_{N1}}{S_F} = \frac{230 \times 2 \times 1}{1.4} \text{ MPa} = 329 \text{ MPa}$$

$$[\sigma_{F2}] = \frac{\sigma_{Hlim2} Y_{ST} Y_{N2}}{S_F} = \frac{210 \times 2 \times 1}{1.4} \text{ MPa} = 300 \text{ MPa}$$

$$\sigma_{F1} = \frac{2KT_1}{b d_1 m} Y_{Fa1} Y_{Sa1}$$

$$= \frac{2 \times 1.188 \times 49739.6}{50 \times 60 \times 2.5} \times 2.65 \times 1.58 \text{ MPa}$$

$$= 66 \text{ MPa} < [\sigma_{F1}] = 329 \text{ MPa}$$

$$\sigma_{F2} = \frac{2KT_1}{b d_1 m} Y_{Fa2} Y_{Sa2}$$

$$= \frac{2 \times 1.188 \times 49739.6}{50 \times 60 \times 2.5} \times 2.168 \times 1.802 \text{ MPa}$$

$$= 62 \text{ MPa} < [\sigma_{F2}] = 300 \text{ MPa}$$

◀ 9.8 平行轴斜齿圆柱齿轮传动 ▶

标准斜齿圆柱齿轮传动和直齿圆柱齿轮传动有什么不同呢?顺着轴线的方向看,二者无区别,从垂直于轴的方向看,直齿轮轮齿与其轴线平行,斜齿轮轮齿与其轴线不平行。所以,它们最根本的区别就是齿形的变化。

一、齿廓曲面的形成及其啮合特点

前面对直齿轮的齿廓形成和啮合特点的分析都是在齿轮端面进行的。由于齿轮有一定宽度,所以,其齿廓应该是渐开线曲面而不是渐开线,而且渐开线曲面是由发生面在基圆柱上作纯滚动时,发生面上任一与基圆柱母线平行的直线 BB 在空间的轨迹形成的,如图 9-24(a)所示。

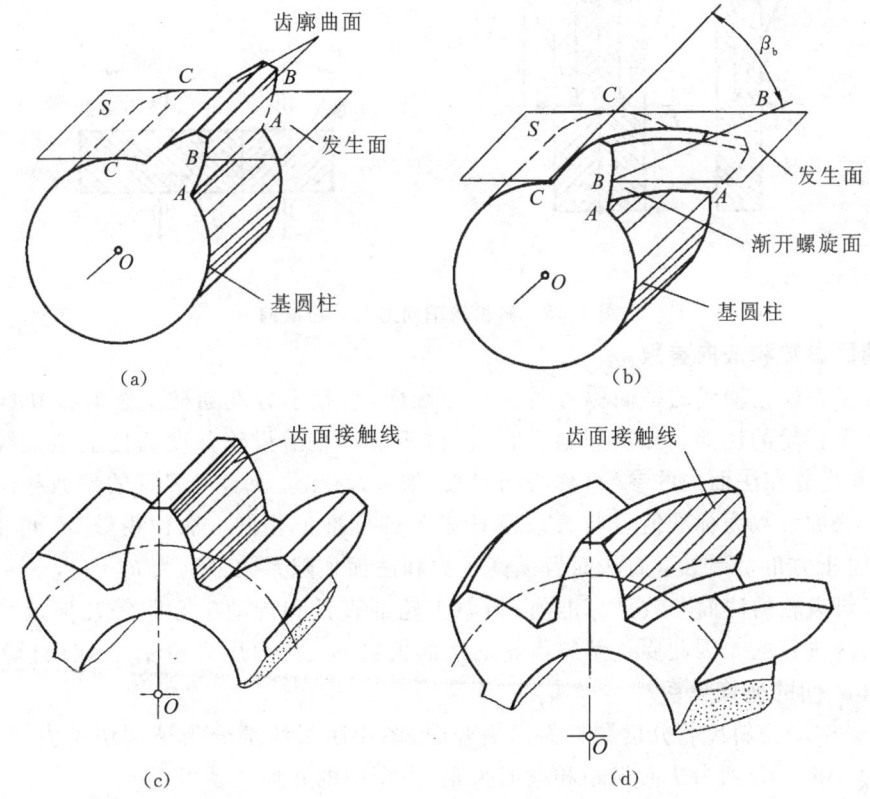

图 9-24　圆柱齿轮齿廓曲面的形成及接触线

在齿廓曲面形成过程中,发生面上与基圆柱母线成一夹角 β_b 的直线 BB 在空间的轨迹将形成一渐开螺旋面。若以渐开螺旋面作为齿轮的齿廓,则所得到的齿轮称为斜齿轮,如图 9-24(b)所示。

由齿廓曲面的形成过程可以看出,直齿轮啮合传动时,齿面接触线皆为与齿轮轴线平行的等宽直线(见图 9-24(c)),啮合开始和终止都是沿齿宽突然发生的,易引起冲击、振动和噪声,尤其在高速传动中更为严重。而斜齿轮啮合传动时,齿面接触线与齿轮轴线相倾斜(见图 9-24(d)),其长度由点到线逐渐增长,到某一位置后又逐渐缩短,直至退出啮合。因此斜齿轮啮合是逐渐进入和逐渐退出的,且斜齿啮合的时间比直齿轮长,故斜齿轮传动平稳、噪声小、重合度大、承载能力强,适用于高速和大功率场合。

斜齿轮传动的缺点是啮合时要产生轴向力 $\boldsymbol{F}_a$(见图 9-25(a)),$\boldsymbol{F}_a$ 使轴承支承结构变得复杂。为此可采用人字齿轮,使轴向力相互平衡,但人字齿轮制造困难,而且制造成本高,主要用于重型机械。

二、斜齿轮的主要参数和几何尺寸计算

1. 螺旋角 β

斜齿轮的齿廓曲面与分度圆柱面相交为一螺旋线,该螺旋线上的切线与齿轮轴线的夹角 β 称为斜齿轮的螺旋角,一般 $\beta = 8° \sim 20°$,人字齿轮的螺旋角可达 $25° \sim 40°$。根据螺

旋线的方向,斜齿轮有左旋和右旋之分(见图 9-25(b))。

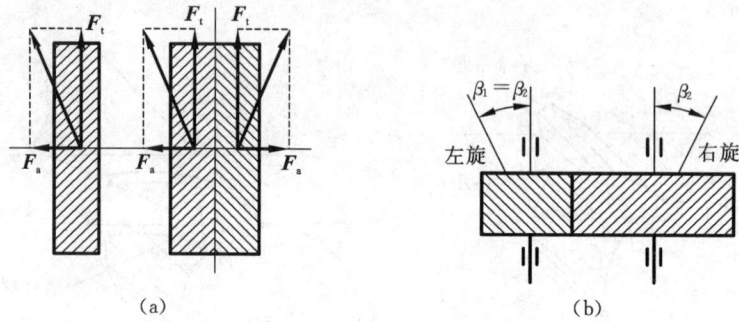

图 9-25 斜齿轮轴向力及轮齿旋向

2. 端面参数和法向参数

垂直于斜齿轮轴线的平面称为斜齿轮的端面,垂直于分度圆柱上螺旋线切线方向的平面称为斜齿轮的法面。在切制斜齿轮时,由于刀具是沿齿轮分度圆柱上螺旋线方向进刀,因此斜齿轮在法面内的参数(称法面参数,如 m_n、α_n、h_{an}^*、c_n^*)与刀具的参数相同。规定斜齿轮的法面参数为标准值且与直齿圆柱齿轮的标准值相同。法面模数 m_n 可由表 9-1 查得,法向压力角 $\alpha_n = 20°$,而法面齿顶高系数和法面顶隙系数分别为 $h_{an}^* = 1$,$c_n^* = 0.25$。

尽管斜齿轮的法面参数是标准值,但斜齿轮的直径和传动中心距等几何尺寸计算却是在端面内进行的。因此要了解斜齿轮的法面模数 m_n、法面压力角 α_n 与端面模数 m_t、端面压力角 α_t 间的换算关系。

图 9-26(a)为斜齿轮分度圆柱面的展开图,图中阴影线部分为被剖切轮齿,空白部分为齿槽,p_n 和 p_t 分别为法面齿距和端面齿距,由图中的几何关系可得

$$p_n = p_t \cos\beta$$

因 $p = \pi m$,故法面模数 m_n 和端面模数 m_t 间的关系是

$$m_n = m_t \cos\beta \qquad (9-38)$$

图 9-26(b)为斜齿条的一个齿,由图中的几何关系经推导可得 α_n 与 α_t 的关系为

$$\tan\alpha_n = \tan\alpha_t \cos\beta \qquad (9-39)$$

斜齿轮的法面齿顶高系数、法面顶隙系数与端面齿顶高系数、顶隙系数的换算公式为

$$\left.\begin{array}{l} h_{at}^* = h_{an}^* \cos\beta \\ c_t^* = c_n^* \cos\beta \end{array}\right\} \qquad (9-40)$$

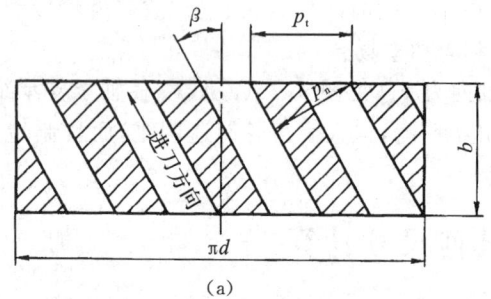

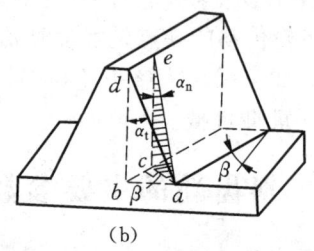

(a)   (b)

图 9-26 端面参数和法面参数

3. 几何尺寸计算

由于一对斜齿轮的啮合在端面上与一对直齿轮的啮合完全相同,故可直接用端面参数按直齿轮几何尺寸计算公式来计算斜齿轮端面的几何尺寸,具体公式列于表 9-12 中。

表 9-12　外啮合标准斜齿轮的几何尺寸计算公式

名　称	符　号	计算公式	名　称	符　号	计算公式
齿根高	h_f	$h_f = 1.25 m_n$	齿顶圆直径	d_a	$d_a = d + 2h_a$
齿顶高	h_a	$h_a = m_n$	齿根圆直径	d_f	$d_f = d - 2h_f$
全齿高	h	$h = h_a + h_f = 2.25 m_n$	标准中心距	a	$a = \dfrac{d_1 + d_2}{2} = \dfrac{m_t(z_1 + z_2)}{2}$ $= \dfrac{m_n(z_1 + z_2)}{2\cos\beta}$
分度圆直径	d	$d = m_t z = \dfrac{m_n z}{\cos\beta}$			

斜齿轮传动的中心距与螺旋角有关。当一对斜齿轮的模数和齿数一定时,可以通过改变螺旋角的大小来调整实际安装中心距。

对标准斜齿轮,不发生根切的最少齿数为

$$z_{min} = \frac{2h_{at}^*}{\sin^2\alpha_t} \tag{9-41}$$

若 $\beta = 20°$,$h_{an} = 1$,$\alpha_n = 20°$,则斜齿轮不发生根切的最少齿数 $z_{min} = 11$,比直齿轮少。因此斜齿轮传动尺寸小,结构比直齿轮更加紧凑。

三、斜齿圆柱齿轮的正确啮合条件

在端面内,斜齿圆柱齿轮和直齿圆柱齿轮一样,都是渐开线齿廓。因此一对斜齿圆柱齿轮传动时必须满足 $m_{t1} = m_{t2}$、$\alpha_{t1} = \alpha_{t2}$。另外,斜齿轮要正确啮合,还必须要求两齿轮的螺旋角相等。故斜齿圆柱齿轮的正确啮合条件为

$$\left.\begin{array}{l} m_{n1} = m_{n2} = m_n \\ \alpha_{n1} = \alpha_{n2} = \alpha_n \\ \beta_1 = \pm\beta_2 \end{array}\right\} \tag{9-42}$$

式中:"-"用于外啮合,表示两齿轮旋向相反;"+"用于内啮合,表示两齿轮旋向相同。

四、斜齿圆柱齿轮的当量齿数

在用仿形法加工斜齿轮及进行斜齿轮的强度计算时,必须要知道斜齿轮法面上的齿形。

如图 9-27 所示,过斜齿轮分度圆柱上的点 P 作轮齿的法平面,该平面在分度圆柱上截出一个椭圆,椭圆上点 P 处的曲率半径为 ρ。以 ρ 为分度圆半径、以 m_n 为模数作一假想直齿圆柱齿轮,则该齿轮的齿廓形状与斜齿轮的法面齿廓形状非常近似。该假想的直齿圆柱齿轮称为斜齿轮的当量齿轮。由数学知识可知:椭圆的长半轴 $a = \dfrac{d}{2\cos\beta}$,短半轴 $b = \dfrac{d}{2}$,则点 P 处的曲率半径 ρ 为

$$\rho = \frac{a^2}{b} = \frac{(r/\cos\beta)^2}{r} = \frac{m_n z}{2\cos^2\beta} \tag{9-43}$$

因为当量齿轮为直齿轮,设其直径为 d_v,于是有

$$d_v = 2\rho = m_n z_v \qquad (9\text{-}44)$$

式中：z_v——当量齿轮的齿数。

由此可得当量齿轮的齿数 z_v 与斜齿轮的齿数 z 的关系为

$$z_v = \frac{2\rho}{m_n} = \frac{z}{\cos^3\beta} \qquad (9\text{-}45)$$

当 $z_{min} = 17$ 时，可得斜齿轮不发生根切的最少齿数为 $z_{min} = 17\cos^3\beta$。

用仿形法加工斜齿轮时，应根据当量齿数来选择刀具号；而在对斜齿轮进行强度计算时，也要利用当量齿数。

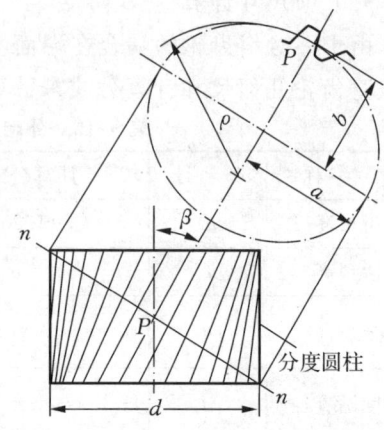

图 9-27　斜齿轮的当量齿轮

五、斜齿圆柱齿轮的受力分析

图 9-28 所示为斜齿圆柱齿轮传动的受力情况。当主动齿轮上作用转矩 T_1 时，若将接触面的摩擦力忽略不计，则垂直于齿面的法向作用力 $\boldsymbol{F}_n$ 可分解为径向分力 $\boldsymbol{F}_r$ 和法向分力 $\boldsymbol{F}'$，再将 $\boldsymbol{F}'$ 分解为圆周力 $\boldsymbol{F}_t$ 和轴向力 $\boldsymbol{F}_a$，各力的大小为

$$\left.\begin{array}{l} F_t = \dfrac{2T_1}{d_1} \\[3mm] F_r = \dfrac{F_t \tan\alpha_n}{\cos\beta} \\[3mm] F_a = F_t \tan\beta \end{array}\right\} \qquad (9\text{-}46)$$

式中：T_1——主动齿轮上的理论转矩（N·mm）；

d_1——主动齿轮分度圆直径（mm）；

β——螺旋角；

α_n——法面压力角，标准齿轮 $\alpha_n = 20°$。

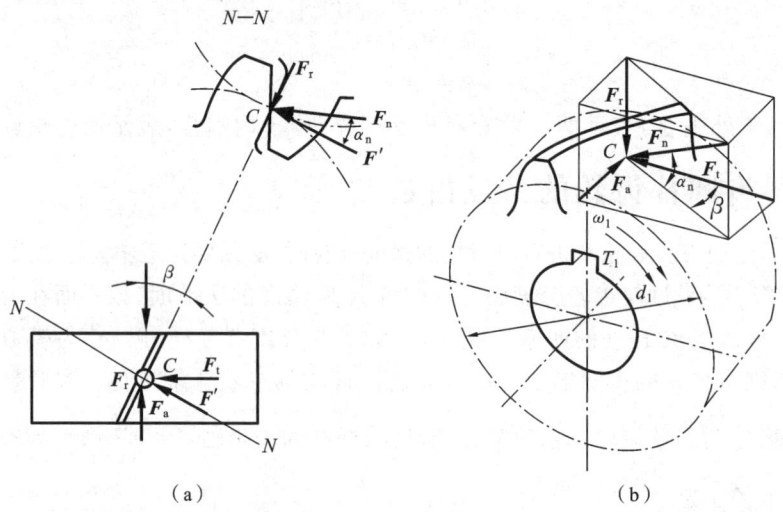

图 9-28　斜齿圆柱齿轮的受力分析

各力的方向：圆周力的方向在主动轮上与啮合点的线速度方向相反，在从动轮上与啮合点的线速度方向相同；径向力的方向都分别指向回转中心；轴向力的方向取决于齿轮的回转

方向和轮齿的旋向,可根据"主动轮左、右手螺旋定则"来判定,即主动轮右旋用右手,左旋用左手,四指弯曲方向表示主动轮的转向,大拇指的指向就是轴向力的方向;从动轮的轴向力的方向与主动轮的轴向力的方向相反,如图 9-29 所示。

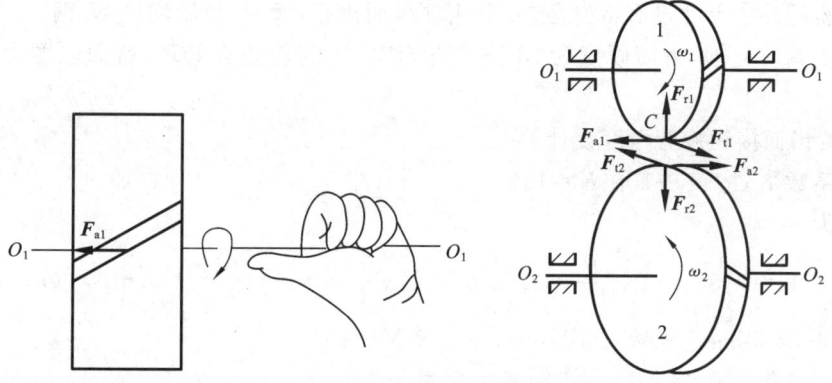

图 9-29 斜齿轮传动的受力关系

由于轴向载荷 F_a 与螺旋角的正切成正比,为了不使轴向力过大而使(齿轮)轴的轴承设计发生困难,通常规定 $\beta=8°\sim20°$。对于人字齿轮,$\beta=15°\sim40°$。

六、斜齿圆柱齿轮的强度计算

斜齿圆柱齿轮传动的强度计算是按轮齿的法面进行分析的,其基本原理与直齿圆柱齿轮的相似。由于斜齿轮齿面接触线是倾斜的及重合度较大等特点,使得斜齿轮所受的齿面接触应力及齿根弯曲应力均减小。根据斜齿轮的上述特点,参照直齿圆柱齿轮强度计算公式的推导,可直接写出经简化处理过的斜齿圆柱齿轮强度计算公式。

1. 齿面接触疲劳强度

校核公式为

$$\sigma_H = 3.17 Z_E \sqrt{\frac{KT_1}{bd_1^2} \cdot \frac{u\pm1}{u}} \leqslant [\sigma_H] \tag{9-47}$$

设计公式为

$$d_1 \geqslant \sqrt[3]{\left(\frac{3.17 Z_E}{[\sigma_H]}\right)^2 \cdot \frac{KT_1}{\phi_d} \cdot \frac{u\pm1}{u}} \tag{9-48}$$

2. 齿根弯曲疲劳强度

校核公式为

$$\sigma_F = \frac{1.6 KT_1 \cos\beta}{bm_n^2 z_1} Y_F Y_S \leqslant [\sigma_F] \tag{9-49}$$

设计公式为

$$m_n \geqslant \sqrt[3]{\frac{1.6 KT_1 \cos^2\beta}{\phi_d z_1^2} \cdot \frac{Y_F Y_S}{[\sigma_F]}} \tag{9-50}$$

斜齿圆柱齿轮传动的设计方法和上述公式中参数选择原则与直齿圆柱齿轮传动基本上相同。

【例 9-2】 设计一单级减速器中的标准斜齿圆柱齿轮传动,已知主动轴由电动机直接驱动,功率 $P_1=10$ kW,转速 $n_1=970$ r/min,传动比 $i=4.6$,工作载荷有中等冲击。单向工作,单班制工作 10 年,每年按 300 天计算。

解 (1)选择精度等级。一般减速器速度不高,故齿轮用 8 级精度。

(2)选材与热处理。

减速器的外廓尺寸没有特殊限制,采用软齿面齿轮,大、小齿轮均用 45 钢。

小齿轮调质处理,齿面硬度为 217~255 HBS;大齿轮正火处理,齿面硬度为 169~217 HBS。

(3)按齿面接触疲劳强度设计。

载荷系数 K,按表 9-7 取 $K=1.4$。

转矩为

$$T_1=9.55\times10^6\times\frac{P_1}{n_1}=9.55\times10^6\times\frac{10}{970}\ \text{N}\cdot\text{mm}=98\ 453.6\ \text{N}\cdot\text{mm}$$

查图 9-22 得 $\sigma_{\text{Hlim1}}=580$ MPa,$\sigma_{\text{Hlim2}}=550$ MPa。

按一年工作 300 天计算,应力循环次数为

$$N_1=60njL_h=60\times970\times1\times10\times300\times8=1.39\times10^9$$

$$N_2=\frac{N_1}{i}=\frac{1.39\times10^9}{4.6}=3.036\times10^8$$

由图 9-23,得接触疲劳寿命系数为 $Z_{\text{N1}}=1,Z_{\text{N2}}=1.08$。

按一般可靠性要求,取 $S_H=1$,则

$$[\sigma_{\text{H1}}]=\frac{580\times1}{1}\ \text{MPa}=580\ \text{MPa}$$

$$[\sigma_{\text{H2}}]=\frac{550\times1.08}{1}\ \text{MPa}=594\ \text{MPa}$$

取小值 $[\sigma_H]=580$ MPa。

查表 9-11 取 $\phi_d=1.1$,查表 9-8 取 $Z_E=189.8\ \sqrt{\text{MPa}}$。

$$d_1\geqslant\sqrt[3]{\frac{KT_1(u\pm1)}{\phi_d u}\left(\frac{3.17Z_E}{[\sigma_H]}\right)^2}$$

$$=\sqrt[3]{\frac{1.4\times98453.6}{1.1}\times\frac{4.6+1}{4.6}\times\left(\frac{3.17\times189.8}{580}\right)^2}\ \text{mm}=54.75\ \text{mm}$$

取 $d_1=60$ mm。

(4)确定主参数。

齿数。取 $z_1=20$,则 $z_2=z_1 i=20\times4.6=92$。

初选螺旋角 $\beta_0=15°$。

确定模数。

$$m_n=d_1\cos\frac{\beta_0}{z_1}=55.35\times\cos15°/20\ \text{mm}=2.67\ \text{mm}$$

查表 9-1,取标准值 $m_n=2.75$ mm。

计算中心距 a。

$$d_1=54.75\ \text{mm}$$

$$d_2=d_1 i=54.75\times4.6\ \text{mm}=251.85\ \text{mm}$$

$$a=(d_1+d_2)/2=(54.75+251.85)/2\ \text{mm}=153.3\ \text{mm}$$

圆整取 $a=160$ mm。

计算螺旋角 β。

$$\cos\beta = m_n(z_1 + z_2)/2a = 2.75 \times (20 + 92)/(2 \times 160) = 0.9625$$

则 $\beta = 15°44'26''$，β 在 $8 \sim 20°$ 的范围内，故合适。

计算主要尺寸。

分度圆直径为

$$d_1 = z_1 m_n/\cos\beta = 2.75 \times 20/0.9625 \text{ mm} = 57.14 \text{ mm}$$

$$d_2 = z_2 m_n/\cos\beta = 2.75 \times 92/0.9625 \text{ mm} = 262.86 \text{ mm}$$

齿宽为

$$b = \phi_d d_1 = 1.1 \times 57.14 \text{ mm} = 62.85 \text{ mm}$$

取 $b_2 = 65$ mm，$b_1 = b_2 + 5$ mm $= 70$ mm。

验算圆周速度 v 为

$$v = \pi n_1 d_1/(60 \times 1000) = 3.14 \times 970 \times 57.14/(60 \times 1000) \text{ m/s} = 2.90 \text{ m/s}$$

查表 9-6，因为 $v < 12$ m/s，故取 8 级精度合适。

(5) 校核弯曲疲劳强度。

$$z_{v1} = z_1/\cos^3\beta = 20/0.9625^3 = 22.4$$

$$z_{v2} = z_2/\cos^3\beta = 92/0.9625^3 = 103.2$$

查表 9-9，取 $Y_{F1} = 2.75$，$Y_{F2} = 2.18$。

查表 9-9，取 $Y_{S1} = 1.58$，$Y_{S2} = 1.80$。

查图 9-22，取 $\sigma_{Flim1} = 240$ MPa，$\sigma_{Flim2} = 220$ MPa。

由图 9-23，取 $Y_{N1} = 1$，$Y_{N2} = 1$。

取 $S_F = 1$，则 $[\sigma_{F1}] = 240$ MPa，$[\sigma_{F2}] = 220$ MPa。

$$\sigma_{F_1} = \frac{1.6KT_1\cos\beta}{bm_n^2 z_1}Y_{F1}Y_{S1}$$

$$= \frac{1.6 \times 1.4 \times 98453.6 \times 0.9625}{65 \times 2.75^2 \times 20} \times 2.75 \times 1.58 \text{ MPa} = 93.81 \text{ MPa} \leqslant [\sigma_{F1}]$$

$$\sigma_{F2} = \sigma_{F1}\frac{Y_{F2}Y_{S2}}{Y_{F1}Y_{S1}} = 93.81 \times \frac{2.18 \times 1.8}{2.75 \times 1.58} \text{ MPa} = 84.72 \text{ MPa} \leqslant [\sigma_{F2}]$$

◀ 9.9　直齿圆锥齿轮传动 ▶

一、直齿圆锥齿轮传动概述

圆锥齿轮传动主要用于传递相交两轴间的运动和动力，其传动可以看成是两个锥顶共点的圆锥体相互作纯滚动，如图 9-30 所示。圆锥齿轮的轮齿是均匀分布在一个截圆锥体上，从大端到小端逐渐收缩，其轮齿有直齿和曲齿两种类型。直齿圆锥齿轮易于制造，适用于低速、轻载传动。曲齿圆锥齿轮传动平稳、承载能力强，常用于高速重载传动，但其设计和制造较复杂。

本节只介绍应用广泛且易于制造的两轴相互垂直的标准直齿圆锥齿轮传动。

直齿圆锥齿轮与直齿圆柱齿轮相似，它分为基圆锥、分度圆锥、齿顶圆锥和齿根圆锥等。一对相互啮合传动的直齿圆锥齿轮还有节圆锥。对于正确安装的标准圆锥齿轮传动，节圆

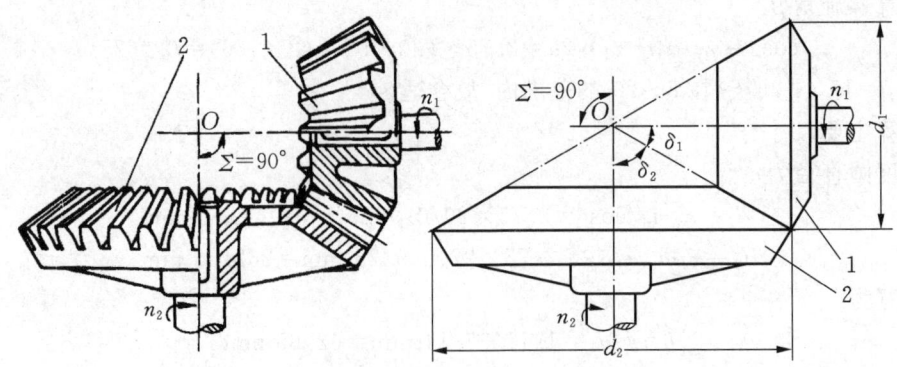

图 9-30　直齿圆锥齿轮传动

锥与分度圆锥重合。

二、直齿圆锥齿轮的齿廓曲面、背锥和当量齿数

1. 直齿圆锥齿轮的齿廓曲面

直齿圆锥齿轮齿廓曲面的形成如图 9-31 所示。以半球截面的圆平面 S 为发生面,它与基圆锥相切于 ON。ON 既是圆平面 S 的半径,又是基圆锥的锥距 R,圆平面 S 的圆心 O(球心)也是基圆锥的锥顶。当发生面 S 绕基圆锥作纯滚动时,该平面上任意一点 B 的空间轨迹 BA 是位于以锥距 R 为半径的球面上的渐开线。因此,直齿圆锥齿轮大端的齿廓曲线理论上应在以锥顶 O 为球心、锥距 R 为半径的球面上。但是,由于球面渐开线不能展开,这给圆锥齿轮的设计和制造带来困难。所以,通常

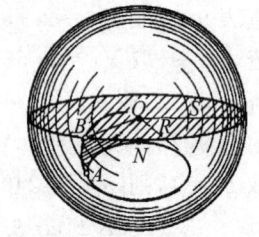

图 9-31　球面渐开线的形成

都是采用可展开的背锥上的齿形代替球面齿形的近似方法来解决这一问题。

2. 直齿圆锥齿轮的背锥和当量齿数

如图 9-32 所示,△OAB 为圆锥齿轮的分度圆锥,过分度圆锥上的点 A 作球面的切线 AO_1 与圆锥齿轮的轴线交于点 O_1。以 OO_1 为轴、O_1A 为母线作一圆锥体,它的轴截面为△AO_1B,此圆锥称为背锥。背锥与球面相切于圆锥齿轮大端的分度圆上。将球面上的轮齿向背锥上投影,则点 a、b 的投影为 a'、b',由图可得,$ab \approx a'b'$,即背锥上的齿高部分近似等于球面上的齿高部分,故可以用背锥上的齿廓代替球面上的齿廓。一对直齿圆锥齿轮的啮合近似于其背锥上的齿廓啮合。

图 9-33 所示为一对啮合的直齿圆锥齿轮,背锥展开为一平面后成为两个扇形齿轮,其分度圆半径即为背锥的锥距,分别用 r_{v1} 和 r_{v2} 表示。将两扇形齿轮补全为完整的圆柱齿轮,则这两个假想的圆柱齿轮就称为圆锥齿轮的当量齿轮,其齿数称为当量齿数,以 z_v 表示。由图 9-33 可得

$$r_{v1} = \frac{r_1}{\cos\delta_1} = \frac{mz_1}{2\cos\delta_1} \qquad (9-51)$$

又因 $r_v = \frac{1}{2}mz_v$,所以有

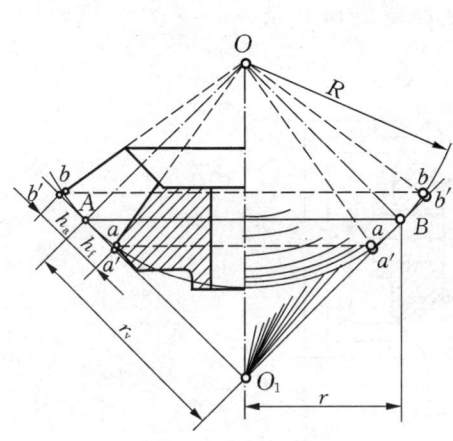

图 9-32 圆锥齿轮的背锥

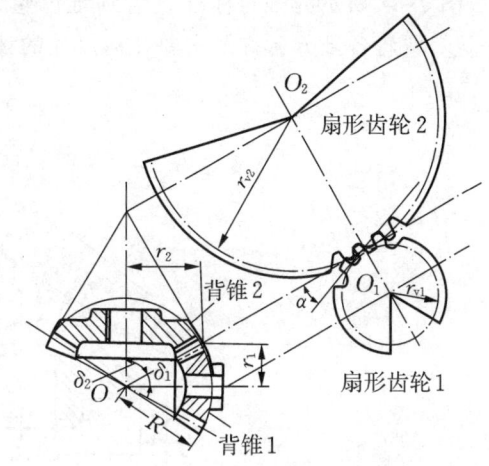

图 9-33 圆锥齿轮的当量齿数

$$\left.\begin{array}{l} z_{v1} = \dfrac{z_1}{\cos\delta_1} \\[2mm] z_{v2} = \dfrac{z_2}{\cos\delta_2} \end{array}\right\} \tag{9-52}$$

式中：z_1、z_2——圆锥齿轮的实际齿数；

δ_1、δ_2——圆锥齿轮的分度圆锥角。

由式(9-52)可知，因 $\cos\delta_1$ 和 $\cos\delta_2$ 总是小于 1 的，所以当量齿数大于实际齿数，且不一定为整数。

三、直齿圆锥齿轮传动的正确啮合条件及几何尺寸计算

1. 直齿圆锥齿轮的基本参数

直齿圆锥齿轮传动的基本参数及几何尺寸以轮齿大端为准，大端端面模数按表 9-13 选取标准值。圆锥齿轮大端压力角为标准值 $\alpha = 20°$。当模数 $m \leqslant 1$ mm 时，齿顶高系数 $h_a^* = 1$，顶隙系数 $c^* = 0.25$；当 $m > 1$ mm 时，$h_a^* = 1$，$c^* = 0.2$。

表 9-13　圆锥齿轮模数系列

0.1	0.35	0.9	1.75	3.25	5.5	10	20	36
0.12	0.4	1	2	3.5	6	11	22	40
0.15	0.5	1.125	2.25	3.75	6.5	12	25	45
0.2	0.6	1.25	2.5	4	7	14	28	50
0.25	0.7	1.375	2.75	4.5	8	16	30	—
0.3	0.8	1.5	3	5	9	18	32	—

2. 直齿圆锥齿轮的正确啮合条件

直齿圆锥齿轮的正确啮合条件为：两直齿圆锥齿轮的大端模数 m 和压力角 α 分别相等。即

$$\left.\begin{array}{l} m_1 = m_2 = m \\[2mm] \alpha_1 = \alpha_2 = \alpha \end{array}\right\} \tag{9-53}$$

图 9-34 所示为一对标准直齿圆锥齿轮传动,其节圆锥和分度圆锥相重合且两轴交角 $\Sigma=90°$,两轮各部分名称及主要几何尺寸的计算公式如表 9-14 所示。

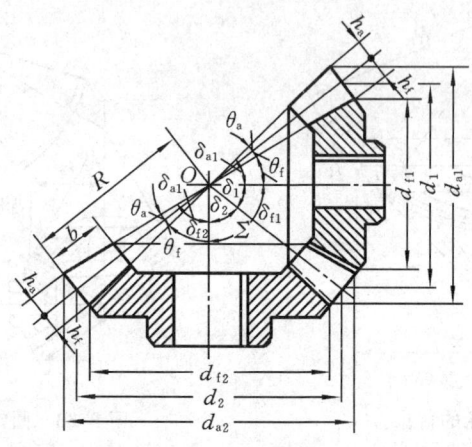

图 9-34　直齿圆锥齿轮几何尺寸

表 9-14　标准直齿圆锥齿轮传动($\Sigma=90°$)的主要几何尺寸计算公式

名称代号	计算公式
模数 m	取大端端面模数为标准模数
分度圆直径 d	$d_1=mz_1$,$d_2=mz_2$
齿宽中点分度圆直径(平均分度圆直径)d_m	$d_{m1}=\left(1-\dfrac{0.5b}{R}\right)d_1$,$d_{m2}=\left(1-\dfrac{0.5b}{R}\right)d_2$
锥距 R	$R=\dfrac{d_1}{2\sin\delta_1}=\dfrac{d_2}{2\sin\delta_2}=\dfrac{m}{2}\sqrt{z_1^2+z_2^2}$
齿宽 b	要求齿宽同时满足以下两式: $b=\phi_R R\leqslant\dfrac{R}{3}$ 和 $b\leqslant 10m$,ϕ_R 为齿宽系数,一般取 $\phi_R=0.25\sim0.3$
齿顶高 h_a	$h_a=m$
齿根高 h_f	$h_f=1.2m$
齿全高 h	$h=2.2m$
齿顶圆直径 d_a	$d_{a1}=d_1+2m\cos\delta_1=m(z_1+2\cos\delta_1)$ $d_{a2}=d_2+2m\cos\delta_2=m(z_2+2\cos\delta_2)$
齿根圆直径 d_f	$d_{f1}=d_1-2.4m\cos\delta_1=m(z_1-2.4\cos\delta_1)$ $d_{f2}=d_2-2.4m\cos\delta_2=m(z_2-2.4\cos\delta_2)$
齿顶角	$\tan\theta_a=\dfrac{h_a}{R}$
齿根角	$\tan\theta_f=\dfrac{h_f}{R}$
齿顶圆锥角	$\delta_a=\delta+\theta_a$
齿根圆锥角	$\delta_f=\delta-\theta_f$

直齿圆锥齿轮传动的传动比为

$$i=\frac{\omega_1}{\omega_2}=\frac{n_1}{n_2}=\frac{z_2}{z_1}=\frac{d_2}{d_1}=\frac{\sin\delta_2}{\sin\delta_1} \tag{9-54}$$

当两轴线的夹角 $\Sigma=\delta_1+\delta_2=90°$ 时，有

$$i=\tan\delta_2=\cot\delta_1 \tag{9-55}$$

四、直齿圆锥齿轮的受力分析

图 9-35 所示为锥齿轮传动的受力情况。若忽略接触面上摩擦力的影响，轮齿上作用力为集中在分度圆锥平均直径 d_{m1} 处的法向力 $\boldsymbol{F}_n$，$\boldsymbol{F}_n$ 可分解成三个互相垂直的分力：圆周力 $\boldsymbol{F}_t$、径向力 $\boldsymbol{F}_r$ 及轴向力 $\boldsymbol{F}_a$。其计算公式为

$$\left.\begin{aligned} F_t&=\frac{2T_1}{d_{m1}}\\ F_r&=F'\cos\delta=F_t\tan\alpha\cos\delta\\ F_a&=F'\sin\delta=F_t\tan\alpha\sin\delta \end{aligned}\right\} \tag{9-56}$$

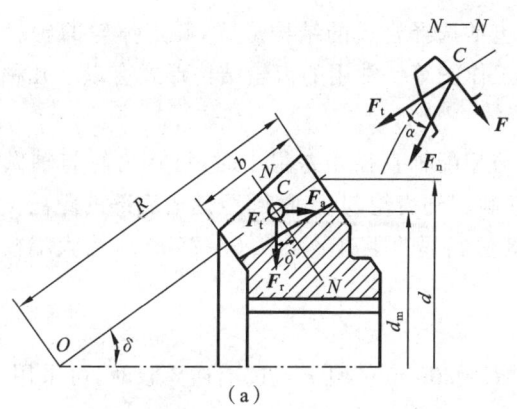

（a）

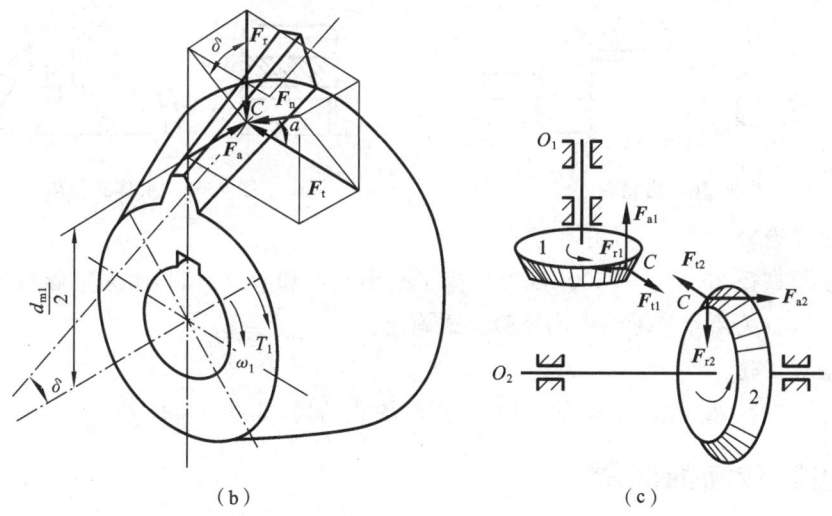

（b）　　　　　　　　　　　（c）

图 9-35　直齿锥齿轮传动的受力关系

d_{m1} 可根据几何尺寸关系由分度圆直径 d、锥距 R 和齿宽 b 来确定，即

$$\frac{R-0.5b}{R}=\frac{0.5d_{m1}}{0.5d_1}$$

则
$$d_{m1}=\frac{R-0.5b}{R}d_1=(1-0.5\psi_R)d_1 \qquad (9\text{-}57)$$

由图 9-35(c)所示可知：圆周力的方向，主动轮上 $\boldsymbol{F}_t$ 与其回转方向相反，从动轮上 $\boldsymbol{F}_t$ 与其回转方向相同；径向力方向，都指向两轮各自的轮心；轴向力方向，分别沿各自的轴线指向轮齿的大端。值得注意的是：主动轮上的轴向力 $\boldsymbol{F}_{a1}$ 与从动轮上的径向力 $\boldsymbol{F}_{t2}$ 大小相等方向相反，主动轮上的径向力 $\boldsymbol{F}_{t1}$ 与从动轮上的轴向力 $\boldsymbol{F}_{a2}$ 大小相等方向相反，即

$$\boldsymbol{F}_{a1}=-\boldsymbol{F}_{t2}, \qquad \boldsymbol{F}_{t1}=-\boldsymbol{F}_{a2} \qquad (9\text{-}58)$$

◀ 9.10　齿轮的结构设计和齿轮传动的润滑 ▶

一、齿轮的结构设计

齿轮的结构设计主要包括选择合适的结构形式，确定齿轮的轮毂、轮辐、轮缘等各部分的尺寸并绘制齿轮的零件工作图等。常用的齿轮结构形式有以下几种。

1. 齿轮轴

当齿轮的齿根圆直径与相配轴直径相差很小时，可将齿轮与轴做成一体，称为齿轮轴，如图 9-36 所示。通常对钢制圆柱齿轮，其齿根圆至键槽底部的距离 $e\leqslant(2\sim2.5)m_n$ 时；对锥齿轮，其小端齿根圆至键槽底部的距离 $e\leqslant(1.6\sim2)m$（m 为大端模数）时，便将齿轮与轴做成一体。

2. 实体式齿轮

当齿轮的齿顶圆直径 $d_a\leqslant200$ mm，且 e 超过上述界限时，可采用实体式齿轮，如图9-37所示。

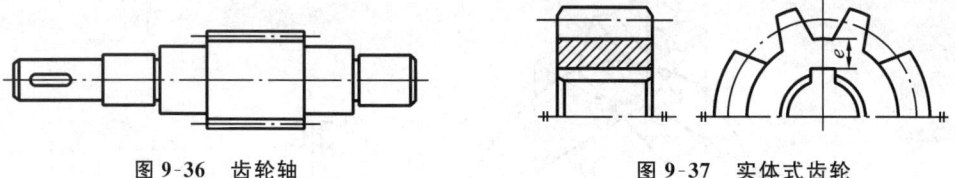

图 9-36　齿轮轴　　　　　　图 9-37　实体式齿轮

3. 腹板式齿轮

当齿顶圆直径 $200<d_a<500$ mm 时，为了减小质量和节省材料，可采用腹板式结构，如图 9-38 所示，有关尺寸参考图中的经验公式确定。

4. 轮辐式齿轮

当齿顶圆直径 $d_a>500$ mm 的齿轮，采用轮辐式结构，如图 9-39 所示。

二、齿轮传动的润滑

齿轮传动的润滑可减少磨损和发热，还可以防锈蚀和降低噪声，对防止和延缓轮齿失效，改善齿轮传动的工作状况起着重要作用。开式和半开式齿轮传动及低速轻载的闭式传动，通常采用周期性的人工加油或脂润滑。闭式齿轮传动可采用以下方式润滑。

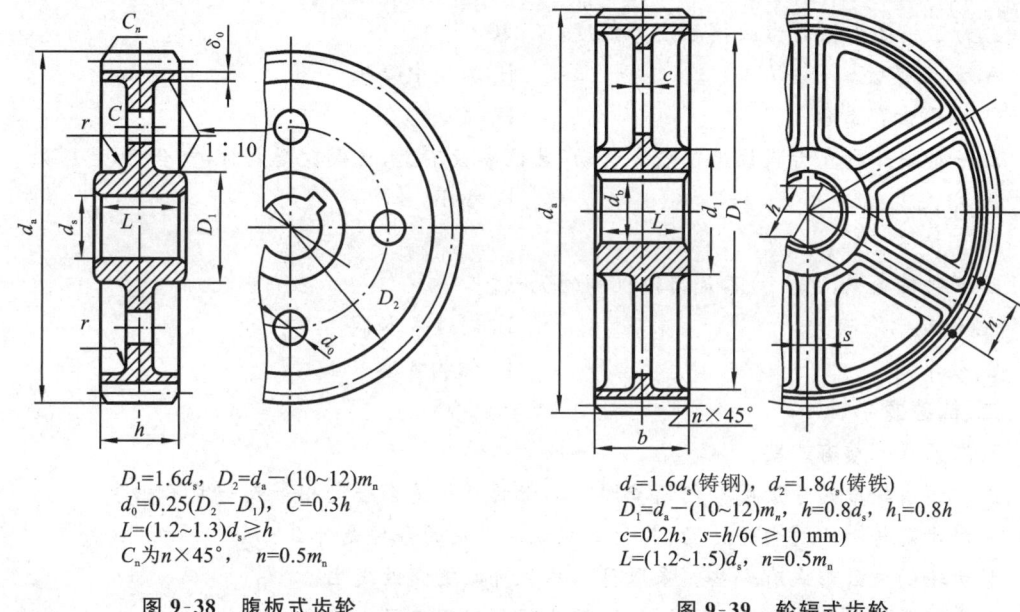

$D_1 = 1.6d_s$，$D_2 = d_a - (10 \sim 12)m_n$
$d_0 = 0.25(D_2 - D_1)$，$C = 0.3h$
$L = (1.2 \sim 1.3)d_s \geqslant h$
C_n 为 $n \times 45°$，$n = 0.5m_n$

图 9-38　腹板式齿轮

$d_1 = 1.6d_s$(铸钢)，$d_2 = 1.8d_s$(铸铁)
$D_1 = d_a - (10 \sim 12)m_n$，$h = 0.8d_s$，$h_1 = 0.8h$
$c = 0.2h$，$s = h/6(\geqslant 10 \text{ mm})$
$L = (1.2 \sim 1.5)d_s$，$n = 0.5m_n$

图 9-39　轮辐式齿轮

1. 浸油润滑

当齿轮的圆周速度 $v < 12$ m/s 时，通常将大齿轮浸入油池中进行润滑，如图 9-40(a)所示，浸油深度为 1～2 个齿高，速度高时取小值，但不应小于 10 mm。对锥齿轮传动应浸入全齿宽，至少浸入半个齿宽。浸油深度过大会增大齿轮的搅油阻力，并使油温升高。在多级齿轮传动中，可采用带油轮将油带到未浸入油池的轮齿齿面上，如图 9-40(b)所示，同时可将油甩到齿轮箱壁面上散热，使油温下降。

2. 喷油润滑

当齿轮圆周速度 $v > 12$ m/s 时，由于圆周速度大，齿轮搅油剧烈，会使附着在齿廓面上的油被甩掉，因此，不宜采用浸油润滑，可采用喷油润滑，即用油泵将具有一定压力的油经喷油嘴喷到啮合的齿面上，如图 9-40(c)所示。

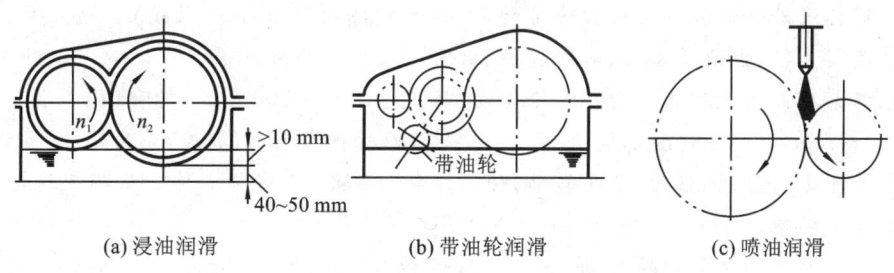

(a) 浸油润滑　　　　　　(b) 带油轮润滑　　　　　　(c) 喷油润滑

图 9-40　齿轮传动的润滑

 **习题 9**

一、单选题

1.齿轮轮齿材料的基本要求是(　　　)。

A.齿面要硬,齿芯要韧　　　　　　　　　B.齿面要硬,齿芯要脆

C. 齿面要软,齿芯要脆　　　　　　　　　D. 齿面要软,齿芯要韧

2. 为了提高齿轮的齿面接触疲劳强度,可以(　　)。

A. 加大模数　　　　　　　　　　　　　B. 加大中心矩

C. 减小齿宽系数　　　　　　　　　　　D. 减小啮合角

3. 一对渐开线直齿圆柱齿轮啮合传动,其他参数不变,当模数增大时,重合度(　　)。

A. 增大　　　　　　　　　　　　　　　B. 减小

C. 保持不变

4. 下列特点中,(　　)不是齿轮机构的优点。

A. 传动比准确　　　　　　　　　　　　B. 制造成本低

C. 效率高　　　　　　　　　　　　　　D. 结构紧凑

二、简答题

1. 渐开线性质有哪些?

2. 何谓齿轮中的分度圆? 何谓节圆? 二者的直径是否一定相等或一定不相等?

3. 对于定传动比的齿轮传动,其齿廓曲线应满足的条件是什么?

4. 齿轮的失效形式有哪些? 采取什么措施可减缓失效发生?

5. 在材质相同、齿宽 b 相同的情况下,齿面接触强度的大小取决于什么?

6. 软齿轮为何应使小齿轮的硬比大齿轮高 $30\sim50$ HBS? 硬齿面齿轮是否也需要有硬度差?

7. 为何要使小齿轮比配对大齿轮宽 $5\sim10$ mm?

三、计算题

1. 一渐开线齿轮的基圆半径 $r_b=60$ mm,求:① $r_K=70$ mm 时渐开线的展角 θ_K,压力角 α_K 以及曲率半径 ρ_K;② 压力角 $\alpha=20°$ 时的向径 r、展角 θ 及曲率半径 ρ。

2. 一渐开线外啮合标准齿轮,$z=26$,$m=3$ mm,求其齿廓曲线在分度圆及齿顶圆上的曲率半径及齿顶圆压力角。

3. 一个标准渐开线直齿轮,当齿根圆和基圆重合时,齿数为多少? 若齿数大于上述值时,齿根圆和基圆哪个大?

4. 一对标准外啮合直齿圆柱齿轮传动,已知 $z_1=19$,$z_2=68$,$m=2$ mm,$\alpha=20°$,计算小齿轮的分度圆直径、齿顶圆直径、基圆直径、齿距以及齿厚和齿槽宽。

5. 已知某机器的一对直齿圆柱齿轮传动,其中心距 $a=200$ mm,传动比 $i=3$,$z_1=24$,$n_1=1440$ r/min,$b_1=100$ mm,$b_2=95$ mm。小齿轮材料为 45 钢调质,大齿轮为 45 钢正火。载荷有中等冲击,电动机驱动,单向转动,使用寿命为 8 年,单班制工作。试确定这对齿轮所能传递的最大功率。

6. 已知一对斜齿圆柱齿轮传动,$z_1=25$,$z_2=100$,$m_n=4$ mm,$\beta=15°$,$\alpha=20°$。试计算这对斜齿轮的主要几何尺寸。

7. 设计一单级直齿圆柱齿轮减速器。已知:传递的功率为 4 kW,小齿轮转速 $n_1=1450$ r/min,传动比 $i=3.5$,载荷平稳,使用寿命 5 年,两班制工作(每年 350 天)。

第 10 章
蜗杆传动

◀ **教学目标**

    （1）熟悉蜗杆传动的特点和类型。

    （2）掌握蜗杆传动的基本参数和几何尺寸。

    （3）了解蜗杆传动的失效形式、材料和结构。

    （4）了解蜗杆传动的效率、润滑和热平衡计算。

◀ 10.1 蜗杆传动的特点和类型 ▶

蜗杆传动广泛应用于各种机械和仪器设备之中,用来传递空间两个交错轴之间的运动和动力,一般两轴交角为90°。一般蜗杆传动为蜗杆主动、蜗轮从动,具有自锁性,作减速运动。

蜗杆传动由蜗杆与蜗轮组成,蜗杆的形状像一个圆柱形螺纹,蜗轮的形状像一个斜齿轮,它的轮齿沿齿宽方向又弯曲成圆弧形,以便与蜗杆更好地啮合,如图10-1所示。

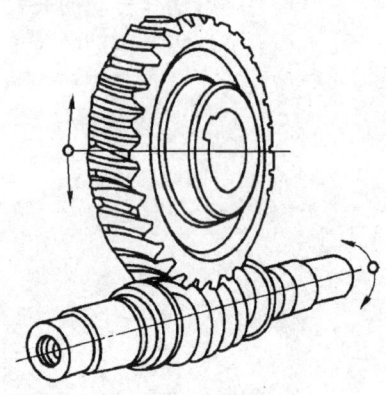

图 10-1 蜗杆传动

一、蜗杆传动的特点

蜗杆传动的特点如下。

(1)结构紧凑、传动比大。一般传动比 $i=10\sim40$,最大可达80。若只传递运动(如分度运动),其传动比可达1000。

(2)传动平稳,噪声小。由于蜗杆上的齿是连续不断的螺旋齿,蜗轮轮齿和蜗杆是逐渐进入啮合并逐渐退出啮合的,同时啮合的齿数较多,所以传动平稳,噪声小。

(3)可制成具有自锁性的蜗杆。由于蜗杆的螺旋线升角小于啮合面的当量摩擦角,蜗杆传动具有自锁性,也就是只有蜗杆能带动蜗轮。

(4)效率较低。这是由于蜗轮和蜗杆在啮合处有较大的相对滑动,因而发热量大,效率较低。传动效率一般为 $0.7\sim0.8$。

(5)蜗轮的造价较高。为减轻齿面的磨损及防止胶合,蜗轮齿圈一般多用青铜制造,因此造价较高。

二、蜗杆传动的类型和转动方向

1.蜗杆传动的类型

按蜗杆形状的不同,蜗杆传动可分为圆柱蜗杆传动(见图10-2(a))、圆弧面蜗杆传动(见图10-2(b))和锥面蜗杆传动(见图10-2(c))。其中圆柱蜗杆传动应用最广。

圆柱蜗杆传动可分为普通圆柱蜗杆传动和圆弧圆柱蜗杆传动两类。普通圆柱蜗杆传动的蜗杆按刀具加工位置的不同,又可分为阿基米德蜗杆(ZA型)、渐开线蜗杆(ZI型)、法向

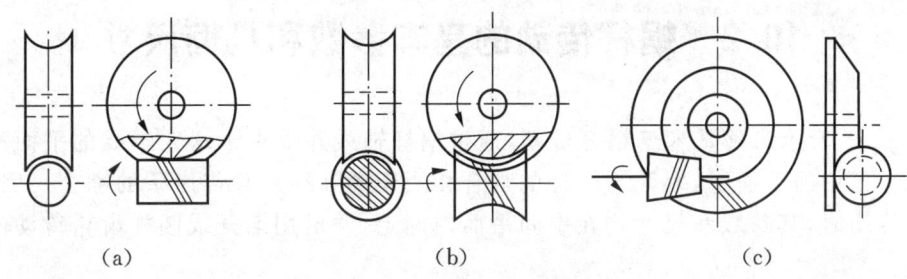

（a）　　　　　　　　　　（b）　　　　　　　　　　（c）

图 10-2　蜗杆传动的类型

直齿廓蜗杆（ZN 型，也称为延伸渐开线蜗杆）和锥面包络蜗杆（ZK 型）等，其中阿基米德蜗杆由于加工方便，应用最为广泛。

图 10-3 所示为阿基米德蜗杆，其端面齿廓为阿基米德螺旋线，轴向齿廓为直线，加工方法与普通梯形螺纹相似，应使刀刃顶平面通过蜗杆轴线。阿基米德蜗杆较容易车削，但难以磨削，不易得到较高精度。

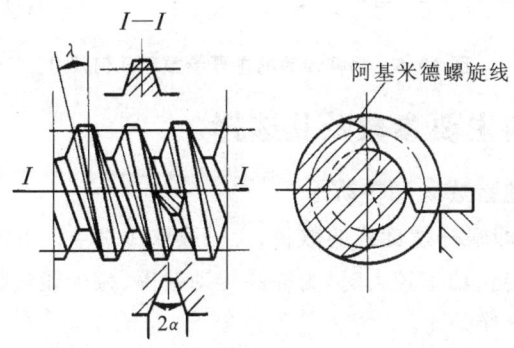

图 10-3　阿基米德蜗杆

图 10-4 所示为渐开线蜗杆，其端面齿廓为渐开线，加工时刀具的切削刃与基圆相切，两把刀具分别切出左、右侧螺旋面。渐开线蜗杆也可以用滚刀加工，并可在专用机床上磨削，制造精度较高，利于成批生产。

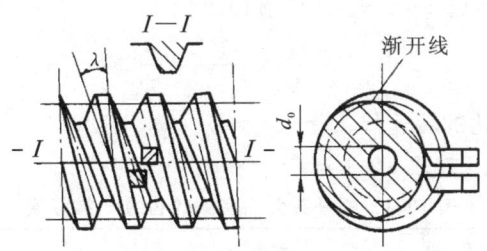

图 10-4　渐开线蜗杆

2. 蜗杆传动的转动方向

在蜗杆传动中，从动蜗轮转向判定方法用蜗杆"左、右手法则"：对右旋蜗杆，用右手法则，即用右手握住蜗杆的轴线，使四指弯曲方向与蜗杆转动方向一致，则与大拇指的指向相反的方向就是蜗轮在节点处圆周速度的方向，如图 10-2(a)所示。对左旋蜗杆，用左手法则，方法同上。

◀ 10.2 蜗杆传动的基本参数和几何尺寸 ▶

图 10-5 所示为阿基米德蜗杆传动,通过蜗杆轴线并垂直于蜗轮轴线的平面称为中间平面。在中间平面上,蜗轮与蜗杆的啮合相当于渐开线齿轮与齿条的啮合。因此,设计蜗杆传动时,其参数和尺寸均在中间平面内确定,并沿用渐开线圆柱齿轮传动的计算公式。

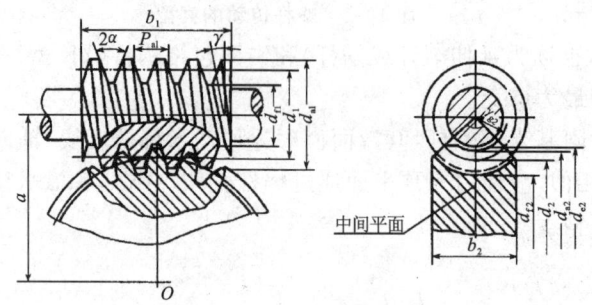

图 10-5 蜗杆传动的主要参数和几何尺寸

一、蜗杆传动的主要参数及其选择

1. 蜗杆头数 z_1、蜗轮齿数 z_2 和传动比 i

蜗杆头数(线数)z_1 即蜗杆螺旋线的数目,z_1 一般取 1、2、4。当传动比大于 40 或要求蜗杆自锁时,取 $z_1=1$;当传递功率较大时,为提高传动效率、减少能量损失,常取 z_1 为 2、4。蜗杆头数越多,加工精度越难保证。

通常情况下,取蜗轮齿数 $z_2=28\sim80$。若 $z_2<28$,会使传动的平稳性降低,且易产生根切;若 z_2 过大,蜗轮直径增大,与之相应蜗杆的长度增加,刚度减小,从而影响啮合的精度。

通常蜗杆为主动件,蜗杆传动的传动比 i 等于蜗杆与蜗轮的转速之比。当蜗杆转一周时,蜗轮转过 z_1 个齿,即转过 z_1/z_2 周,所以可得出

$$i=\frac{n_1}{n_2}=\frac{1}{z_1/z_2}=\frac{z_2}{z_1} \tag{10-1}$$

式中:n_1、n_2——蜗杆、蜗轮的转速(r/min)。

z_1、z_2 可根据传动比 i 按表 10-1 选取。

表 10-1 蜗杆头数 z_1 和蜗轮齿数 z_2 推荐值

传动比 $i=\frac{z_2}{z_1}$	7~13	14~27	28~40	>40
蜗杆头数 z_1	4	2	2、1	1
蜗轮齿数 z_2	28~52	28~54	28~80	>40

值得提出的是,蜗杆传动的传动比 i 仅与 z_1 和 z_2 有关,而不等于蜗轮与蜗杆分度圆直径之比。

2. 模数 m 和压力角 α

如前所述,在中间平面上蜗杆与蜗轮的啮合可看成齿条与齿轮的啮合(见图 10-5),蜗杆的轴向齿距 p_{a1} 应等于蜗轮的端面齿距 p_{t2},即蜗杆的轴向模数 m_{a1} 应等于蜗轮的端面模数 m_{t2},蜗杆的轴向压力角 α_{a1} 应等于蜗轮的端面压力角 α_{t2}。规定中间平面上的模数和压力角为标准值,则蜗杆基本参数如表 10-2 所示。

表 10-2　蜗杆基本参数($\Sigma=90°$)(GB/T 10085—1988)

模数 m/mm	分度圆直径 d_1/mm	蜗杆头数 z_1	直径系数 q	$m^2 d_1$	模数 m/mm	分度圆直径 d_1/mm	蜗杆头数 z_1	直径系数 q	$m^2 d_1$
1	18	1	18.000	18	6.3	(80)	1,2,4	12.698	3 175
1.25	20	1	16.000	31.25		112	1	17.778	4 445
	22.4	1	17.920	35	8	(63)	1,2,4	7.875	4 032
1.6	20	1,2,4	12.500	51.2		80	1,2,4,6	10.000	5 376
	28	1	17.500	71.68		(100)	1,2,4	12.500	6 400
2	(18)	1,2,4	9.000	72		140	1	17.500	8 960
	22.4	1,2,4,6	11.200	89.6	10	(71)	1,2,4	7.100	7 100
	(28)	1,2,4	14.000	112		90	1,2,4,6	9.000	9 000
	35.5	1	17.750	142		(112)	1,2,4	11.200	11 200
2.5	(22.4)	1,2,4	8.960	140		160	1	16.000	16 000
	28	1,2,4,6	11.200	175	12.5	(90)	1,2,4	7.200	14 062
	(35.5)	1,2,4	14.200	221.9		112	1,2,4	8.960	17 500
	45	1	18.000	281		(140)	1,2,4	11.200	21 875
3.15	(28)	1,2,4	8.889	278		200	1	16.000	31 250
	35.5	1,2,4,6	11.27	352	16	(112)	1,2,4	7.000	28 672
	45	1,2,4	14.286	447.5		140	1,2,4	8.750	35 840
	56	1	17.778	556		(180)	1,2,4	11.250	46 080
4	(31.5)	1,2,4	7.875	504		250	1	15.625	64 000
	40	1,2,4,6	10.000	640	20	(140)	1,2,4	7.000	56 000
	(50)	1,2,4	12.500	800		160	1,2,4	8.000	64 000
	71	1	17.750	1 136		(224)	1,2,4	11.200	89 600
5	(40)	1,2,4	8.000	1 000		315	1	15.750	126 000
	50	1,2,4,6	10.000	1 250	25	(180)	1,2,4	7.200	112 500
	(63)	1,2,4	12.600	1 575		200	1,2,4	8.000	125 000
	90	1	18.000	2 250		(280)	1,2,4	11.200	175 000
6.3	(50)	1,2,4	7.936	1 985		400	1	16.000	250 000
	63	1,2,4,6	10.000	2 500					

注:① 表中模数均系第一列,$m<1$ mm 的未列入,$m>25$ mm 的还有 31.5 mm、40 mm 两种。属于第二列的模数有:1.5 mm、3 mm、3.5 mm、4.5 mm、5.5 mm、6 mm、7 mm、12 mm、14 mm;

② 表中蜗杆分度圆直径 d_1 均属第一列,$d_1<18$ mm 的未列入,此外还有 355 mm 的。属于第二列的有:30 mm、38 mm、48 mm、53 mm、60 mm、67 mm、75 mm、85 mm、95 mm、106 mm、118 mm、132 mm、144 mm、170 mm、190 mm、300 mm;

③ 模数和分度圆直径均应优先选用第一列。括号中的数字尽可能不用。

3. 蜗杆螺旋升角 λ

蜗杆螺旋面与分度圆柱面的交线为螺旋线。如图 10-6 所示，将蜗杆分度圆柱展开，其螺旋线与端面的夹角即蜗杆分度圆柱上的螺旋线升角 λ，或称蜗杆的导程角，可得蜗杆螺旋线的导程 L 为

$$L = z_1 p_{a1} = z_1 \pi m \tag{10-2}$$

蜗杆分度圆柱上螺旋线升角 λ 与导程的关系为

$$\tan\lambda = \frac{L}{\pi d_1} = \frac{z_1 \pi m}{\pi d_1} = \frac{z_1 m}{d_1} \tag{10-3}$$

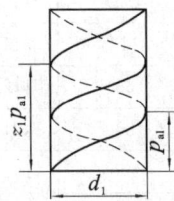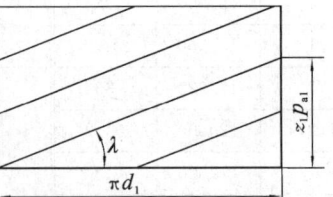

图 10-6　蜗杆分度圆柱展开图

与螺旋相似，蜗杆螺旋线也有左旋、右旋之分，一般情况下多为右旋。

通常蜗杆螺旋线的升角 $\lambda = 3.5° \sim 27°$，升角小时传动效率低，但可实现自锁（$\lambda = 3.5° \sim 4.5°$）；升角大时传动效率高，但蜗杆的车削加工较困难。

4. 蜗杆分度圆直径 d_1 和蜗杆直径系数 q

加工蜗杆时，蜗杆滚刀的参数应与相啮合的蜗杆完全相同，几何尺寸基本相同。由式 (10-3)，蜗杆的分度圆直径可写为

$$d_1 = m \frac{z_1}{\tan\lambda} \tag{10-4}$$

蜗杆的分度圆直径 d_1 不仅与模数 m 有关，而且与 z_1 和 λ 有关。即同一模数的蜗杆，由于 z_1、λ 的不同，d_1 随之变化，致使滚刀数目较多，很不经济。为了减少滚刀的数量，有利于标准化，对应于每一个模数 m，国标规定了一至四种蜗杆分度圆直径 d_1，并把 d_1 与 m 的比值称为蜗杆直径系数 q，即

$$q = \frac{d_1}{m} \tag{10-5}$$

式中：d_1、m 已标准化；

q——导出量，不一定是整数。

将此式代入式 (10-4)，得

$$\tan\lambda = \frac{z_1}{q} \tag{10-6}$$

当 m 一定时，q 越小，d_1 越小，升角 λ 越大，传动效率越高，但蜗杆的刚度和强度降低。

5. 中心距

蜗杆传动的中心距为

$$a = \frac{d_1 + d_2}{2} = \frac{d_1 + m z_2}{2} \tag{10-7}$$

二、蜗杆传动的几何尺寸计算

标准圆柱蜗杆传动的几何尺寸计算公式如表 10-3 所示。

表 10-3　圆柱蜗杆传动的几何尺寸计算

名　　称	计　算　公　式	
	蜗　杆	蜗　轮
齿顶高	$h_{a1}=m$	$h_{a2}=m$
齿根高	$h_{f1}=1.2m$	$h_{f2}=1.2m$
分度圆直径	$d_1=mq$	$d_2=mz_2$
齿顶圆直径	$d_{a1}=m(q+2)$	$d_{a2}=m(z_2+2)$
齿根圆直径	$d_{f1}=m(q-2.4)$	$d_{f2}=m(z_2-2.4)$
顶隙	$c=0.2m$	
蜗杆轴向齿距 蜗轮端面齿距	$p_{a1}=p_{t2}=\pi m$	
蜗杆分度圆柱的导程角	$\lambda=\arctan\dfrac{z_1}{q}$	—
蜗轮分度圆上轮齿的螺旋角	—	$\beta=\lambda$
中心距	$a=\dfrac{m}{2}(q+z_2)$	
蜗杆螺纹部分长度	$z_1=1、2,b_1\geqslant(11+0.06z_2)\,m$ $z_1=4,b_1\geqslant(12.5+0.09z_2)\,m$	—
蜗轮咽喉母圆半径	—	$r_{g2}=a-\dfrac{1}{2}d_{a2}$
蜗轮最大外圆直径	—	$z_1=1,d_{e2}\leqslant d_{a2}+2m$ $z_1=2,d_{e2}\leqslant d_{a2}+1.5m$ $z_1=4,d_{e2}\leqslant d_{a2}+m$
蜗轮轮缘宽度	—	$z_1=1、2,b\leqslant0.75d_{a1}$ $z_1=4,b\leqslant0.67d_{a1}$
蜗轮轮齿包角	—	$\theta=2\arcsin\dfrac{b_2}{d_1}$ 一般动力传动 $\theta=70°\sim90°$ 高速动力传动 $\theta=90°\sim130°$ 分度传动 $\theta=45°\sim60°$

三、蜗杆传动的正确啮合条件

在图 10-5 所示的蜗杆传动的中间平面内,蜗轮、蜗杆的齿距相等。即蜗杆传动的正确啮合条件是蜗轮的端面模数等于蜗杆的轴向模数,蜗轮的端面压力角等于蜗杆的轴向压力角,其表达式为

$$\left.\begin{array}{l} \alpha_{a1}=\alpha_{t2}=20° \\ m_{a1}=m_{t2}=m \end{array}\right\} \tag{10-8}$$

◀ 10.3 蜗杆传动的失效形式、材料和结构 ▶

一、蜗杆传动的相对滑动速度

蜗杆和蜗轮啮合时,齿面之间有较大的相对滑动,滑动速度 v_s 沿蜗杆螺旋线方向。相对滑动速度的大小对齿面的润滑情况、齿面失效形式、发热以及传动效率都有很大影响。

较大的 v_s 会引起:①易发生齿面磨损和胶合;②如润滑条件良好(形成油膜条件),则较大的 v_s 则有助于形成润滑油膜,减少摩擦、磨损,提高传动效率。

相对滑动速度 v_s 为

$$v_s = \frac{\pi d_1 n_1}{60 \times 1000 \cos\gamma} (\text{m/s}) \tag{10-9}$$

式中:γ——蜗杆导程角;

$\quad d_1$——蜗杆分度圆直径;

$\quad n_1$——蜗杆转速。

二、蜗杆传动的失效形式

在蜗杆传动中,由于材料和结构上的原因,蜗杆螺旋部分的强度总是高于蜗轮轮齿强度,所以失效常发生在蜗轮轮齿上。由于蜗杆传动相对速度较大、效率低、发热量大,所以蜗杆传动的主要失效形式是蜗轮齿面胶合、点蚀及磨损。

三、蜗杆传动的设计准则

由于对胶合和磨损的计算目前还缺乏成熟的方法,因而通常是仿照设计圆柱齿轮的方法进行齿面接触疲劳强度和齿根弯曲疲劳强度的计算,但在选取许用应力时,应适当考虑胶合和磨损等因素的影响。对闭式蜗杆传动,通常是先按齿面接触疲劳强度设计,再按齿根弯曲疲劳强度进行校核。对于开式蜗杆传动,则通常只需按齿根弯曲疲劳强度进行设计计算。此外,闭式蜗杆传动,由于散热困难,还应进行热平衡计算。

四、蜗杆、蜗轮的材料

考虑到蜗杆传动的特点,蜗杆、蜗轮的材料不仅要求具有足够的强度,更重要的是要有良好耐磨性和抗胶合能力。

1. 蜗杆的材料

蜗杆一般用碳钢和合金钢制成,常用材料为 40 钢、45 钢或 40Cr 并经淬火。高速重载蜗杆常用 15Cr 或 20Cr,并经渗碳淬火(硬度为 $40\sim55$ HRC)和磨削。对于速度不高、载荷不大的蜗杆可采用 40 钢、45 钢调质处理,硬度为 $220\sim250$ HBS。

2. 蜗轮的材料

蜗轮常用材料为青铜和铸铁。锡青铜耐磨性能及抗胶合性能较好,但价格较贵,常用的有 ZCuSn10P1(铸锡磷青铜)、ZCuSn5Pb5Zn5(铸锡锌铅青铜)等,用于滑动速度较高的场合。铝铁青铜的力学性能较好,但抗胶合性略差,常用的有 ZCuAl9Fe4Ni4Mn2

（铸铝铁镍青铜）等，用于滑动速度较低的场合。灰铸铁只用于滑动速度 $v \leqslant 2$ m/s 的传动中。

常用蜗杆、蜗轮的配对材料如表 10-4 所示。

表 10-4 蜗杆、蜗轮配对材料

相对滑动速度 v_s/(m/s)	蜗 轮 材 料	蜗 杆 材 料
≤25	ZCuSn10P1	20CrMnTi 渗碳淬火，56～62 HRC 20Cr
≤12	ZCuSn5Pb5Zn5	45 钢 高频淬火，40～50 HRC 40Cr 50～55 HRC
≤10	ZCuA19Fe4Ni4Mn2 ZCuA19Mn2	45 钢 高频淬火，45～50 HRC 40Cr 50～55 HRC
≤2	HT150 HT200	45 钢调质 220～250 HBS

五、蜗杆、蜗轮的结构

1. 蜗杆的结构

蜗杆的直径较小，常和轴制成一个整体，如图 10-7 所示。螺旋部分常用车削加工，也可用铣削加工。车削加工时需有退刀槽，因此刚度较差。

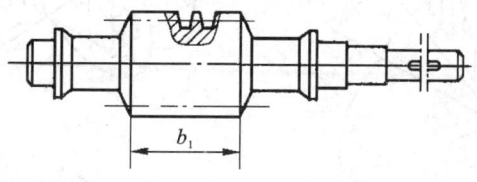

图 10-7 蜗杆轴

2. 蜗轮的结构

按材料和尺寸的不同，蜗轮的结构有多种形式，如图 10-8 所示。

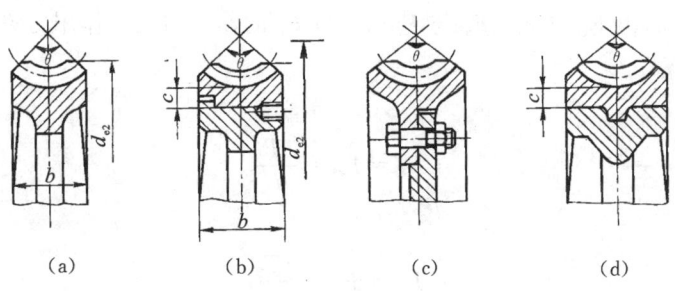

| (a) | (b) | (c) | (d) |

图 10-8 蜗轮结构

1）整体式蜗轮

整体式蜗轮主要用于直径较小的青铜蜗轮或铸铁蜗轮，如图 10-8(a) 所示。

2）齿圈式蜗轮

为了节约贵重金属，直径较大的蜗轮常采用组合结构，齿圈用青铜材料，轮芯用铸铁或铸钢制造。两者采用 H7/r6 配合，并用 4～6 个直径为 $1.2m$～$1.5m$ 的螺钉加固（m 为蜗轮模数）。为便于钻孔，应将螺孔中心线向材料较硬的轮芯部分偏移 2～3 mm。齿圈式蜗轮用于尺寸不太大而且工作温度变化较小的场合,如图 10-8(b)所示。

3)螺栓连接式蜗轮

螺栓连接式蜗轮的齿圈与轮心用普通螺栓或铰制孔用螺栓连接,由于装拆方便,常用于尺寸较大或磨损后需更换蜗轮齿圈的场合,如图 10-8(c)所示。

4)镶铸式蜗轮

镶铸式蜗轮将青铜轮缘铸在铸铁轮芯上,轮芯上制出榫槽,以防轴向滑动,如图 10-8(d)所示。

六、圆柱蜗杆传动的受力分析

蜗杆传动受力分析与斜齿圆柱齿轮的受力分析相似,齿面上的法向力 F_n 可分解为三个相互垂直的分力:圆周力 F_t、轴向力 F_a、径向力 F_r,如图 10-9 所示。蜗杆为主动件,轴向力 F_{a1} 的方向由左、右手定则确定。图 10-9 为右旋蜗杆,用右手四指指向蜗杆转向,拇指所指方向就是轴向力 F_{a1} 的方向。圆周力 F_{t1} 与主动蜗杆转向相反;径向力 F_{r1} 指向蜗杆中心。

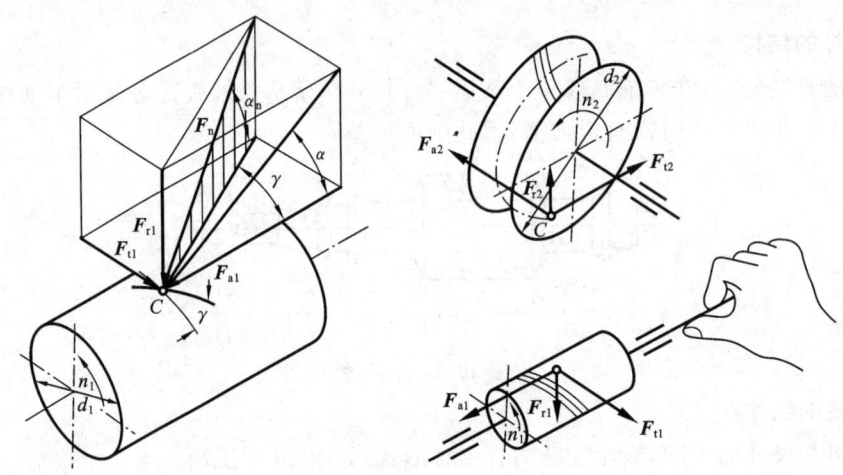

图 10-9 蜗杆传动受力分析

蜗轮受力方向,由 F_{t1} 与 F_{a2}、F_{a1} 与 F_{t2}、F_{r1} 与 F_{r2} 的作用力与反作用力关系确定。各力的大小可按下式计算

蜗杆圆周力

$$F_{t1} = F_{a2} = \frac{2T_1}{d_1} \tag{10-10}$$

蜗杆轴向力

$$F_{a1} = F_{t2} = \frac{2T_2}{d_2} \tag{10-11}$$

蜗杆径向力

$$F_{r1} = F_{r2} = F_{t2}\tan\alpha \tag{10-12}$$

$$T_2 = T_1 i\eta \tag{10-13}$$

式中:T_1、T_2——作用在蜗杆和蜗轮上的转矩(N·mm);

η——蜗杆传动的总效率。

◀ **10.4 蜗杆传动的效率、润滑和热平衡计算** ▶

一、蜗杆传动的效率

闭式蜗杆传动的效率损失一般包括三部分:啮合摩擦损失、轴承摩擦损失、蜗杆蜗轮搅油溅油损失。单独考虑这三部分损失的效率分别为 η_1、η_2、η_3,因此总效率为

$$\eta = \eta_1 \eta_2 \eta_3 \tag{10-14}$$

由于轴承摩擦及浸入油中零件搅油溅油损耗的功率不大,一般 $\eta_2 \eta_3 = 0.95 \sim 0.96$,蜗杆传动的总效率主要取决于啮合效率 η_1,而

$$\eta_1 = \frac{\tan\lambda}{\tan(\lambda + \rho)} \tag{10-15}$$

式中:λ——蜗杆的导程角;

ρ——啮合摩擦角,$\rho = \arctan f$。

实际上啮合摩擦角和蜗杆蜗轮的材料组合、齿面加工、热处理状况、润滑油性质及相对滑动速度 v_s 等有关,确定起来较为复杂。

总效率可表示为

$$\eta = (0.95 - 0.97) \frac{\tan\lambda}{\tan(\lambda + \rho)} \tag{10-16}$$

蜗杆传动的效率 η 是升角 λ 的函数,增大升角可以提高效率,故传递动力时,常用多头蜗杆,但升角过大,会引起蜗杆加工困难,而且升角 $\lambda > 28°$ 时,效率提高很少。

当摩擦角 $\rho > \lambda$ 时,蜗杆传动实现自锁,其时的效率 $\eta_1 \leqslant 50\%$。

在设计之初,η 值可估取,如表 10-5 所示。

表 10-5 总效率的初估值

蜗杆头数 z_1	1	2	4	6
总效率 η	0.7	0.8	0.9	0.95

二、蜗杆传动的润滑

由于蜗杆传动时的相对滑动速度 v_s 大,效率低,发热量大,故润滑特别重要。若润滑不良,会进一步导致传动效率显著降低,且会带来剧烈的磨损,甚至产生胶合。应选择适当的润滑油及润滑方式。在润滑油中还常加入添加剂,以提高其抗胶合能力。

润滑油的黏度及润滑方式一般根据相对滑动速度、载荷性质进行选择。

闭式蜗杆传动根据相对滑动速度选择润滑油及润滑方式查表 10-6。对于开式蜗杆传动宜采用较高黏度的齿轮油或涂抹润滑脂。

表 10-6 根据相对滑动速度 v_s 推荐用润滑油黏度及润滑方式

相对滑动速度 v_s/(m/s)	0~1	0~2.5	0~5	>5~10	>10~15	>15~25	>25
工作条件	重载	重载	中载	(不限)	(不限)	(不限)	(不限)
运动黏度 ν/cSt(40 ℃)	900	500	350	220	150	100	80
润滑方式	油池润滑			喷油润滑或油池润滑	喷油润滑时的喷油压力/MPa		
					0.7	2	3

三、蜗杆传动的热平衡计算

由于蜗杆传动的效率较低,工作时将产生大量的热。若散热不良,会引起温升过高而降低油的黏度,使润滑不良,导致蜗轮齿面磨损和胶合。所以对连续工作的闭式蜗杆传动要进行热平衡计算。

在闭式传动中,热量由箱体散出,要求箱体内的油温 t 和周围空气温度 t_0 之差 Δt 不超过允许值,即

$$\Delta t = t - t_0 = \frac{1\,000 P_1(1-\eta)}{\alpha_s A} \leqslant [\Delta t] \tag{10-17}$$

式中:P_1 ——蜗杆传递功率(kW);

η ——传动效率;

α_s ——散热系数,通常取 $\alpha_s = 10 \sim 17$ W/(m² · ℃);

A ——散热面积(m²);

$[\Delta t]$ ——温差允许值,一般为 $60 \sim 70$ ℃。

若计算的温差超过允许值,可采取以下措施来改善散热条件:①在箱体上加散热片以增大散热面积;②在蜗杆轴上装风扇进行吹风冷却(见图 10-10(a));③在箱体油池内装设蛇形水管,用循环水冷却(见图 10-10(b));④用循环油冷却(见图 10-10(c))。

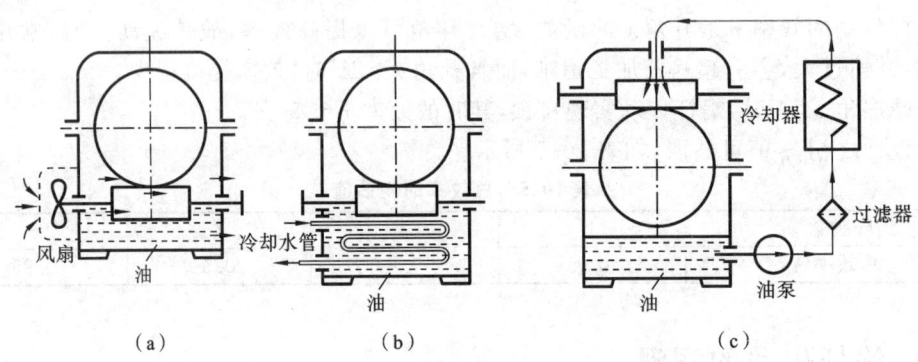

图 10-10　蜗杆传动的散热

 习题 10

一、单选题

1.蜗杆传动由蜗杆和蜗轮组成,一般蜗杆为主动件,通常交错角为(　　)。

A.30°　　　　　　B.60°　　　　　　C.90°

2.蜗杆传动广泛应用于各种机械和仪表中,常用作(　　)。

A.加速　　　　　　B.减速　　　　　　C.匀速

3.蜗杆直径 d_1 越小,导程角 γ 越大,则传动效率越(　　)。

A.低　　　　　　　B.不变　　　　　　C.高

4.蜗杆头数少,导程角 γ 也小,则传动效率低,自锁性(　　)。

A. 好　　　　　　　B. 差　　　　　　　C. 不变

5. 在蜗杆传动中,由于材料和结构上的原因,蜗杆螺旋部分的强度总是高于蜗轮轮齿强度,所以失效常发生在(　　)轮齿上。

A. 蜗轮　　　　　　B. 蜗杆　　　　　　C. 蜗轮和蜗杆

二、简答题

1. 蜗杆传动的特点及使用条件是什么?

2. 蜗杆传动的传动比如何计算? 能否用分度圆直径之比表示传动比? 为什么?

3. 与齿轮传动相比较,蜗杆传动的失效形式有何特点? 为什么?

4. 蜗杆传动的设计准则是什么?

5. 何谓蜗杆传动的中间平面? 中间平面上的参数在蜗杆传动中有何重要意义?

6. 蜗杆、蜗轮常用的材料有哪些? 选择材料的主要依据是什么?

7. 试述蜗杆直径系数的意义,为何要引入蜗杆直径系数 q?

8. 蜗杆的头数 z_1 及升角 λ 对啮合效率各有何影响?

三、绘图和计算题

1. 标出题图 10-11 中未注明蜗杆或蜗轮的旋向及转向(蜗杆为主动件),并绘出蜗杆和蜗轮啮合点作用力的方向。

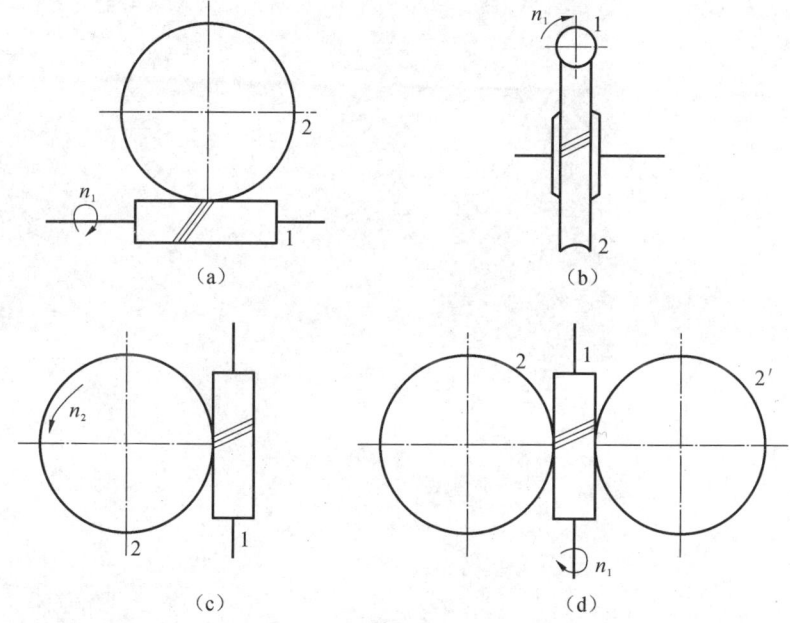

图 10-11

2. 设计运输机的闭式蜗杆传动。已知:电动机功率 $P=3$ kW,转速 $n=960$ r/min,蜗杆传动比 $i=21$,工作载荷平稳,单向连续运转,每天工作 8 h,要求使用寿命为 5 年。

第 11 章
轮系

◀ **教学目标**

(1) 了解轮系的特点、类型和应用。

(2) 掌握定轴轮系传动比的计算。

(3) 掌握行星轮系传动比的计算。

(4) 掌握混合轮系传动比的计算。

11

◀◀ 11.1 轮系的类型 ▶▶

由一系列相互啮合的齿轮组成的齿轮传动装置称为轮系。前面章节中介绍了一对齿轮啮合传动的问题,一对齿轮的啮合传动是最简单的轮系。轮系可以实现多方面的传动要求。

根据轮系中各齿轮的轴线是否固定,轮系可分为定轴轮系和行星轮系。

一、定轴轮系

各齿轮的轴线均固定不动的轮系称为定轴轮系,如图 11-1 所示。在定轴轮系中,根据齿轮轴线之间的位置关系可以将轮系分为平面定轴轮系和空间定轴轮系。

齿轮的轴线相互平行的轮系称为平面定轴轮系,如图 11-1(a)所示。若轮系中齿轮的轴线存在不平行的情况,则该轮系称为空间定轴轮系,如图 11-1(b)所示。

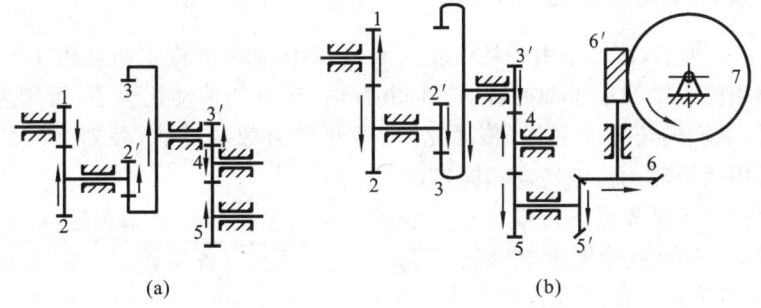

图 11-1　定轴轮系

二、行星轮系

只要有一个齿轮的轴线是绕其他齿轮的轴线转动的,该轮系就称为行星轮系。如图 11-2 所示,齿轮 2 的轴线 O_1 绕齿轮 1 的轴线 O 转动,所以该轮系称为行星轮系。齿轮 2 既有自转又有公转,称为行星轮,支撑行星轮的构件 H 称为行星架。与行星轮相啮合而其轴线固定不动的齿轮 1、3 称为中心轮或太阳轮。

行星轮系又可分为差动轮系和简单行星轮系。如图 11-2(a)所示为差动轮系,其自由度为 2,它的特点是有两个活动太阳轮;图 11-2(b)所示为简单行星轮系,其自由度为 1,它的特点是有一个固定太阳轮。差动轮系由两个原动件输入运动,简单行星轮系由一个原动件输入运动。

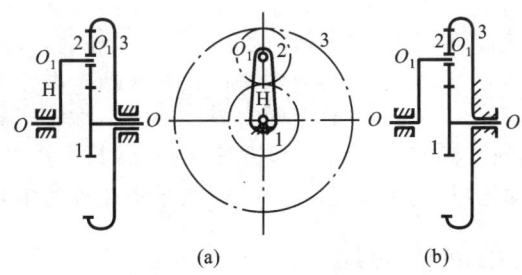

图 11-2　行星轮系

◀ **11.2　定轴轮系传动比的计算** ▶

一、轮系的转动比

轮系运动时,输入轴与输出轴的角速度之比称为轮系的传动比。

定轴轮系的传动比通常为输入轴所在齿轮与输出轴所在齿轮的角速度之比。设 A 为输入轴,B 为输出轴,轮系的传动比 i_{AB} 表示为

$$i_{AB} = \frac{\omega_A}{\omega_B} = \frac{n_A}{n_B} \tag{11-1}$$

式中:ω_A、n_A——输入轴(或齿轮)的角速度、转速;

ω_B、n_B——输出轴(或齿轮)的角速度、转速。

二、平面定轴轮系的传动比

如图 11-1(a)所示,该轮系由圆柱齿轮组成,它们的轴线均固定而且相互平行,故称为平面定轴轮系。当输入轴与输出轴的转动方向相同时,轮系的传动比为正,否则为负。一对齿轮啮合传动时,它们的角速度之比(传动比)与两轮的齿数成反比,外啮合时两齿轮转向相反,取"一"号,内啮合时两齿轮转向相同,取"+"号。

下面据此推导定轴轮系的传动比计算公式。设齿轮 1 所在的轴为输入轴,齿轮 5 所在的轴为输出轴,各轮齿数分别为 z_1、z_2、$z_{2'}$、z_3、$z_{3'}$、z_4 及 z_5,各轮转速分别为 n_1、n_2、$n_{2'}$、n_3、$n_{3'}$、n_4 及 n_5,又因为齿轮 2、$2'$ 及齿轮 3、$3'$ 分别在同一轴上,所以 $n_2 = n_{2'}$,$n_3 = n_{3'}$,故

$$i_{12} = \frac{n_1}{n_2} = -\frac{z_2}{z_1}, \quad i_{2'3} = \frac{n_{2'}}{n_3} = \frac{z_3}{z_{2'}}$$

$$i_{3'4} = \frac{n_{3'}}{n_4} = -\frac{z_4}{z_{3'}}, \quad i_{45} = \frac{n_4}{n_5} = -\frac{z_5}{z_4}$$

将以上各式相乘,得

$$i_{12} \cdot i_{2'3} \cdot i_{3'4} \cdot i_{45} = \frac{n_1}{n_2} \frac{n_{2'}}{n_3} \frac{n_{3'}}{n_4} \frac{n_4}{n_5} = \left(-\frac{z_2}{z_1}\right)\left(\frac{z_3}{z_{2'}}\right)\left(-\frac{z_4}{z_{3'}}\right)\left(-\frac{z_5}{z_4}\right)$$

经过整理得到

$$i_{15} = \frac{n_1}{n_5} = -\frac{z_2 z_3 z_4 z_5}{z_1 z_{2'} z_{3'} z_4}$$

上式右边的分子为各对啮合齿轮的从动轮的齿数乘积,分母为主动轮的齿数乘积,带"一"号是由于经过 3 次外啮合,转向改变了 3 次,$(-1)^3 = -1$,内啮合不改变转向,不予考虑。

推广到一般情况,从输入轴 A 到输出轴 B,经过了 m 次外啮合,则轮系的传动比为

$$i_{AB} = \frac{n_A}{n_B} = (-1)^m \frac{各对啮合齿轮的从动轮齿数乘积}{各对啮合齿轮的主动轮齿数乘积} \tag{11-2}$$

注意:在该轮系中齿轮 4 同时与齿轮 $3'$ 和齿轮 5 啮合,其齿数可在上述计算中约去,即齿轮 4 不影响轮系的传动比,只起到改变转向的作用,该齿轮称为惰轮。

三、空间定轴轮系的传动比

如图 11-1(b)所示,由于该轮系有的轴线不是相互平行的,故不能用转向相同或相反来

描述参与啮合的齿轮的转向。

空间定轴轮系传动比的大小仍然可用式(11-2)计算,但是$(-1)^m$没有意义,代入该公式计算时可以不考虑符号,齿轮的转向应通过画箭头的方法来确定。

下面举例说明空间定轴轮系的传动比计算。

【例 11-1】 在图 11-1(b)所示的轮系中,已知$z_1=20$,$z_2=28$,$z_{2'}=24$,$z_3=120$,$z_{3'}=21$,$z_5=25$,$z_{5'}=25$,$z_6=30$,$z_{6'}=2$,$z_7=40$,$n_1=3\ 000$ r/min,试求蜗轮 7 的转速n_7和转动方向。

解 因为该轮系中蜗轮及锥齿轮 6 的轴线与其他轮轴线不平行,用式(11-2)只能计算传动比的大小,有

$$i_{17}=\frac{n_1}{n_7}=\frac{z_2 z_3 z_5 z_6 z_7}{z_1 z_{2'} z_3 z_{3'} z_{5'} z_{6'}}=\frac{28\times120\times25\times30\times40}{20\times24\times21\times25\times2}=200$$

$$n_7=\frac{n_1}{i_{17}}=\frac{3\ 000}{200}\ \text{r/min}=15\ \text{r/min}$$

n_1与n_7的转向如图 11-1(b)中箭头所示。注意:锥齿轮啮合时,两个齿轮的箭头方向总是相向或相背。

11.3 行星轮系传动比的计算

一、单级行星轮系传动比的计算

通过对行星轮系和定轴轮系的观察分析可以发现,它们之间的根本区别就在于行星轮系中有转动的系杆,使得行星轮既有自转又有公转,那么各轮之间的传动比计算就不再是与齿数成反比的简单关系了。

由于这个差别,行星轮系的传动比就不能直接利用定轴轮系的方法进行计算。但是根据相对运动原理,假如给整个行星轮系加上一个公共的角速度$-\omega_H$,则各个齿轮、构件之间的相对运动关系仍将不变,但这时系杆的绝对运动角速度为$\omega_H-\omega_H=0$,即系杆相对变为"静止不动",于是行星轮系便转化为定轴轮系了,称这种经过一定条件转化得到的假想定轴轮系为原行星轮系的转化机构或转化轮系。利用这种方法求解轮系的方法称为转化轮系法,如图 11-3 所示。

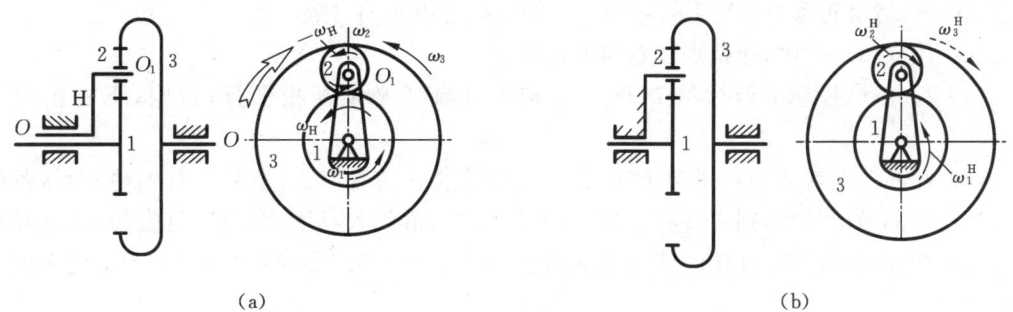

(a)   (b)

图 11-3 转化轮系法

如图 11-3(a)所示的一基本轮系,按照上述方法转化后得到定轴轮系如图 11-3(b)所

示。在转化轮系中,各构件的角速度变化情况见表 11-1。故可以求出此转化轮系的传动比为

$$i_{13}^{H} = \frac{\omega_1^{H}}{\omega_3^{H}} = \frac{\omega_1 - \omega_H}{\omega_3 - \omega_H} = -\frac{z_2 z_3}{z_1 z_2} = -\frac{z_3}{z_1} \tag{11-3}$$

式中:"一"表示在转化轮系中 ω_1^{H} 和 ω_3^{H} 转向相反。

表 11-1　转化轮系速度变化情况

构　　件	原有角速度	转化后角速度
行星架 H	ω_H	$\omega_H - \omega_H = 0$
齿轮 1	ω_1	$\omega_1^{H} = \omega_1 - \omega_H$
齿轮 2	ω_2	$\omega_2^{H} = \omega_2 - \omega_H$
齿轮 3	ω_3	$\omega_3^{H} = \omega_3 - \omega_H$
机架 4	$\omega_4 = 0$	$\omega_4 = -\omega_H$

作为差动轮系,任意给定两个基本构件的角速度(包括大小和方向),则另一个构件的基本角速度(包括大小和方向)便可以求出,从而就可以求出该轮系中三个基本构件中任意两个构件间的传动比。

由前面所述可以看出,转化轮系中构件之间传动比的求解通式为

$$i_{mn}^{H} = \frac{\omega_m - \omega_H}{\omega_n - \omega_H} \tag{11-4}$$

若上述差动轮系中的太阳轮 1 和 3 之中的一个固定,如令 $\omega_3 = 0$,则轮系就转化为行星轮系,此时行星轮系的转化轮系传动比为

$$i_{13}^{H} = \frac{\omega_1^{H}}{\omega_3^{H}} = \frac{\omega_1 - \omega_H}{0 - \omega_H} = -\frac{z_3}{z_1}$$

即

$$i_{1H} = \frac{\omega_1}{\omega_H} = 1 - i_{13}^{H} \tag{11-5}$$

设行星轮系中太阳轮为任意两轮 1、k,其转速分别为 n_1、n_k,则在该行星轮系的转化轮系中,两轮的传动比通用表达式 i_{1k}^{H} 为

$$i_{1k}^{H} = \frac{n_1^{H}}{n_k^{H}} = \frac{n_1 - n_H}{n_k - n_H} = (-1)^m \frac{各对啮合齿轮的从动齿轮齿数的连乘积}{各对啮合齿轮的主动齿轮齿数的连乘积} \tag{11-6}$$

式中:m——行星轮系中齿轮 1 与齿轮 k 之间外啮合齿轮的对数。

在应用式(11-6)时,应特别注意如下几点。

(1) 齿轮 1、齿轮 k 与行星架 H 三个构件的轴线必须互相平行;否则,不能应用该式。

(2) 齿轮 1、齿轮 k 与行星架 H 三个构件的转速本身含有正、负号。对差动轮系,若已知两个构件的转向相反,则应将其中的一个转速以正值代入,另一转速以负值代入,这样求得的第三个构件的转速,其转向就可根据其正、负号来确定;对简单行星轮系,固定的太阳轮的转速为零。

(3) $i_{1k} \neq i_{1k}^{H}$。i_{1k} 是行星轮系中齿轮 1 与齿轮 k 的传动比,而 i_{1k}^{H} 是该行星轮系的转化轮系的传动比。

(4) 行星轮系与定轴轮系的差别就在于有无系杆(行星轮)存在。

【例 11-2】 如图 11-4 所示的行星轮系中,已知 $z_1=33,z_2=24,z_3=29,z_4=78$,均为标准齿轮传动。试求 i_{1H}。

解 由式(11-3)得

$$i_{14}^H = \frac{n_1^H}{n_4^H} = \frac{n_1 - n_H}{n_4 - n_H} = -\frac{z_2}{z_1}\frac{z_4}{z_3}$$

因为 $n_4 = 0$,得

$$\frac{n_1 - n_H}{0 - n_H} = -\frac{z_2}{z_1}\frac{z_4}{z_3}$$

所以

$$i_{1H} = \frac{n_1}{n_H} = 1 + \frac{z_2}{z_1}\frac{z_4}{z_3} = 1 + \frac{24 \times 78}{33 \times 29} = 2.956$$

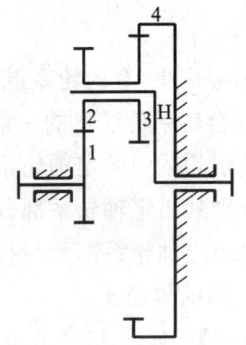

图 11-4 行星轮系传动比的计算

计算结果 i_{1H} 为正值,表明行星架 H 与轮 1 转向相同。

二、多级行星轮系传动比的计算

多级行星轮系传动比是建立在各单级行星轮系传动比基础上的。具体计算方法是:把整个轮系分解为几个单级行星轮系,然后分别列出各单级行星轮系转化机构的传动比计算式,最后再根据相应的关系联立求解。

划分单级行星轮系的方法是:

(1) 找出行星轮和相应的行星架(行星轮的支架);

(2) 找出和行星齿轮相啮合的中心轮;

(3) 由行星轮、中心轮、行星架和机架组成的就是单级行星轮系;

(4) 列出各自独立的转化轮系的传动比方程,进行求解。

在多级行星轮系中,划分出一个单级行星轮系后,其余部分可按上述方法继续划分,直至划分完毕为止。

【例 11-3】 如图 11-5 所示,已知 $z_1=25,z_2=50,z_3=z_5=20,z_4=40,z_6=80,n_1=900$ r/min,且顺时针转动,求 n_H。

解 (1)分解轮系。齿轮 3、4、5、6 及 H 杆组成一行星轮系,齿轮 1、2 组成一定轴轮系。

(2) 分别列出各单级轮系的传动比计算式。

定轴轮系

$$i_{12} = \frac{n_1}{n_2} = -\frac{z_2}{z_1} = -2$$

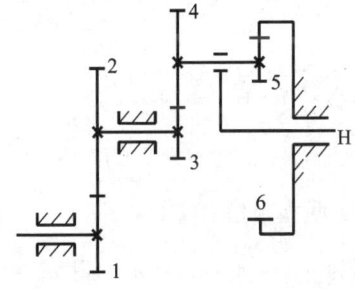

图 11-5 混合轮系传动比的计算

行星轮系

$$i_{36}^H = \frac{n_3 - n_H}{n_6 - n_H} = (-1)^1 \frac{z_4}{z_3}\frac{z_6}{z_5} = -8$$

(3) 找出各轮系的转速关系。联立求解,设 n_1 为正,得

$$n_H = -50 \text{ r/min}$$

负号表示系杆 H 与齿轮 1 转向相反。

◀ **11.4 混合轮系传动比的计算** ▶

在实际应用中,有的轮系既包含定轴轮系又包含行星轮系,则形成混合轮系。

计算混合轮系传动比的一般步骤如下。

(1) 区别轮系中的定轴轮系部分和行星轮系部分。

(2) 分别列出定轴轮系部分和行星轮系部分的传动比公式,并代入已知数据。

(3) 找出定轴轮系部分与行星轮系部分之间的运动关系,并联立求解即可求出组合轮系中两轮之间的传动比。

【例 11-4】 如图 11-6 所示,已知 $z_1=24$,$z_2=33$,$z_2'=21$,$z_3=78$,$z'_3=18$,$z_4=30$,$z_5=78$,均为标准齿轮传动,试求 i_{15}。若电动机转速 $n_1=1450$ r/min,求卷筒转速 n_5 为多少?

解 (1) 划分行星轮系及定轴轮系。齿轮 $2(2')$ 为双联行星齿轮,支承行星齿轮的齿轮 5 为行星架 H,齿轮 1、3 为中心轮。所以构件 1、$2(2')$、3、$5(H)$ 组成单一行星轮系。其余齿轮 $3'$、4、5 轴线不动且互相啮合组成定轴轮系。

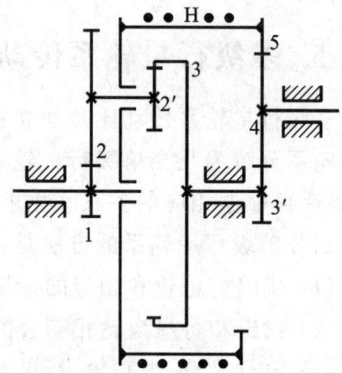

(2) 分别列出行星轮系及定轴轮系的传动比计算式。由构件 1、$2(2')$、3、$5(H)$ 组成的行星轮系中,有

$$i_{13}^{H}=\frac{n_1-n_H}{n_3-n_H}=-\frac{z_2 z_3}{z_1 z_2'}$$

代入数据,有

$$\frac{n_1-n_H}{n_3-n_H}=-\frac{33\times78}{24\times21}$$

图 11-6 混合轮系传动比的计算

对于由齿轮 $3'$、4、5 组成的定轴轮系,有

$$i_{3'5}=\frac{n_{3'}}{n_5}=-\frac{z_4 z_5}{z_{3'} z_4}=-\frac{z_5}{z_{3'}}$$

代入数据,有

$$\frac{n_{3'}}{n_5}=-\frac{78}{18}$$

(3) 联立求解。

因为 $n_H=n_5$,$n_3=n_{3'}$,得 $n_{3'}=-\dfrac{78}{18}n_5$,有

$$\frac{n_1-n_5}{-\dfrac{78}{18}n_5-n_5}=\frac{33\times78}{24\times21}$$

整理后得

$$i_{15}=\frac{n_1}{n_5}=1+\frac{33\times78}{24\times21}\left(1+\frac{78}{18}\right)=28.24$$

电动机转速为

$$n_1=1450 \text{ r/min}$$

则卷筒转速为

$$n_5 = \frac{n_1}{i_{15}} = \frac{1450}{28.24} = 51.35 \ \text{r/min}$$

n_5 为正值,表明卷筒转向与电动机轴转向相同。

◀ 11.5 轮系的应用 ▶

轮系的应用十分广泛,主要有以下几个方面。

一、实现相距较远的传动

当两轴中心距较大时,若仅用一对齿轮传动,两齿轮的尺寸较大,结构很不紧凑。若改用定轴轮系传动,则可缩小传动装置所占空间,如图 11-7 所示。

二、获得大传动比

当两轴之间需要很大的传动比时,固然可以用多级齿轮组成的定轴轮系来实现,但由于轴和齿轮的增多,会导致结构复杂。若采用行星轮系,则只需很少几个齿轮,就可获得很大的传动比,如图 11-8 所示。

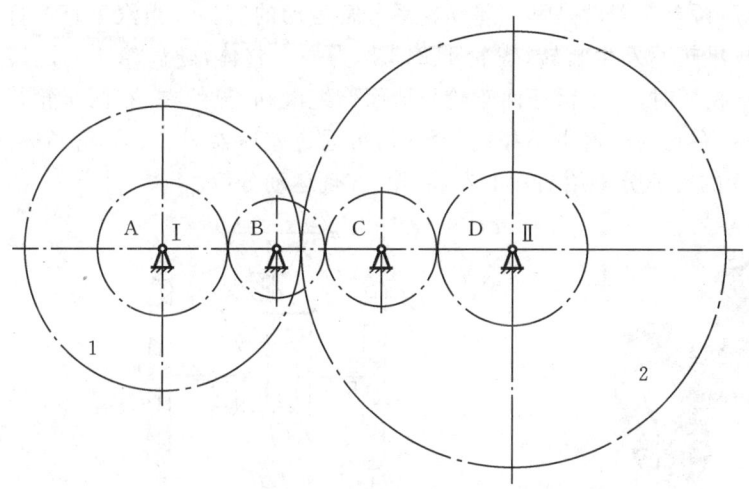

图 11-7　相距较远两轴间传动

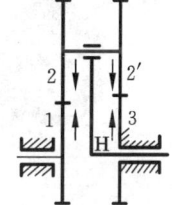

图 11-8　大传动比行星轮系

三、实现变速、换向和分路传动

所谓变速和换向,是指主动轴转速不变时,利用轮系使从动轴获得多种工作速度,并能方便地在传动过程中改变速度的方向,以适应工件条件的变化。

所谓分路传动,是指主动轴转速一定时,利用轮系将主动轴的一种转速同时传到几根从动轴上,获得所需的各种转速。

如图 11-9 所示为车床上走刀丝杠的三星轮换向机构,扳动手柄可实现两种传动方案。

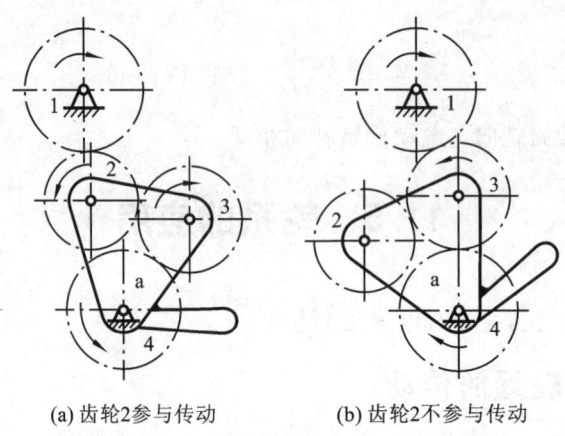

(a) 齿轮2参与传动   (b) 齿轮2不参与传动

图 11-9   实现换向传动

四、运动的合成与分解

具有两个自由度的行星齿轮系可以用作实现运动的合成和分解。即将两个输入运动合成为一个输出运动，或将一个输入运动分解为两个输出运动。

差动轮系能将两个独立的运动合成为一个运动。在一定的条件下，还可以将一主动件的运动按所需比例分解为另外两个从动件的运动。

如图 11-10 所示的汽车后桥差速器就是利用差动轮系分解运动的实例。当汽车直线行驶时，左、右两轮转速相同，行星轮不发生自转，齿轮 1、2、3 作为一个整体，随齿轮 4 一起转动，此时 $n_1 = n_3 = n_4$。当汽车拐弯时，为了保证两车轮与地面作纯滚动，显然左、右两车轮行走的距离应不相同，即要求左、右轮的转速也不相同。此时，可通过差速器（1、2、3）轮和（1、$2'$、3）轮将发动机传到齿轮 5 的转速分配给后面的左、右轮，实现运动分解。

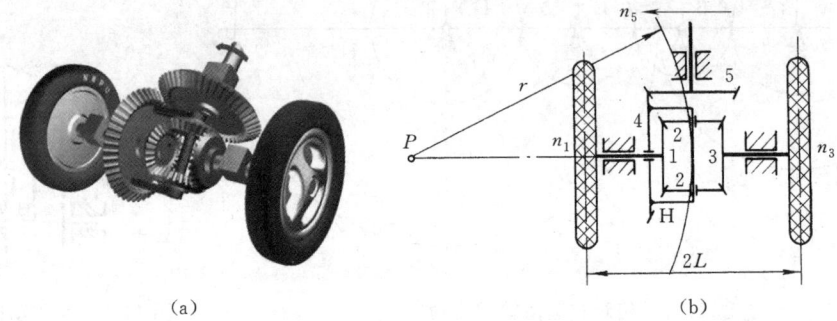

(a)   (b)

图 11-10   汽车后桥差速器

差动轮系广泛应用于飞机、汽车、船舶、农机和起重机以及其他机械的动力传动中。

 习题 11

一、简答题

1.定轴齿轮系与行星齿轮系的主要区别是什么？

2.各种类型齿轮系的转向如何确定？$(-1)^m$ 的方法适用于何种类型的齿轮系？

3.“转化机构法”的根据何在？

二、计算题

1. 如图 11-11 所示，已知 $n_1 = 500$ r/min，$z_1 = 20$，$z_2 = 40$，$z_3 = 30$，$z_4 = 50$，求 n_4。

2. 如图 11-12 所示，已知 $n_1 = 20$ rad/s，$z_1 = z_3 = 10$，$z_2 = z_4 = 15$，$z_5 = z_6 = 8$，求 n_6。

3. 在图 11-13 所示输送带的减速器中，已知 $z_1 = 10$，$z_2 = 32$，$z_3 = 74$，$z_4 = 72$，$z_{2'} = 30$，电动机的转速为 1450 r/min，求输出轴的转速 n_4。

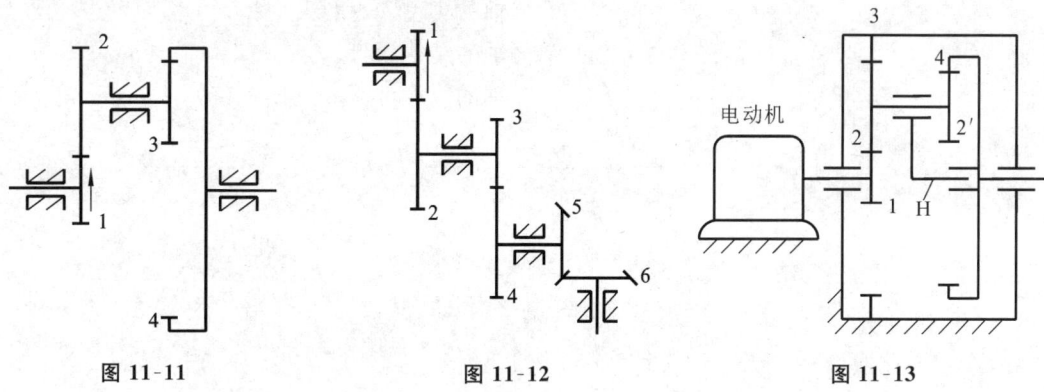

图 11-11　　　　　　　图 11-12　　　　　　　图 11-13

第 12 章
轴

◀ **教学目标**

（1）了解轴的类型和材料。

（2）掌握轴的结构设计。

（3）掌握轴的强度计算和刚度校核。

◀ 12.1 轴的类型和材料 ▶

轴是机械设备中的重要零件之一,它的主要功能是支承轴上的回转零件,如齿轮、车轮和带轮等,以实现回转运动并传递动力,轴要由轴承支承,以承受作用在轴上的载荷。

一、轴的类型

1. 按承载情况

按轴在工作时的承载情况可分为心轴、传动轴和转轴三类。

1) 心轴

心轴是用来支承转动的零件,是只承受弯矩而不承受转矩的轴。心轴可以随转动的零件一起转动,如铁路车辆的轴,如图 12-1 所示;也可以是不转动的,如自行车的前轮轴,如图 12-2 所示。

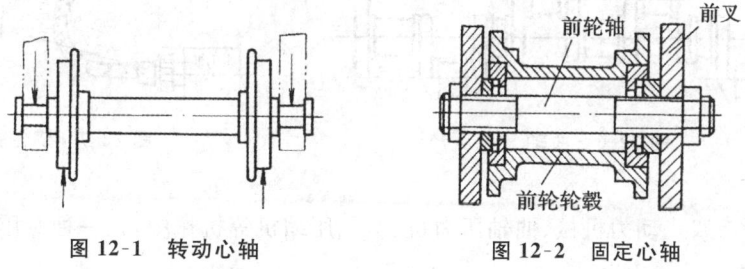

图 12-1 转动心轴   图 12-2 固定心轴

2) 传动轴

传动轴是主要承受转矩而不承受弯矩或所受弯矩很小的轴,如汽车变速箱与驱动桥(后桥)之间的传动轴,如图 12-3 所示。

3) 转轴

转轴是工作时既承受弯矩又承受转矩的轴,如图 12-4 所示。转轴是机械中最常见的轴,如汽车变速箱中的轴、齿轮减速器中的轴。

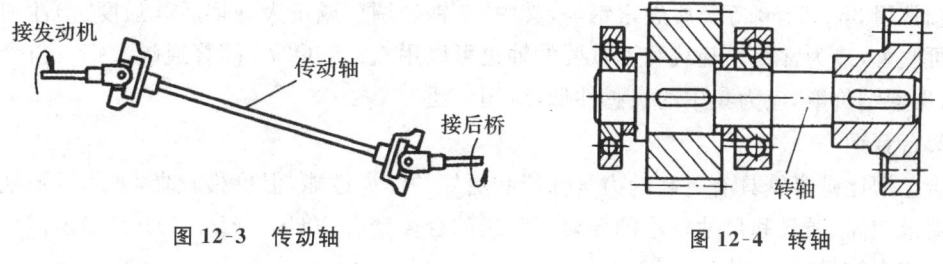

图 12-3 传动轴   图 12-4 转轴

2. 按轴线形状

按轴线形状不同,轴还可以分为直轴(见图 12-5)、曲轴(见图 12-6)和挠性轴(见图 12-7)三类。

1) 直轴

直轴包括光轴及阶梯轴。光轴指各处直径相同的轴。阶梯轴指各段直径不同的轴。阶梯轴便于轴上零件的定位、紧固、装拆,在机械中最常见。有时为了减轻重量或满足某种使用要求,将轴制造成空心的,称为空心轴,如汽车的传动轴和一些机床的主轴。

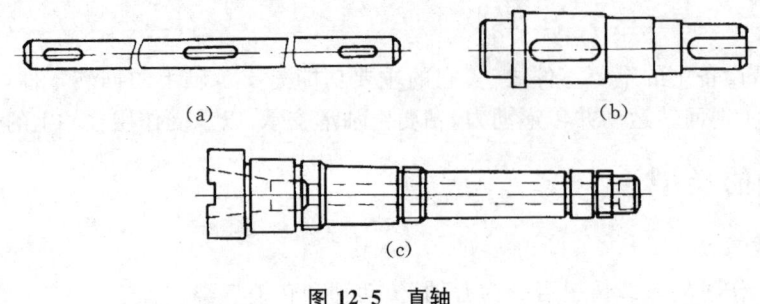

图 12-5　直轴

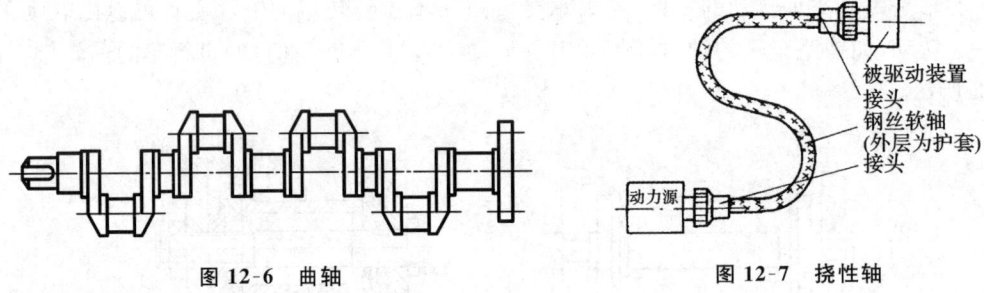

图 12-6　曲轴　　　　　　　　　图 12-7　挠性轴

2) 曲轴

曲轴用于活塞式动力机械、曲轴压力机、空气压缩机等机械中,是一种专用零件。

3) 挠性轴

挠性轴通常是由几层紧贴在一起的钢丝层构成的,可以把动力和运动灵活地传到任何位置。挠性轴常用于振捣器和医疗设备中。

二、轴的材料

轴的常用材料主要是碳素钢和合金钢,也可采用铸铁。钢轴的坯料多是轧制钢或锻件。

1. 碳素钢

轴常用 35、45、50 等优质碳素钢等,其中 45 钢经调质或正火处理后其强度、塑性和韧度等均可改善,最为常用。轻载和不重要的轴也可以用 Q235、Q275 等普通碳素钢。与合金钢相比,碳素钢价廉,应力集中的敏感性低,应用广泛。

2. 合金钢

合金钢比碳素钢具有更高的力学性能和更好的淬火性能,但价格较贵,多用于强度和耐磨性要求较高、质量和尺寸较小的场合。常用的合金钢有 20Cr、40Cr、40MnB 等。但合金钢对应力集中较敏感,且价格较高。

3. 铸铁

铸造高强度合金铸铁或球墨铸铁毛坯容易用来做成复杂形状的轴,如曲轴、凸轮轴等,而且价格低廉,吸振性和耐磨性好,对应力集中的敏感性较低,其缺点是冲击韧度低,铸造品质不易控制。

表 12-1 列出了轴的常用材料及其主要力学性能,供设计时参考选用。

表 12-1　轴的常用材料及其主要力学性能

材料牌号	热处理	毛坯直径/mm	硬度/HBS	强度极限 σ_b/MPa	屈服强度极限 σ_s/MPa	弯曲疲劳极限 σ_{-1}/MPa	剪切疲劳极限 τ_{-1}/MPa	许用弯曲应力 $[\sigma_{-1}]$/MPa	应用说明
Q235A	热轧或锻后空冷	≤100	—	400～420	225	170	105	40	用于不重要及受载荷不大的轴
		>100～250	—	375～390	215				
45	正火回火	≤100	170～217	590	295	225	140	55	应用最广泛
		>100～300	162～217	570	285	245	135		
	调质	≤200	217～255	640	355	275	155	60	
40Cr	调质	≤100	241～286	735	540	355	200	70	用于载荷较大,而无很大冲击的重要轴
		>100～300		685	490	355	185		
40CrNi	调质	≤100	270～300	900	735	430	260	75	用于很重要的轴
		>100～300	240～270	785	570	370	210		
38SiMnMo	调质	≤100	229～286	735	590	365	210	70	用于重要的轴,性能近于 40CrNi
		>100～300	217～269	685	540	345	195		
38CrMoAlA	调质	≤60	293～321	930	785	440	280	75	用于要求高耐磨性、高强度且热处理(氮化)变形很小的轴
		>60～100	277～302	835	685	410	270		
		>100～160	241～277	785	590	375	220		
20Cr	渗碳淬火回火	≤60	56～62 HRC	640	390	305	160	60	用于要求强度及韧度均较高的轴
3Cr13	调质	≤100	≥241	835	635	395	230	75	用于腐蚀条件下的轴
1Cr18Ni9Ti	淬火	≤100	≤192	530	195	190	115	5	用于高低温及腐蚀条件下的轴
						180	110		
		100～200		490					
QT600-3	—	—	190～270	600	370	215	185		用于制造复杂外形的轴
QT800-2	—	—	245～335	800	480	290	250		

注:剪切屈服极限 $\tau_s \approx (0.55～0.62)\,\sigma_s$,$\sigma_0 \approx 1.4\sigma_{-1}$,$\tau_0 \approx 1.5\tau_{-1}$。

◀ 12.2 轴的结构设计 ▶

轴的结构设计的目的就是要确定出轴的合理外形和全部结构尺寸。轴的结构主要取决于以下因素。

(1) 轴在机器中的安装位置及形式。

(2) 轴上安装的零件的类型、尺寸、数量、位置以及和轴连接的方式。

(3) 载荷的性质、大小、方向及分布情况。

(4) 轴的加工工艺、装配方法以及其他特殊要求。

轴的结构设计主要要求是:轴和轴上零件要有准确、牢固的工作位置;轴上零件装拆、调整方便;轴应具有良好的制造工艺性,便于加工;改善轴的受力状况,尽量避免应力集中等。

下面以图 12-8 所示的某减速器低速轴为例,讨论轴的结构设计的主要要求。

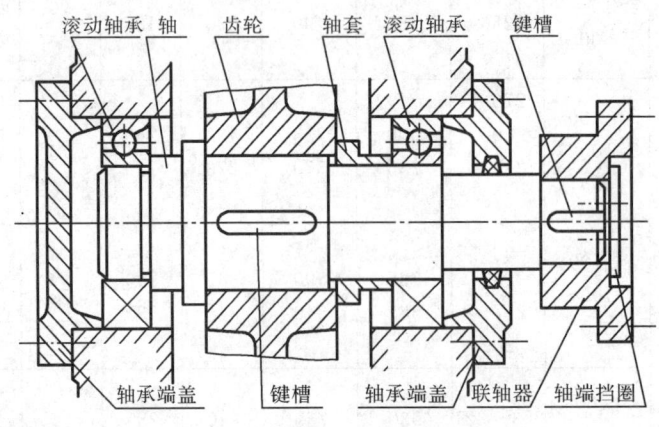

图 12-8 轴的结构

一、合理拟定轴上零件的装配方案

拟定轴上零件的装配方案是进行轴的结构设计的前提,它决定着轴的基本形式。所谓装配方案,就是预定出轴上主要零件的装配方向、顺序和相互关系。不同的装配方案可以得出不同的轴的结构形式,进而决定了轴的受力形式。图 12-8 中轴的装配方案是:齿轮、轴套、右端轴承、轴承端盖、半联轴器依次从轴的右端向左安装,左端只装轴承及其端盖。

在进行轴的结构设计时,应当拟定几种不同的结构方案,以便分析对比,选择一个较为合理的装配方案。

二、初定轴的最小直径和各段长度

初步确定轴的直径时,由于不能确定支反力的作用点,因此也不能准确确定弯矩的大小和分布情况,因而也就不能按轴所受的弯矩等来确定其直径。这时,轴所受扭矩已知,仅能按抗扭强度来初步估算轴的直径,这样求出的直径只能作为仅受扭矩的那一段轴的最小直径 $d_{\min}$。轴的最小直径也可由设计者参照同类机器取定或凭经验用类比的方法取定。

求得 $d_{\min}$ 后,还应将此轴径按标准直径进行圆整,然后再按所拟定的装配方案,从 $d_{\min}$ 处起考虑轴上零件定位等要求逐步确定各段轴的直径及长度。轴的各段长度主要是根据轴上各零件与轴配合部分的轴向尺寸、位置关系及装拆要求等初步确定。

三、轴上零件定位与固定

为保证轴上零件有准确的装配和工作位置,轴上零件在周向和轴向应加以固定。

1. 周向固定

为传递运动和扭矩,防止轴上零件与轴作相对转动,轴上零件的周向固定必须可靠。常用的周向固定方法有键、花键、销、紧定螺钉、型面连接和过盈连接等。

2. 轴向固定

零件在轴上的轴向固定要准确、可靠,能承受轴向力而不产生轴向位移。轴上零件的轴向固定方法及其特点和应用如表 12-2 所示。

表 12-2　轴上零件的轴向固定方法及其特点和应用

固定方法	简　图	特点和应用场合
轴肩、轴环	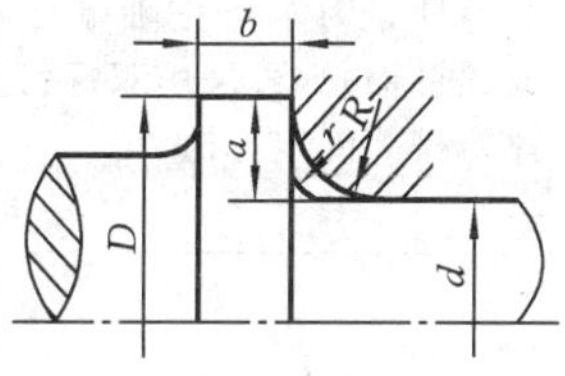 (a) 轴环 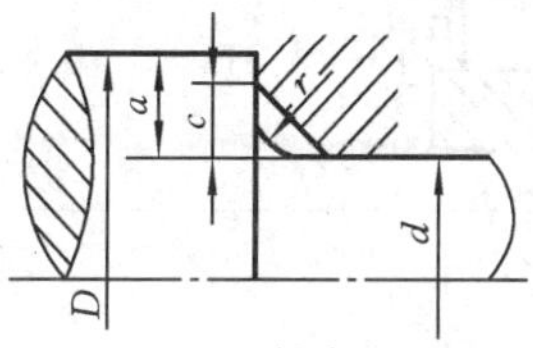　(b) 轴肩	结构简单、定位可靠,可承受较大的轴向力。缺点是该方法会使轴径增大,阶梯处形成应力集中源。为保证零件与定位面靠紧,轴上的过渡圆角半径 r 应小于轴上零件圆角半径 R 或倒角 C。一般取定位轴肩高度 $a=(0.07\sim0.1)d$,轴环宽度 $b\geqslant1.4a$
套筒、轴承端盖	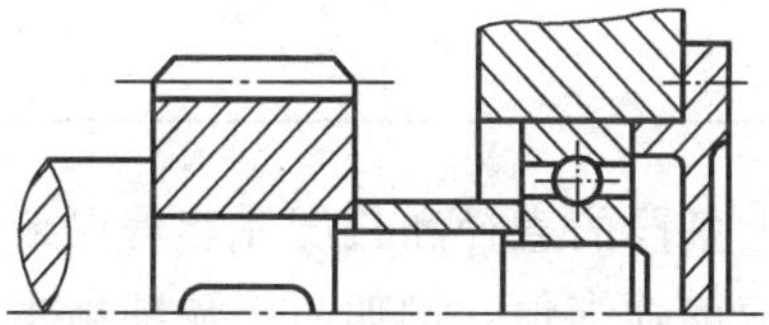	套筒定位结构简单,避免了应力集中,但增加了零件数目。一般用于零件间距较小的场合,不宜用于高速场合。轴承端盖与箱体相连而使轴承外圈得到轴向定位与固定。整个轴的轴向定位与固定也常利用端盖来实现
弹性挡圈	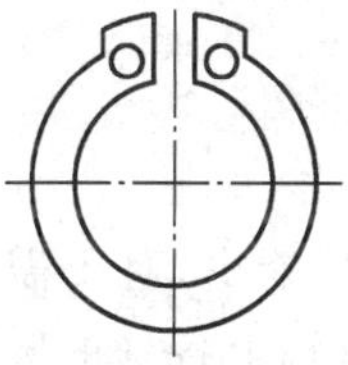 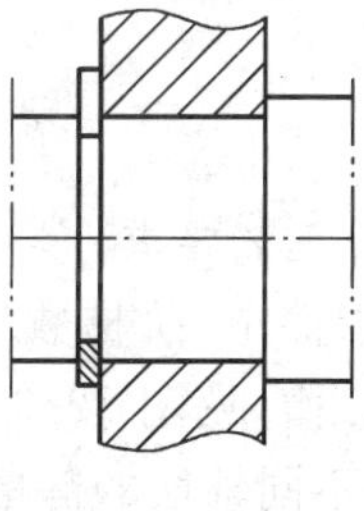	结构紧凑、简单,装拆方便,只能承受较小的轴向力。常用于轴承的固定

续表

固定方法	简 图	特点和应用场合
圆螺母	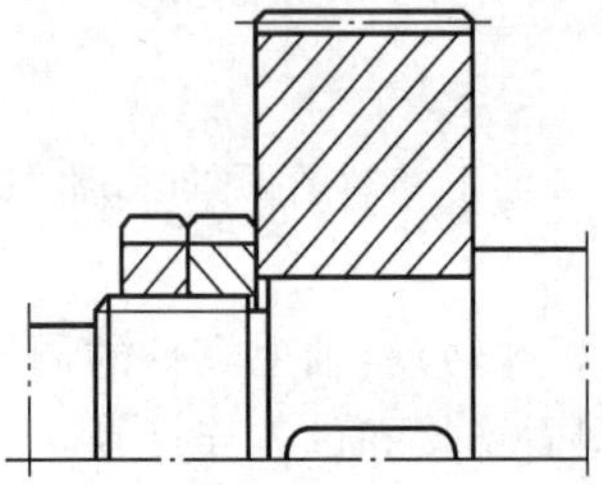	固定可靠,可承受较大的轴向力。但在螺纹处有很大的应力集中,会降低轴的疲劳强度。常用在固定装于轴端的零件上,后者采用双圆螺母或圆螺母与止动垫圈固定零件
圆锥面	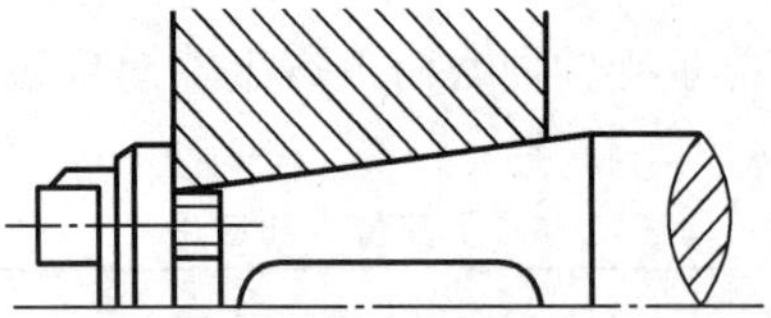	装拆较方便,且可兼做周向固定。宜用于高速、冲击及对中性要求较高的场合。常与轴端挡圈联合使用,以实现零件的双向定位
轴端挡圈	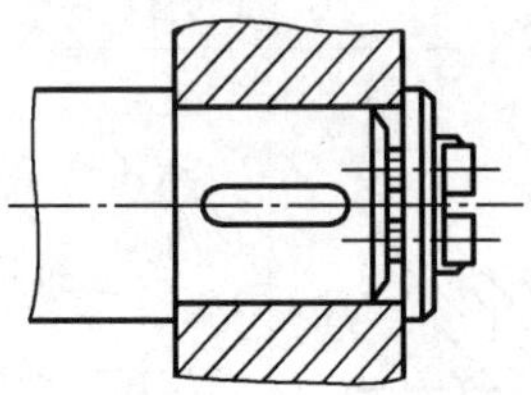	只应用于轴端,工作可靠,能承受较大的轴向力。适用于固定在轴端的零件。为了防止轴端挡圈转动造成螺钉松脱,可采用双螺钉加止动垫片防松等固定方法
紧定螺钉、锁紧挡圈	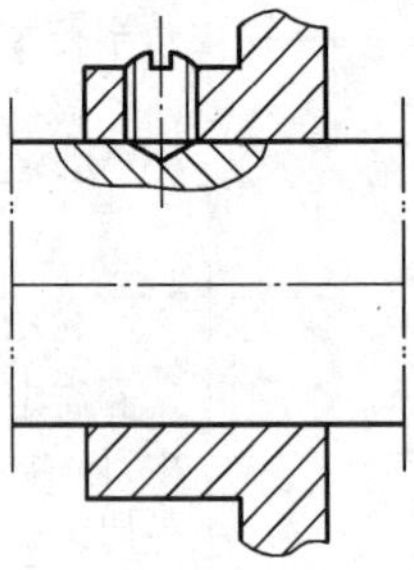	结构简单、承载能力较小,不宜用在高速场合。常用于光轴上零件的固定与定位

　　轴上零件轴向固定的方法确定后,轴上各段的直径和长度才能得以最后确定。应当注意,与标准件配合的轴段直径均应采用相应的标准值。例如与滚动轴承相配合的轴颈的直径,应符合标准滚动轴承的公称内径。在确定轴的各段长度时,为了保证轴上零件的轴向固定可靠,与齿轮和联轴器等轴上零件相配合部分的轴段长度一般应比轮毂长度略短 2～3 mm。

四、轴的结构工艺性

　　轴的结构设计还需考虑到加工、装配等工艺要求。

　　从加工工艺方面考虑,轴的形状应力求简单,阶梯数尽可能少;对于需要磨制或有螺纹的轴段,须相应留有砂轮越程槽或螺纹退刀槽(见图 12-9);轴上各处的圆角、倒角、环形切槽宽度、中心孔等尺寸应尽可能统一;轴上不同轴段的键槽应布置在同一母线上且键槽尺寸应尽量相同,以利于加工和检验(见图 12-10);滚动轴承内圈定位的轴肩、套筒的外径应小于内圈的直径,以便于拆卸轴承。此外,加工精度和表面粗糙度应适当确定,要求过高会增加成本。

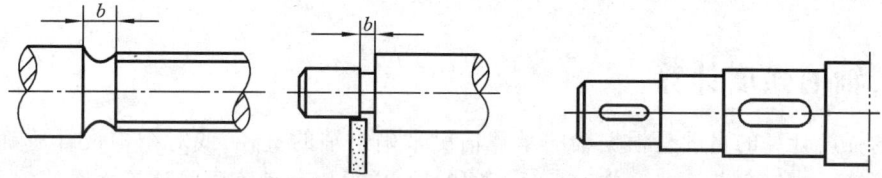

图 12-9　螺纹退刀槽和砂轮越程槽　　　　　图 12-10　键槽的布置

从装配工艺性方面考虑,各零件装配时,轴端应有倒角,以便于导向和避免擦伤零件的配合表面,轴端倒角一般为 45°。

五、提高轴的强度和刚度的措施

1. 改进轴的结构,减小应力集中

为减少轴在尺寸突变处的应力集中,应适当增大其过渡圆角半径。由于轴肩定位面要与零件接触,加大圆角半径受到限制时,可采用内凹圆角(见图 12-11(a))、加装隔离环(见图 12-11(b))或卸载槽(见图 12-11(c))等结构形式。

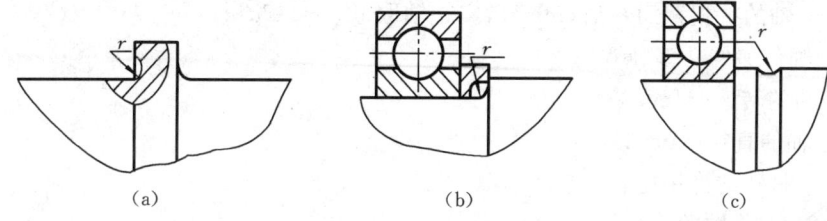

(a)　　　　　　　　　　(b)　　　　　　　　　　(c)

图 12-11　减少应力集中的措施

2. 改善轴的表面质量,提高轴的疲劳强度

可采用对轴的表面进行辗压、喷丸、渗碳淬火、渗氮、高频淬火等表面强化处理方法来改善轴的表面质量,减小表面粗糙度,从而提高轴的疲劳强度。

3. 合理布置轴上零件,改善轴的受力状况

在进行轴的结构设计时,可采取改变轴上零件的位置以改善轴的受力状况的措施来提高轴的强度和刚度。图 12-12 所示为起重机卷筒机构的两种不同设计方案,图 12-12(a)所示的方案是大齿轮和卷筒连在一起,扭矩经大齿轮直接传给卷筒,这样卷筒轴只受弯矩而不受扭矩作用,在起重同样载荷 Q 时,轴的直径可小于图 12-12(b)所示的结构。

(a)　　　　　　　　　　　(b)

图 12-12　起重机卷筒机构

◀ 12.3 轴的强度计算和刚度校核 ▶

一、轴的强度计算

轴的强度计算的目的是根据轴的承载情况来确定轴的直径,或对结构设计所确定的轴径进行验算。对于受载情况和应力性质不同的轴,应采用两种不同的计算方法。

1. 按扭转强度计算

对于工作中只承受转矩或主要承受转矩的传动轴,可只按扭矩计算轴的直径。

对于同时承受弯矩和转矩的轴,由于在轴的结构设计之前,轴上零件的位置、尺寸尚未确定,无法计算轴上各截面的弯矩,常根据抗扭强度初步估算轴的直径。

圆截面轴的抗扭强度条件为

$$\tau = \frac{T}{W_T} = \frac{9.55 \times 10^6 \dfrac{P}{n}}{0.2d^3} \leqslant [\tau] \tag{12-1}$$

式中:τ——轴的扭转切应力(MPa);

  T——轴传递的转矩(N·mm);

  W_T——轴的抗扭截面系数(mm³),实心轴取 $W_T \approx 0.2d^3$;

  P——轴传递的功率(kW);

  n——轴的转速(r/min);

  D——轴的直径(mm);

  $[\tau]$——材料的许用扭转切应力(MPa);

由式(12-1)得轴的直径为

$$d \geqslant \sqrt[3]{\frac{9.55 \times 10^6 P}{0.2[\tau]n}} = C\sqrt[3]{\frac{P}{n}} \tag{12-2}$$

式中:C——与材料有关的系数,见表 12-3。

表 12-3 轴常用材料的[τ]值和 C 值

轴的材料	Q235,20	35	45	40Cr,35SiMn,40MnB,38SiMnMo,3Cr13,20CrMnTi
[τ]/MPa	12~20	20~30	30~40	40~52
C	160~135	135~118	118~106	98~106

注:① 当弯矩作用相对于转矩很小或只传递转矩时,[τ]取较大值,C 取较小值,反之[τ]取较小值,C 取较大值。
  ② 当用 35SiMn 钢时,[τ]取较小值,C 取较大值。

由式(12-2)求得直径后,还应考虑轴上键槽对轴强度削弱的影响来确定实际取值。一般情况下,开一个键槽轴径应增大 3%~5%,开两个键槽轴径应增大 7%。

在转轴的结构设计阶段,用式(12-2)计算出的轴径作为最小轴径的估算值。

2. 按弯扭组合强度计算

转轴的结构设计初步完成之后,轴的支点位置及轴上所受载荷的大小、方向和作用点均为已知。此时,即可求出轴的支承反力,画出弯矩图和转矩图,按弯扭组合强度条件校核或计算轴的直径。

按第三强度理论,并考虑弯曲应力和扭转切应力循环特性的不同,求出轴上危险截面处的当量应力,其强度条件为

$$\sigma_e = \frac{M_e}{W} \approx \frac{\sqrt{M^2 + (\alpha T)^2}}{W} \leqslant [\sigma_{-1}] \qquad (12\text{-}3)$$

式中:σ_e——轴上危险截面上的当量应力(MPa);

　　M_e——轴上危险截面上的当量弯矩(N·mm),$M_e = \sqrt{M^2 + (\alpha T)^2}$;

　　M——轴上危险截面上的弯矩(N·mm);

　　T——轴上危险载截面上的转矩(N·mm);

　　α——折合系数,是考虑弯矩与扭矩的循环特性不同的折合系数,分别取 0.3,0.6,1;

　　W——抗弯截面系数(mm³),实心轴取 $W = \frac{\pi d^3}{32} \approx 0.1 d^3$;

　　$[\sigma_{-1}]$——对称循环应力状态下的许用弯曲应力(MPa),见表 12-1。

弯矩引起的弯曲应力通常是对称循环变化的,而转矩引起的扭转切应力并不完全都是按对称循环变化的,故它们对轴的疲劳强度的影响程度不同。α 的取值由扭转切应力的循环特性决定:对于不变的转矩,$\alpha = 0.3$;当转矩脉动循环变化时,$\alpha = 0.6$;对于频繁正反转的轴,转矩切应力可视为对称循环应力,$\alpha = 1$。若转矩的变化规律不明确,转矩切应力一般也按脉动循环应力处理。

通常情况下,工作载荷并非作用在同一空间平面内,这时应先将这些力分解到水平面和垂直面内,并求出各支点的支反力。再绘出水平弯矩图 M_H 图和垂直弯矩图 M_V 图,以及合成弯矩 $M(M = \sqrt{M_H^2 + M_V^2})$ 图,并绘出转矩图 T 图;最后由公式 $M_e = \sqrt{M^2 + (\alpha T)^2}$ 绘出当量弯矩图。

计算实心轴的直径时,式(12-3)可写成

$$d \geqslant \sqrt[3]{\frac{M_e}{0.1[\sigma_{-1}]}} \qquad (12\text{-}4)$$

若计算的危险截面上有一键槽,可将计算出的轴径加大 3% 左右。

对重要的轴,还需作进一步的疲劳强度验算,查阅有关参考书或机械设计手册。

当只承受弯矩的心轴时,可利用式(12-3)、式(12-4)进行验算或设计计算,此时,$T = 1$。

二、轴的刚度校核

轴受载后的弹性变形量如果超过一定限度,就会使轴或轴上的零件丧失正常工作能力。因此,在某些工作条件下必须对轴进行刚度校核。此外,轴的刚度计算也是轴的振动计算的基础。

1. 轴的弯曲刚度校核

轴的弯曲刚度校核一般是计算指定点的挠度和转角,其应分别满足

$$y \leqslant [y], \quad \theta \leqslant [\theta]$$

在有些工作条件下需要对挠度加以限制,在有些工作条件下需要对转角加以限制,须具体分析。例如机床主轴,在受到切削力后如果挠度过大,会影响机床加工精度。而当轴上装有齿轮时,轴的弯曲变形会引起齿轮载荷沿齿宽方向分布不均匀。当轴支承在滚子轴承上

时,轴的支承点上的转角会影响滚子轴承的正常工作。

轴的挠度 y 和转角 θ 的计算公式参见材料力学有关内容。表 12-4 所示为轴的许用挠度和许用转角值。

表 12-4 轴的许用挠度和许用转角值

条 件	许用挠度 $[y]$/mm	部 位	许用转角值 $[\theta]$/rad
一般用途的轴	$[y_{max}]=(0.000\ 3\sim0.005)l$	滑动轴承处	$[\theta]=0.001$
刚度要求较高的轴	$[y_{max}]=0.000\ 2l$	深沟球轴承处	$[\theta]=0.005$
安装齿轮的轴	$[y]=(0.01\sim0.03)m_n$	调心球轴承处	$[\theta]=0.05$
安装蜗轮的轴	$[y]=(0.02\sim0.05)m_t$	圆柱滚子轴承处	$[\theta]=0.002\ 5$
		圆锥滚子轴承处	$[\theta]=0.001\ 6$
		安装齿轮处	$[\theta]=0.001\sim0.002$

注:l——支承间跨距(mm);m_n——齿轮法面模数(mm);m_t——蜗轮端面模数(mm)。

2.轴的扭转刚度校核

许多机器中,轴的扭转变形对扭转刚度并无多大妨碍,可不必校核扭转刚度,例如汽车传动轴的扭转变形角即使达到几度每米,扭转刚度仍能正常工作。但是,有些轴上的零件对轴的扭转变形却非常敏感,例如,内燃机配气凸轮轴如果扭转变形过大,就会影响凸轮的控制精度,因此,必须校核其扭转变形角 φ。

扭转刚度计算的条件式是

$$\varphi\leqslant[\varphi] \tag{12-5}$$

φ 的计算公式参见材料力学有关内容。对于一般传动,取许用扭转角 $[\varphi]=0.5\sim1(°)/$ m;对于精密传动,取 $[\varphi]=0.25\sim0.5\ (°)/m$;对于重要传动,$[\varphi]<0.25\ (°)/m$。

【例 12-1】 设计如图 12-13 所示的带式输送机中的单级斜齿轮减速器的低速轴。已知电动机的功率 $P=25$ kW,转速 $n_1=970$ r/min,传动零件(齿轮)的主要参数及尺寸为:法面模数为 $m_n=4$ mm,齿数比 $u=3.95$,小齿轮齿数 $z_1=20$,大齿轮齿数 $z_2=79$,分度圆上的螺旋角 $\beta=8°6'34''$,小齿轮分度圆直径 $d_1=80.81$ mm,大齿轮分度圆直径 $d_2=319.19$ mm,中心距为 $a=200$ mm,齿宽 $B_1=85$ mm,$B_2=80$ mm。

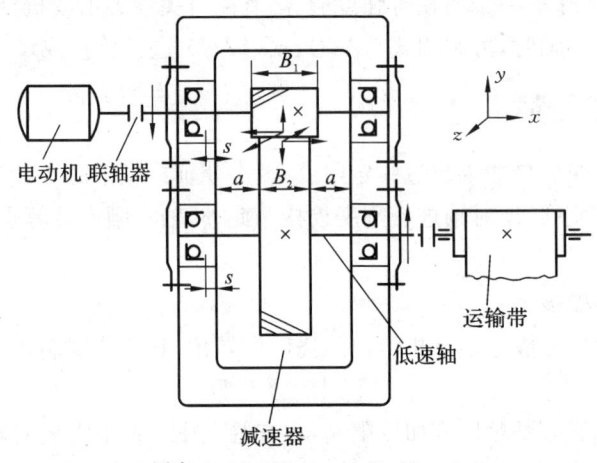

图中 $a=10\sim20$ mm;$s=5\sim10$ mm

图 12-13 例 12-1 图

解 设计过程如下。

（1）选择轴的材料。

该轴没有特殊的要求，可选用调质处理的 45 钢，可查其强度极限 $\sigma_b = 650$ MPa。

（2）初步估算轴径。

按扭转强度估算输出端联轴器处的最小直径，根据表 12-3 按 45 钢，取 $C = 110$。

输出轴的功率 $P_2 = P\eta_1\eta_2\eta_3$（$\eta_1$ 为联轴器的效率，取为 0.99；η_2 为滚动轴承的效率，取为 0.99；η_3 为齿轮传动效率，取为 0.98），所以

$$P_2 = 25 \times 0.99 \times 0.99 \times 0.98 \text{ kW} = 24 \text{ kW}$$

输出轴转速为

$$n_2 = 970/3.95 \text{ r/min} = 245.6 \text{ r/min}$$

根据式（12-2），有

$$d_{\min} = C\sqrt[3]{\frac{P_2}{n_2}} = 110\sqrt[3]{\frac{24}{245.6}} \text{ mm} = 50.7 \text{ mm}$$

由于在联轴器处有一个键槽，轴径应增加 5%；为了使所选轴径与联轴器孔径相适应，需要同时选取联轴器。从《机械设计手册》可以查得，选用 HL4 弹性联轴器 J55×84/Y55×112。故取与联轴器连接的轴径为 55 mm。

（3）轴的结构设计。

根据齿轮减速器的简图（见图 12-13）确定轴上主要零件的布置图（见图 12-14）和轴的最小直径，初步定出其他部位的轴径与长度。

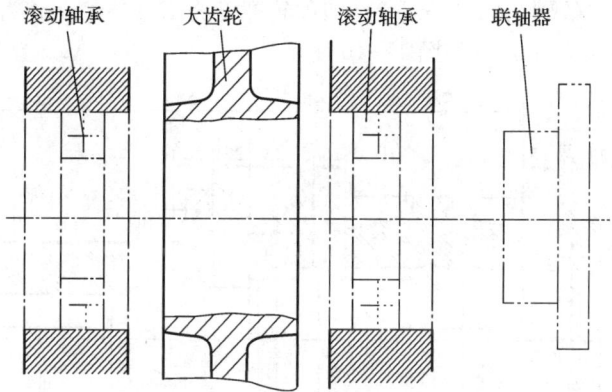

滚动轴承　　大齿轮　　　滚动轴承　　联轴器

图 12-14　轴上主要零件的布置图

① 轴上零件的轴向定位。

齿轮的一端靠轴肩定位，另一端靠套筒定位，装拆、传力均较为方便。为了便于拆装轴承，该轴承处轴肩不宜过高（其高度最大值可从轴承标准中查得），故左端轴承与齿轮间设置两个轴肩，如图 12-15 所示。

② 轴上零件的周向定位。

齿轮与轴、联轴器与轴的周向定位均采用平键连接及过渡配合。考虑便于加工，按《机械设计手册》：取在齿轮、联轴器处的键截面尺寸为 $b \times h = 18 \times 11$，配合均采用 H7/k6；滚动轴承内圈与轴的配合采用基孔制，轴的尺寸公差为 k6。

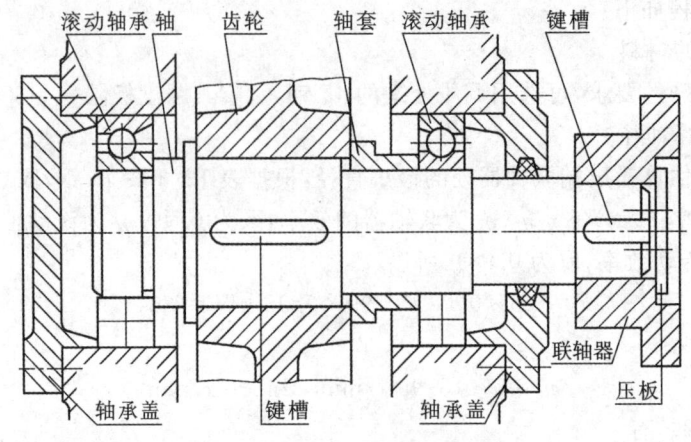

滚动轴承 轴 齿轮 轴套 滚动轴承 键槽

轴承盖 键槽 轴承盖 压板 联轴器

图 12-15　轴上零件的装配方案

③ 确定各段轴径直径和长度。

轴径:从联轴器开始向左取 $\phi55 \rightarrow \phi62 \rightarrow \phi65 \rightarrow \phi70 \rightarrow \phi80 \rightarrow \phi70 \rightarrow \phi65$。

轴长:取决于轴上零件的宽度及它们的相对位置。选用 7213C 轴承,其宽度为 23 mm;齿轮端面至箱体壁间的距离取 $a=15$ mm;考虑到箱体的铸造误差,装配时留有余地,取滚动轴承与箱体内边距 $s=5$ mm;轴承处箱体凸缘宽度,应按箱盖与箱座连接螺栓尺寸及结构要求确定,暂定:宽度=轴承宽+$(0.08 \sim 0.1)a$+$(10 \sim 20)$ mm,取为 50 mm;轴承盖厚度取为 20 mm;轴承盖与联轴器之间的距离取为 15 mm;联轴器与轴配合长度为 84 mm,为使压板压住联轴器,取其相应的轴长为 82 mm;已知齿轮宽度为 $B_2=80$ mm,为使套筒压住齿轮端面,取其相应的轴长为 78 mm。如图 12-16 所示。

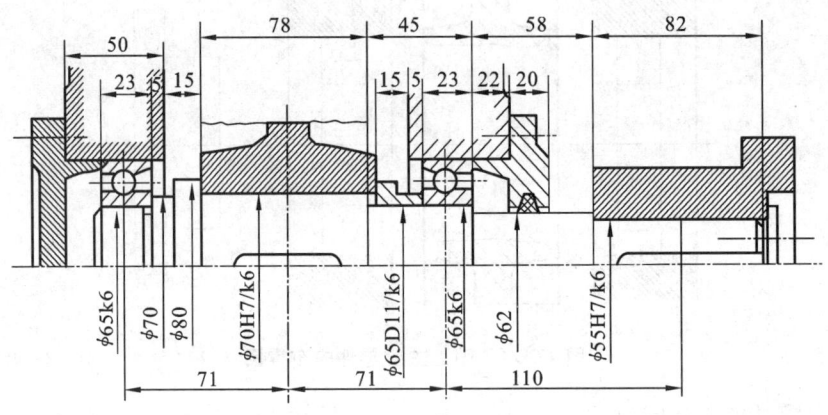

图 12-16　轴的结构设计

根据以上考虑可确定每段轴长,并可以计算出轴承与齿轮、联轴器间的跨度。

④ 考虑轴的结构工艺性。

在轴的左端与右端均制成 $2\times45°$ 倒角;左端支承轴承的轴径为了磨削加工到位,留有砂轮越程槽;为了便于加工,齿轮、联轴器处的键槽布置在同一母线上,并取同一截面尺寸。

(4) 轴的强度计算。

先作出轴的受力计算图(即力学模型)如图 12-17(a)所示,取集中载荷作用于齿轮及轴承的中点。

① 求齿轮上作用力的大小和方向。

转矩：$T_2 = 9.55 \times 10^3 P_2/n_2$

$\qquad = 9.55 \times 10^3 \times 24/245.6 \ \text{N} \cdot \text{m} = 933.2 \ \text{N} \cdot \text{m}$

圆周力：$F_{t2} = 2T_2/d_2$

$\qquad = 2 \times 933200/319.19 \ \text{N} = 5847 \ \text{N}$

径向力：$F_{r2} = F_{t2} \tan\alpha_n/\cos\beta$

$\qquad = 5847 \times \tan 20°/\cos 8°6'34'' \ \text{N} = 2150 \ \text{N}$

轴向力：$F_{a2} = F_{t2} \tan\beta$

$\qquad = 5847 \times \tan 8°6'34'' \ \text{N} = 833 \ \text{N}$

F_{t2}、F_{r2}、F_{a2} 的方向如图 12-17(a)所示。

② 求轴承的支反力。

水平面上的支反力：$F_{RA} = F_{RB} = F_{t2}/2 = 5847/2 \ \text{N} = 2923.5 \ \text{N}$

垂直面上的支反力：$F'_{RA} = (-F_{a2}d_2/2 + 71 F_{r2})/142 \ \text{N} = 139 \ \text{N}$

$\qquad\qquad\qquad F'_{RB} = (F_{a2}d_2/2 + 71 F_{r2})/142 \ \text{N} = 2011 \ \text{N}$

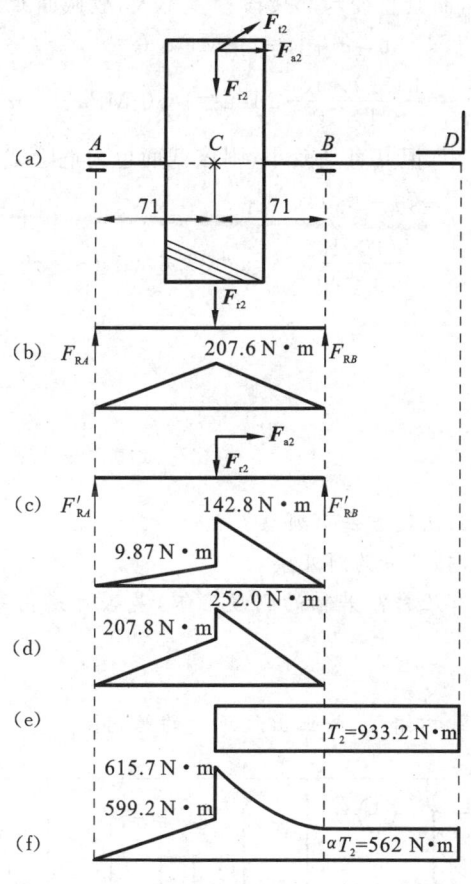

图 12-17　轴按弯扭合成进行强度校核

③ 画弯矩图(见图 12-17(b)、(c))。

截面 C 处的弯矩。

水平面上的弯矩：$M_C = 71F_{RA} \times 10^{-3} = 71 \times 2923.5 \times 10^{-3} \ \text{N} \cdot \text{m} = 207.6 \ \text{N} \cdot \text{m}$

垂直面上的弯矩：$M'_{C1} = 71F'_{RA} \times 10^{-3} = 71 \times 139 \times 10^{-3} \ \text{N} \cdot \text{m} = 9.87 \ \text{N} \cdot \text{m}$

$$M'_{C2} = (71F'_{RA} + F_{a2}d_2/2) \times 10^{-3} = (139 \times 71 + 833 \times 319.19/2) \times 10^{-3} \ \text{N} \cdot \text{m}$$
$$= 142.8 \ \text{N} \cdot \text{m}$$

合成弯矩：$M_{C1} = \sqrt{M_C^2 + M_{C1}^{'2}} = 207.8 \ \text{N} \cdot \text{m}$

$$M_{C2} = \sqrt{M_C^2 + M_{C2}^{'2}} = 252.0 \ \text{N} \cdot \text{m}$$

④ 画合成弯矩图（见图 12-17(d)）。

⑤ 画转矩图（见图 12-17(e)）。

⑥ 画当量弯矩图（见图 12-17(f)）。

因为是单向回转，视转矩为脉动循环，$\alpha = \dfrac{[\sigma_{-1}]_b}{[\sigma_0]_b}$。

已知 $\sigma_b = 650 \ \text{MPa}$，查《机械设计手册》得：$[\sigma_{-1}]_b = 59 \ \text{MPa}$，$[\sigma_0]_b = 98 \ \text{MPa}$，则 $\alpha = 0.602$。

截面 C 处的当量弯矩：$M''_{C1} = \sqrt{M_{C1}^2 + (\alpha T_2)^2} = 599.2 \ \text{N} \cdot \text{m}$

$$M''_{C2} = \sqrt{M_{C2}^2 + (\alpha T_2)^2} = 615.9 \ \text{N} \cdot \text{m}$$

⑦ 判断危险截面并验算强度。

截面 C 当量弯矩最大，而且直径与邻接段相差不大，故截面 C 为危险截面。

已知 $M_e = M''_{C2} = 615.9 \ \text{N} \cdot \text{m}$，$[\sigma_{-1}]_b = 59 \ \text{MPa}$，有

$$\sigma_e = \frac{M_e}{W} = \frac{M_e}{0.1d^3} = \frac{615.9 \times 10^3}{0.1 \times 70^3} \ \text{MPa} = 18.0 \ \text{MPa} < [\sigma_{-1}]_b = 59 \ \text{MPa}$$

截面 D 处虽然仅受转矩，但其直径较小，则该截面也为危险截面。

$$M_D = \sqrt{(\alpha T)^2} = \alpha T = 562 \ \text{N} \cdot \text{m}$$

$$\sigma_e = \frac{M}{W} = \frac{M_D}{0.1d^3} = \frac{562 \times 10^3}{0.1 \times 55^3} \ \text{MPa} = 33.8 \ \text{MPa} < [\sigma_{-1}]_b = 59 \ \text{MPa}$$

所以强度足够。

 习题 12

一、简答题

1. 轴上零件常用的轴向固定方法有哪些？

2. 按照轴的承载情况，轴可分为哪几类？

3. 制造轴的常用材料有几种？若轴的刚度不够，是否可采用高强度合金钢提高轴的刚度？为什么？

二、画图题

指出图 12-18 中轴的结构错误，并画出改正后的结构图。

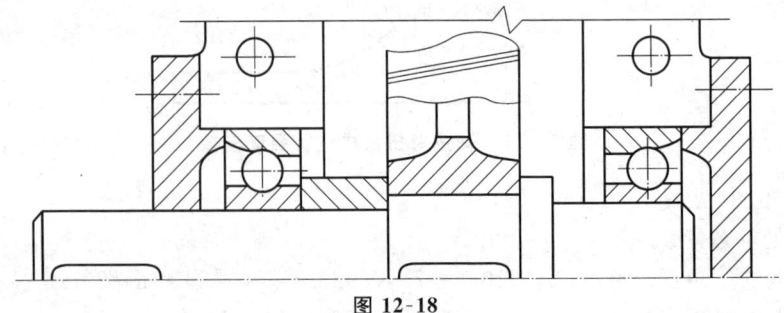

图 12-18

第 13 章
轴承

◀ **教学目标**

（1）了解滚动轴承的类型、代号和应用。

（2）掌握滚动轴承的当量动载荷计算、轴向力计算、静强度计算。

（3）掌握滚动轴承的组合设计。

（4）熟悉滑动轴承的结构、材料和润滑。

轴承是用来支承轴及轴上零件的部件,并传递载荷,是机器的主要组成部分之一。它能使轴具有确定的工作位置和旋转精度,以保证轴系部件的工作要求,减少轴与支承面之间的摩擦和磨损。根据轴承工作时的摩擦性质,轴承可分为滚动轴承和滑动轴承两大类。

在一般机器中,如无特殊使用要求,优先推荐使用滚动轴承。

◀ 13.1 滚动轴承 ▶

滚动轴承是标准件,由轴承厂大批量生产。滚动轴承一般由外圈 1、内圈 2、滚动体 3 和保持架 4 组合,如图 13-1所示。内、外圈分别与轴颈、轴承座孔装配在一起。当内、外圈相对转动时滚动体即在内外圈的滚道间滚动。保持架使滚动体分布均匀,减少滚动体的摩擦和磨损。

滚动轴承的内外圈和滚动体一般由轴承钢制造,工作表面经过磨削和抛光,其硬度不低于 60 HRC。保持架一般用低碳钢板冲压制成,也可用有色金属和塑料制成。

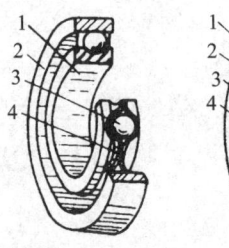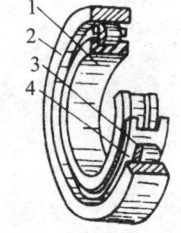

图 13-1 滚动轴承的结构

一、滚动轴承的类型和选择

1. 滚动轴承的类型

公称接触角是反映滚动轴承主要负荷方向和能力的一个重要结构特性参数。滚动轴承公称接触角是指轴承的径向平面(垂直于轴线)与经轴承套圈传递给滚动体的合力作用线(一般是外圈滚道接触点的法线)的夹角,简称为接触角 α,如图 13-2 所示。按照接触角是否大于 $45°$,将滚动轴承分为向心轴承($0°\leqslant\alpha\leqslant45°$)和推力轴承($45°<\alpha\leqslant90°$)两类。

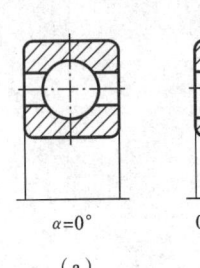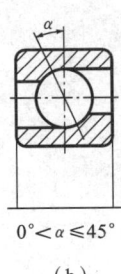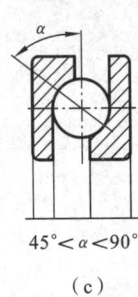

$\alpha=0°$　　　　$0°<\alpha\leqslant45°$　　　　$45°<\alpha<90°$　　　　$\alpha=90°$

（a）　　　　　　（b）　　　　　　（c）　　　　　　（d）

图 13-2 滚动轴承公称接触角

在向心轴承中,接触角 $\alpha=0°$ 的称为径向接触轴承,它只能承受径向载荷(如圆柱滚子轴承、滚针轴承);接触角 $0°<\alpha\leqslant45°$ 的称为角接触向心轴承(如角接触向心球轴承、圆锥滚子轴承),主要用于承受径向载荷和一定的轴向载荷,随着接触角增大,滚动轴承承受轴向载荷的能力也越大。应当指出,深沟球轴承的公称接触角 $\alpha=0°$,但是由于它有较深的沟滚道,当它承受径向和轴向的组合载荷时,会使实际接触角变成 $\alpha>0°$。

在推力轴承中,接触角 $\alpha=90°$ 的称为轴向接触轴承,它只能承受轴向载荷(如推力球轴承、推力滚子轴承);接触角 $45°<\alpha<90°$ 的称为角接触推力轴承(如推力调心滚子轴承),主要用于承受轴向载荷和一定的径向载荷。

按滚动体形状,滚动轴承又可分为球轴承和滚子轴承两大类。

常用滚动轴承的类型和特点如表 13-1 所示。

表 13-1 常用滚动轴承的类型和特点

类型及代号	结构简图及承载方向	极限转速	主要性能及应用
调心球轴承 (1)	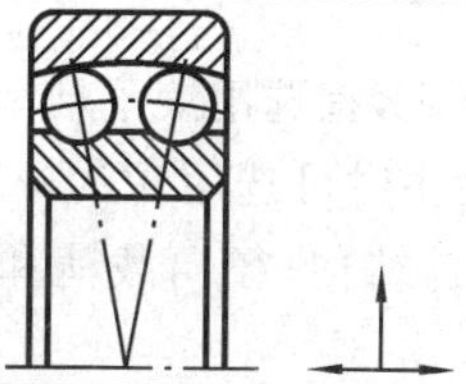	中	主要承受径向载荷,也可同时承受少量的双向轴向载荷,允许 $2°\sim3°$ 偏移角。外圈滚道为球面,具有自动调心性能,适用于弯曲刚度小的轴
调心滚子轴承 (2)	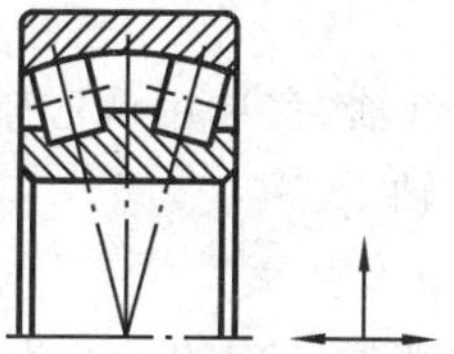	中	用于承受径向载荷,其承载能力比调心球轴承大,也能承受少量的双向轴向载荷,允许 $1°\sim2.5°$ 偏移角。具有调心性能,适用于弯曲刚度小的轴
圆锥滚子轴承 (3)	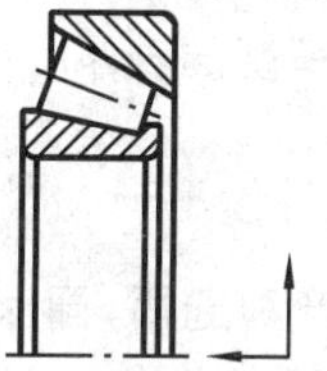	中	能承受较大的径向载荷和轴向载荷,允许 $2'$ 偏移角。内外圈可分离,故轴承游隙可在安装时调整,通常成对使用,对称安装
推力球轴承 (5)	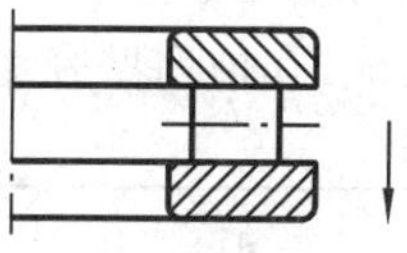 单向	低	只能承受单向轴向载荷,适用于轴向力大而转速较低的场合,不允许偏移
	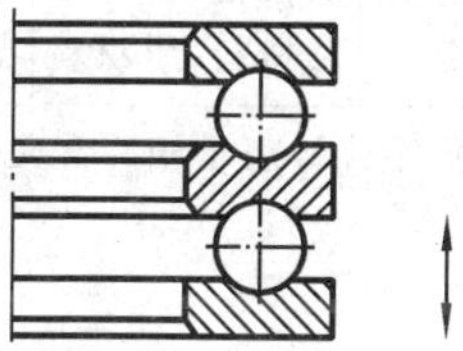 双向	低	可承受双向轴向载荷,常用于轴向载荷大、转速不高的场合,不允许偏移
深沟球轴承 (6)	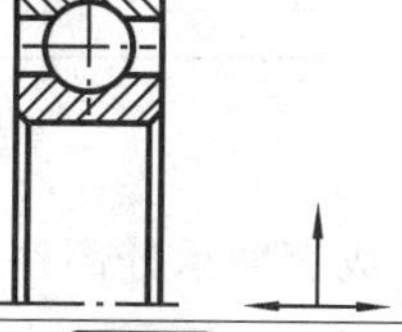	高	主要承受径向载荷,也可同时承受少量双向轴向载荷,允许 $2'\sim10'$ 偏移。摩擦阻力小,极限转速高,结构简单,价格便宜,应用最广泛
角接触球轴承 (7)	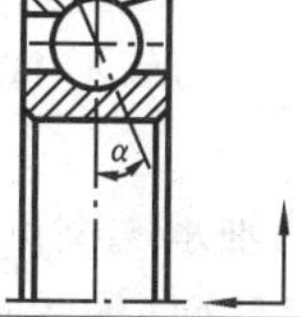	较高	能同时承受径向载荷与轴向载荷,接触角 α 有 $15°$、$25°$、$40°$ 三种。适用于转速较高、同时承受径向和轴向载荷的场合,允许 $2'\sim10'$ 偏移角
圆柱滚子轴承 (N)	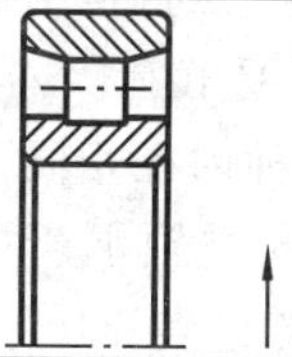	高	只能承受径向载荷,不能承受轴向载荷。承受载荷能力比同尺寸的球轴承大,尤其是承受冲击载荷能力大,允许 $2'\sim4'$ 偏移角

2.滚动轴承的选择

滚动轴承选择的依据如下。

1）轴承工作载荷的大小、方向及性质

当载荷较小而平稳、转速较高时，可选用球轴承；反之，宜选用滚子轴承。

当轴承同时承受径向及轴向载荷，若以径向载荷为主时可选用深沟球轴承；轴向载荷比径向载荷大很多时，可选用推力轴承与向心轴承的组合结构；径向载荷和轴向载荷均较大时，可选用圆锥滚子轴承或角接触球轴承。

2）对轴承的特殊要求

跨距较大或难以保证两轴承孔同轴度的轴及多支点轴，宜选用调心轴承。为便于安装拆卸和调整轴承游隙，宜选用内外圈可分离的圆锥滚子轴承。

3）经济性

一般球轴承比滚子轴承价廉，有特殊结构的轴承比普通结构的轴承贵。同型号的轴承，精度越高，价格也越高，一般机械传动宜选用普通级（P0）精度的轴承。

二、滚动轴承的代号

滚动轴承类型、结构和尺寸非常丰富，为便于组织生产和选用，国家标准《滚动轴承代号方法》(GB/T 272—1993)规定了滚动轴承的代号及其表示方法。

滚动轴承的代号由前置代号、基本代号、后置代号组成，其排列见表13-2。

表13-2　滚动轴承代号

前置代号	基本代号					后置代号							
	五	四	三	二	一	内部结构	密封防尘套圈变形	保持架及材料	特殊轴承材料	公差等级	游隙	多轴承配置	其他
用字母表示成套轴承的分部件	类型代号	尺寸系列		内径代号		用字母或数字代号表示相应含义							
	数字或字母表示类型	宽度系列代号	直径系列代号	数字表示内径代号									

1.前置代号

前置代号在基本代号的左面，用字母表示，用以说明成套轴承分部件的特点。

2.基本代号

基本代号是表示轴承主要特征的基础部分，是滚动轴承的核心代号，描述了轴承的类型、尺寸系列和内径。

（1）类型代号用一位或两位数字或字母表示，其相应的轴承类型见表13-1。

（2）尺寸系列是由两位数字组成，分别代表轴承宽度系列（推力轴承的高度系列）和直径系列代号。对于同一内径的轴承，由于使用场合、承受载荷大小和寿命不同，需使用大小不同的滚动体，则轴承的外径和宽度也相应不同，这种内径相同而外径不同的同类轴承所构成的系列称为直径系列，内径相同而宽度不同的同类轴承所构成的系列称为宽度系列，如图13-3所示。向心轴承的尺寸系列代号及含义见表13-3。宽度系列代号为0

（窄系列）时,在轴承代号中通常省略宽度系列代号,但在调心滚子轴承和圆锥滚子轴承中不可省略。

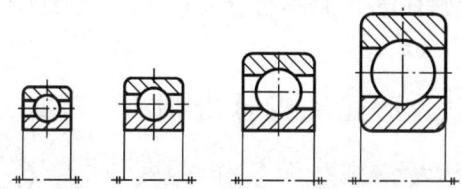

图 13-3 轴承尺寸系列代号示意

表 13-3 向心轴承尺寸系列代号

代号	7	8	9	0	1	2	3	4	5	6
宽度系列		特窄			窄	正常	宽		特宽	
直径系列	超特轻	超轻			特轻		轻	中	重	

（3）内径代号是用两位数字表示轴承的内径,当轴承内径在 20～495 mm 范围内（22 mm、28 mm、32 mm 除外）时,用内径值的大小除以 5 的商数（相应为 04～99）表示。内径代号 00、01、02、03 分别表示轴承内径为 10 mm、12 mm、15 mm、17 mm,见表 13-4。其他尺寸规格的轴承内径表示方法见有关标准或手册。

表 13-4 滚动轴承的内径代号

内径代号	00	01	02	03	04—96
轴承内径/mm	10	12	15	17	代号数×5

3. 后置代号

后置代号用字母或字母与数字的组合表示,按不同情况可紧接在基本代号之后或者用"—"、"/"符号隔开。代号与含义随技术内容不同而异,表示内容见表 13-2。

角接触轴承的公称接触角 $\alpha=15°$、$\alpha=25°$、$\alpha=40°$时分别用 C、AC、B 表示。

轴承的公差等级分 6 个级别,即/P0、/P6、/P6x(仅对圆锥滚子轴承)、/P5、/P4、/P2,其精度等级依次提高。当轴承为普通级时,代号 P0 省略不标出。

轴承的游隙是指内外套圈之间沿径向或轴向的相对移动量。常用轴承的径向游隙由小到大依次为/C1、/C2、/C0、/C3、/C4、/C5。其中 C0 为基本游隙组,常被优先采用,在轴承代号中不标出。

4. 轴承代号示例

轴承 61710/P6:6—深沟球轴承;1—宽度系列为正常;7—直径系列为超特轻;10—内径为 50 mm;P6—公差等级为 6 级。

轴承 7208B:7—角接触球轴承;2—02 缩写,表示宽度系列为窄系列,直径系列为轻;08—内径为 40 mm;B—公称接触角为 $\alpha=40°$;公差等级未注,表示为 0 级。

【例 13-1】 说明 6208、71210B、LN312/P5 等轴承代号的含义。

解 （1）6208 为深沟球轴承,尺寸系列(0)2(宽度系列 0,直径系列 2),内径 40 mm,精度 P0 级。

（2）71210B 为角接触球轴承，尺寸系列 12（宽度系列 1，直径系列 2），内径 50 mm，接触角 $\alpha=40°$，精度 P0 级。

（3）LN312/P5 为单列圆柱滚子轴承，可分离外圈，尺寸系列（0）3，（宽度系列 0，直径系列 3），内径 60 mm，精度 P5 级。

三、滚动轴承的失效形式和设计准则

一般转速时，若轴承只承受径向载荷 F_r 作用，由于各元件的弹性变形，轴承上半圈的滚动体将不受力，而下半圈各滚动体受力的大小则与其所处的位置有关。故轴承运转时，轴承套圈滚道和滚动体受变力作用，滚动轴承受载情况如图 13-4 所示。

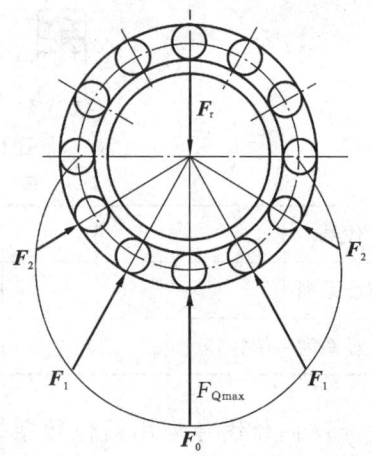

图 13-4　滚动轴承受载情况

滚动轴承的主要失效形式是疲劳点蚀。为防止疲劳点蚀现象的发生，滚动轴承应按额定动载荷进行寿命计算。

转速较低的滚动轴承，可能因过大的静载荷或冲击载荷，使内外圈滚道与滚动体接触处产生过大的塑形形变。因此，低速重载的滚动轴承应进行静强度计算。

高速转动的滚动轴承，可能因润滑不良等原因引起磨损甚至胶合。因此，除进行寿命计算外，还要校核极限转速。

四、滚动轴承的寿命计算

1. 轴承寿命

轴承中任一滚动体或内外圈滚道上出现疲劳点蚀的总转数或在一定转速下的工作时数，称为轴承寿命。

一批相同型号尺寸的轴承因材料热处理加工工艺等差异，即使在完全相同的条件下运转，其寿命也差异很大，最长寿命和最短寿命可能相差几倍。滚动轴承的疲劳寿命是相当离散的。因此，计算轴承寿命时应与一定的破坏率（可靠度）相联系。一般用 10% 破坏率的轴承寿命作为轴承的基本额定寿命，用 L 表示，单位为 10^6 r（10^6 转）。

2. 轴承寿命计算

滚动轴承的基本额定寿命 L 与承受的载荷 P 有关，载荷越大，轴承中产生的接触应力也越大，因而发生疲劳点蚀破坏前所能受的应力变化次数就越少，即轴承的寿命越短。图 13-5 所示为实验得出的载荷 P 与寿命 L 的关系曲线，也称为轴承的疲劳曲线。该曲线可用方程 $P^\varepsilon L=$ 常数表示。

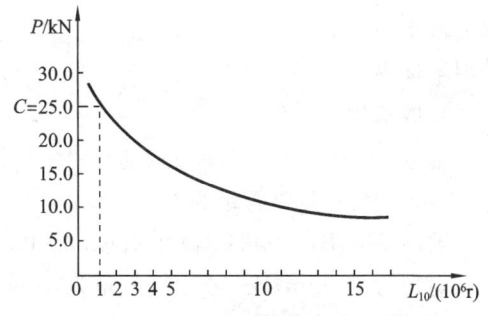

图 13-5　滚动轴承的 P-L 曲线

标准规定，基本额定寿命 $L=1（10^6）$ 时，轴承所能承受的载荷称为基本额定动载荷，用 C 表示，单位为 N。C 值可由轴承标准中查出，

于是有 $P^{\varepsilon}L = C^{\varepsilon} \times 1 = $ 常数，即

$$L = \left(\frac{C}{P}\right)^{\varepsilon} (10^6 \, \text{r}) \tag{13-1}$$

实验计算时常用小时(h)表示寿命(L_h)。将上式整理后可得

$$L_h = \frac{10^6}{60n}\left(\frac{f_t C}{f_p P}\right)^{\varepsilon} = \frac{16\ 667}{n}\left(\frac{f_t C}{f_p P}\right)^{\varepsilon} \tag{13-2}$$

式中：P——当量动载荷(N)；

ε——寿命指数，球轴承 $\varepsilon = 3$，滚子轴承 $\varepsilon = 10/3$；

n——轴承的转速(r/min)。

f_t——温度系数，是考虑轴承工作温度对 C 的影响而引入的修正系数，见表 13-5；

f_p——载荷系数，是考虑工作中的冲击和振动会使轴承寿命降低而引入的系数，见表 13-6。

表 13-5 温度系数 f_t

轴承工作温度/℃	≤120	125	150	175	200	225	250	300
f_t	1.0	0.95	0.90	0.85	0.80	0.75	0.70	0.60

表 13-6 载荷系数 f_p

载 荷 性 质	f_p	应 用 举 例
无冲击或轻微冲击	1.0~1.2	电动机、汽轮机、通风机、水泵等
中等冲击或中等惯性冲击	1.2~1.8	车辆、动力机械、起重机、冶金机械、卷扬机、选矿机、机床等
强大冲击	1.8~3.0	破碎机、轧钢机、钻探机、振动筛等

若已知当量动载荷 P、转速 n 和工作寿命 L'_h，则由式(14-2)可求出待选轴承所需的额定动载荷 C'，从而选择轴承并使轴承的额定动载荷 $C \geqslant C'$。轴承工作寿命 L'_h 的推荐值见表 13-7。

表 13-7 滚动轴承预期工作寿命的荐用值

机 器 类 型	预期工作寿命/h
不经常使用的仪器或设备，如闸门开闭装置等	300~3000
短期或间断使用的机械，中断使用不致引起严重后果，如手动机械等	3000~8000
间断使用的机械，中断使用后果严重，如发动机辅助设备，流水作业线自动传动装置、升降机、车间吊车、不经常使用的机床等	8000~12 000
每日 8 h 工作的机械(利用率不高)，如一般的齿轮传动、某些固定电动机等	12 000~20 000
每日 8 h 工作的机械(利用率较高)如金属切削机床、连续使用的起重机、木材加工机械等	20 000~30 000
24 h 连续工作的机械，如矿山升降机、泵、电动机等	40 000~60 000
24 h 连续工作的机械，中断使用后果严重，如纤维生产或造纸设备、发电站主发电机、矿井水泵、船舶螺旋桨等	100 000~200 000

五、滚动轴承的当量动载荷计算

轴承的基本额定动载荷 C 是在一定的试验条件下确定的，对向心轴承是指纯径向载荷，对推力轴承是指纯轴向载荷。在进行寿命计算时，需将作用在轴承上的实际载荷折算成与上述条件相当的载荷，即当量动载荷。在该载荷的作用下，轴承的寿命与实际载荷作用下轴

承的寿命相同。当量动载荷用符号 P 表示,计算公式为

$$P = XF_r + YF_a \tag{13-3}$$

式中:F_r——轴承所受的径向载荷;

F_a——轴承所受的轴向载荷;

X、Y——径向载荷系数和轴向载荷系数,如表 13-8 所示。

表 13-8　径向载荷系数 X 和轴向载荷系数 Y

轴承类型		F_a/C_o	e	$F_a/F_r > e$		$F_a/F_r \leqslant e$	
				X	Y	X	Y
深沟球轴承 (60000)		0.014	0.19		2.30		
		0.028	0.22		1.99		
		0.056	0.26		1.71		
		0.084	0.28		1.55		
		0.11	0.30	0.56	1.45	1	0
		0.17	0.34		1.31		
		0.28	0.38		1.15		
		0.42	0.42		1.04		
		0.56	0.44		1.00		
角接触球轴承	$\alpha = 15°$ (70000C)	0.015	0.38		1.47		
		0.029	0.40		1.40		
		0.058	0.43		1.30		
		0.087	0.46		1.23		
		0.12	0.47	0.44	1.19	1	0
		0.17	0.50		1.12		
		0.29	0.55		1.02		
		0.44	0.56		1.00		
		0.58	0.56		1.00		
	$\alpha = 25°$ (70000AC)	—	0.68	0.41	0.87	1	0
	$\alpha = 40°$ (70000B)	—	1.14	0.35	0.57	1	0
圆锥滚子轴承 (30000)		—	$1.5\tan\alpha$	0.40	$0.4\cot\alpha$	1	0

【例 13-2】 某机械传动轴两端采用深沟球轴承,已知轴的直径 $d = 65$ mm,转速 $n = 1250$ r/min,轴承所承受的径向载荷 $F_r = 5400$ N,轴向载荷 $F_a = 2381$ N,在常温下工作,轻微冲击,轴承预期寿命为 12 000 h。试确定轴承型号。

解 (1)初选轴承型号并确定 C_r、C_o 值。

初选轴承型号 6313,由轴承标准可查得,$C_r = 93.8$ kN,$C_o = 60.5$ kN。

(2)计算当量动载荷 P。

由 $\dfrac{F_a}{C_o} = \dfrac{2381}{60\ 500} = 0.04$,查表,按线性插值法可得 $C = 0.237$。

$\dfrac{F_a}{F_r} = \dfrac{2381}{5400} = 0.441 > e$,查表,按线性插值法可得 $X = 0.56$,$Y = 1.88$。

所以
$$P = XF_r + YF_a = (0.56 \times 5400 + 1.88 \times 2381)\ N = 7500\ N$$

（3）校核轴承寿命。由于在常温下工作，故 $f_t = 1$，由表可得 $f_p = 1.2$，对于球轴承 $\varepsilon = 3$，代入寿命计算公式，得

$$L_h = \frac{16\ 667}{n}\left(\frac{f_t C}{f_p P}\right)^{\varepsilon} = \frac{16\ 667}{1250}\left(\frac{1 \times 93\ 800}{1.2 \times 7500}\right)^3 = 15\ 095\ h > 12\ 000\ h$$

故 6313 轴承能满足寿命要求，所选轴承合适。

六、角接触球轴承的轴向力计算

1）角接触球轴承的内部轴向力

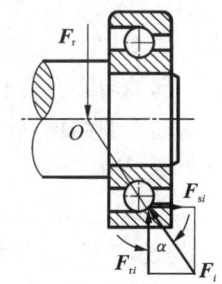

如图 13-6 所示，由于角接触球轴承存在着接触角 α，所以载荷作用中心不在轴承的宽度中点，而与轴心线交于点 O。当受到径向载荷 F_r 作用时，作用在承载区内第 i 个滚动体上的法向力 F_i 可分解为径向分力 F_{ri} 和轴向分力 F_{si}。各滚动体上所受轴向分力的总和即为轴承的内部轴向力 F_s，其大小可按表 13-9 求得，方向沿轴线由轴承外圈的宽边指向窄边。

图 13-6　角接触球轴承中的内部轴向力分析

表 13-9　角接触球轴承的内部轴向力

圆锥滚子轴承	角接触球轴承		
	70000C（$\alpha = 15°$）	70000AC（$\alpha = 25°$）	70000B（$\alpha = 40°$）
$F_s = F_r/(2Y)$	$F_s = e F_r$	$F_s = 0.68 F_r$	$F_s = 1.14 F_r$

注：上表中 e 值查表 13-8 确定。

2）角接触球轴承轴向力的计算

为了使角接触球轴承能正常工作，一般这种轴承都要成对使用，并将两个轴承对称安装。常见有两种安装方式：①图 13-7(a) 所示为外圈窄边相对安装，称为正装或面对面安装；②图 13-7(b) 所示为两外圈宽边相对安装，称为反装或背靠背安装。

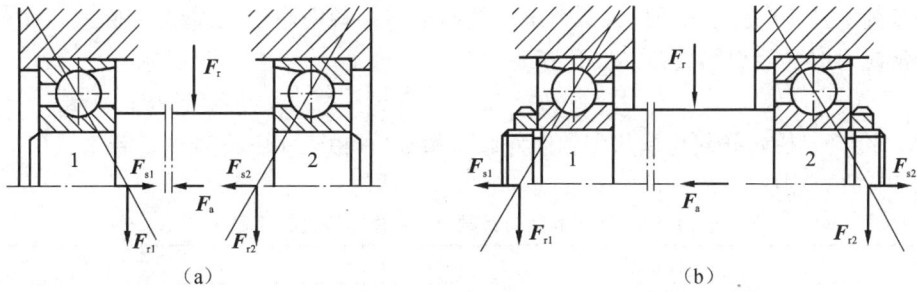

（a）　　　　　　　　　　　（b）

图 13-7　角接触球轴承的安装

下面以图 13-7 所示的角接触球轴承支承的轴系为例，分析轴线方向的受力情况。将图 13-7 抽象成为图 13-8(a) 所示的受力简图，F_{a1} 及 F_{a2} 为两个角接触球轴承所受的轴向力，作用在轴承外圈宽边的端面上，方向沿轴线由宽边指向窄边。F_a 称为轴向外载荷（力），是轴上除 F_r 之外的轴向外力的合力。在轴线方向，轴系在 F_a、F_{a1} 及 F_{a2} 作用下处于平衡状态。由于 F_A 为已知，F_{a1} 及 F_{a2} 待求，这属于超静定的问题，故引入求解角接触球轴承轴向力 F_a 的方法如下。

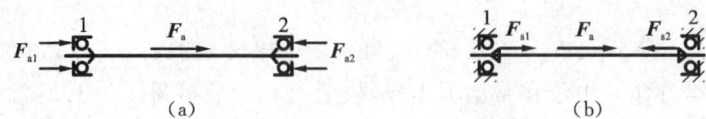

图 13-8 轴向力分析

（1）先计算出轴上的轴向外力（合力）F_a 的大小及两支点处轴承的内部轴向力 F_{s1}、F_{s2} 的大小，并在计算简图 13-8(b) 中绘出这三个力。

（2）将轴向外力 F_a 及与之同向的内部轴向力相加，取其之和与另一反向的内部轴向力比较大小。如图 13-8(b) 所示，若 $F_{s1}+F_a \geqslant F_{s2}$，根据轴承及轴系的结构，外圈固定不动，轴与固结在一起的内圈有右移趋势，则轴承 2 被"压紧"，轴承 1 被"放松"。若 $F_{s1}+F_a < F_{s2}$，根据轴承及轴系的结构，外圈固定不动，轴与固结在一起的内圈有左移趋势，则轴承 1 被"压紧"，轴承 2 被"放松"。

（3）"放松端"轴承的轴向力等于它本身的内部轴向力。

（4）"压紧端"轴承的轴向力等于除本身的内部轴向力外其余各轴向力的代数和。

七、滚动轴承的静强度计算

对于缓慢摆动或低转速（$n < 10$ r/min）的滚动轴承，其主要失效形式为塑性变形，应按静强度进行计算确定轴承尺寸。对在重载荷或冲击载荷作用下转速较高的轴承，除要进行寿命计算外，为安全起见，也要再进行静强度验算。

1. 基本额定静载荷 C_0

轴承两套圈间相对转速为零，使受最大载荷滚动体与滚道接触中心处引起的接触应力达到一定值（向心轴承和推力球轴承的为 4200 MPa，滚子轴承的为 4000 MPa）时的静载荷，称为滚动轴承的基本额定静载荷 C_0（向心轴承称为径向基本额定静载荷 C_{0r}，推力轴承称为轴向基本额定静载荷 C_{0a}）。各类轴承的 C_0 值可由轴承标准中查得。实践证明，在上述接触应力作用下所产生的塑性变形量，除了对那些要求转动灵活性高和振动低的轴承外，一般不会影响其正常工作。

2. 当量静载荷 P_0

当量静载荷 P_0 是指承受最大载荷滚动体与滚道接触中心处，引起与实际载荷条件下相当的接触应力时的假想静载荷。其计算公式为

$$P_0 = X_0 F_r + Y_0 F_a \tag{13-4}$$

式中：X_0、Y_0——径向静载荷系数和轴向静载荷系数，可由表 13-10 查取。若由式（13-4）计算出的 $P_0 < F_r$，则应取 $P_0 = F_r$。

表 13-10 径向静载荷系数 X_0 和轴向静载荷系数 Y_0

轴承类型		X_0	Y_0
深沟球轴承		0.6	0.5
角接触球轴承	$\alpha = 15°$		0.46
	$\alpha = 25°$	0.5	0.38
	$\alpha = 40°$		0.26
圆锥滚子轴承		0.5	$0.22\cot\alpha$
推力球轴承		0	1

3. 静强度计算

轴承的静强度计算式为

$$C_o \geq S_o P_o \qquad (13\text{-}5)$$

式中：S_o——静强度安全系数，其值可查表 13-11。

表 13-11 静强度安全系数 S_o

旋转条件	载荷条件	S_o	使用条件	S_o
连续旋转轴承	普通载荷	$1 \sim 2$	高精度旋转场合	$1.5 \sim 2.5$
	冲击载荷	$2 \sim 3$	振动冲击场合	$1.2 \sim 2.5$
不常旋转及作摆动运动的轴承	普通载荷	0.5	普通旋转精度场合	$1.0 \sim 1.2$
	冲击及不均匀载荷	$1 \sim 1.5$	允许有变形量场合	$0.3 \sim 1.0$

【**例 13-3**】 如图 13-9 所示，轴上两端"背对背"安装一对 7309AC 轴承，轴的转速 $n = 400 \text{ r/min}$，两轴承所受径向载荷分别为 $F_{r1} = 3000 \text{ N}$，$F_{r2} = 1200 \text{ N}$，轴上轴向载荷 $F_a = 1000 \text{ N}$，方向指向轴承 2。工作时有较大冲击，环境温度为 125 ℃。试计算该对轴承的寿命。

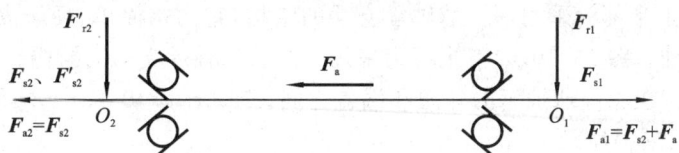

图 13-9 例 13-3 图

解 （1）计算派生轴向力。对 7309AC 型轴承，查表得

$$F_{s1} = 0.68 F_{r1} = 0.68 \times 3000 \text{ N} = 2040 \text{ N}$$

$$F_{s2} = 0.68 F_{r2} = 0.68 \times 1200 \text{ N} = 816 \text{ N}$$

（2）计算轴承的轴向载荷 F_{a1}、F_{a2}。

$$F_a + F_{s2} = (1000 + 816) \text{ N} = 1816 \text{ N} < F_{s1} = 2040 \text{ N}$$

故轴承 1 被"放松"，轴承 2 被"压紧"，于是可得

$$F_{a1} = F_{s1} = 2040 \text{ N}$$

$$F_{a2} = F_{s1} - F_a = (2040 - 1000) \text{ N} = 1040 \text{ N}$$

（3）计算当量动载荷 P。查表可得，7309AC 型轴承（$\alpha = 25°$）的判别系数 $e = 0.68$。

$$\frac{F_{a1}}{F_{r1}} = \frac{2040}{3000} = 0.68 = e$$

$$\frac{F_{a2}}{F_{r2}} = \frac{1040}{1200} = 0.87 > e$$

查表可得，$X_1 = 1$，$Y_1 = 0$，$X_2 = 0.41$，$Y_2 = 0.87$，故可得轴承的当量动载荷为

$$P_1 = X_1 F_{r1} + Y_1 F_{a1} = (1 \times 3000 + 0 \times 2040) \text{ N} = 3000 \text{ N}$$

$$P_2 = X_2 F_{r2} + Y_2 F_{a2} = (0.41 \times 1200 + 0.87 \times 1040) \text{ N} = 1397 \text{ N}$$

由上可知，$P_1 > P_2$，故轴承 1 较危险，取 $P = P_1 = 3000 \text{ N}$

（4）计算轴承寿命。查表可得 $f_t = 0.95$，查表可得 $f_p = 1.8 \sim 3.0$，取中间值 $f_p =$

2.4；查设计手册，7309AC 型轴承的 $C_r = 47.5$ kN；对于球轴承 $\varepsilon = 3$。

代入寿命计算公式

$$L_h = \frac{16\ 667}{n}\left(\frac{f_t C}{f_p P}\right)^\varepsilon = \frac{16\ 667}{400}\left(\frac{0.95 \times 47\ 500}{2.4 \times 3000}\right)^3\ \text{h} = 10\ 258\ \text{h}$$

故该对轴承的寿命为 10 258 h。

八、滚动轴承的组合设计

滚动轴承安装在机器设备上，它与支承它的轴和轴承座（机体）等周围零件之间的整体关系称为轴承部件的组合。为了保证滚动轴承能够正常工作，除了要合理地选择轴承类型、尺寸外，还必须正确地进行轴承组合的结构设计。在设计轴承的组合结构时，要考虑轴承的安装、调整、配合、拆卸、紧固、润滑和密封等多方面的内容。

1. 滚动轴承的固定

1）两端单向固定

在轴的两个支点上，用轴肩顶住轴承内圈，轴承盖顶住轴承的外圈，使每个支点都能限制轴的单方向轴向移动，两个支点合起来就限制了轴的双向移动，这种固定方式称为两端单向固定或双固式。

图 13-10(a)上半部为采用深沟球轴承支承的结构，它结构简单、便于安装，适于工作温度变化不大的短轴。图 13-10(a)下半部为采用角接触球轴承支承的结构。考虑轴因受热而伸长，安装轴承时，在深沟球轴承的外圈和端盖之间，应留有 $c = 0.25 \sim 0.4$ mm 的热补偿轴向间隙，如图 13-10(b)所示。

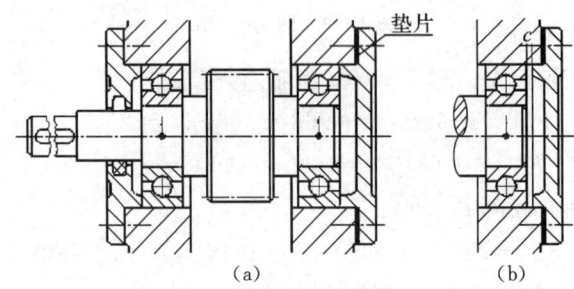

图 13-10　两端单向固定的轴系

2）一端双向固定、一端游动

如图 13-11(a)所示，左端轴承内、外圈都为双向固定，以承受双向轴向载荷，称为固定端。右端为游动端，选用深沟球轴承时内圈作双向固定，外圈的两侧自由，且在轴承外圈与端盖之间留有适当的间隙，轴承可随轴颈沿轴向游动，适应轴的伸长和缩短的需要。如图 13-11(b)所示，游动端选用圆柱滚子轴承时，该轴承的内、外圈均应双向固定。这种固游式结构适于工作温度变化较大的长轴。

3）两端游动式

图 13-12 所示为人字齿轮传动中的主动轴，考虑到轮齿两侧螺旋角的制造误差，为了使轮齿啮合时受力均匀，两端都采用圆柱滚子轴承支承，轴与轴承内圈可沿轴向少量移动，即为两端游动式结构。与其相啮合的从动轮轴系则必须用双固式或固游式结构。若主动轴的轴向位置也固定，可能会发生干涉以至卡死现象。

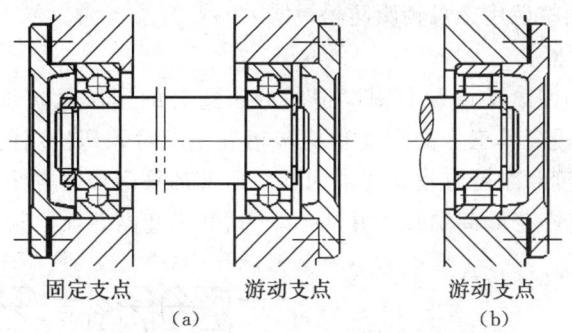

固定支点　　　游动支点　　　游动支点

（a）　　　　　　　　　（b）

图 13-11　一端双向固定、一端游动的轴系

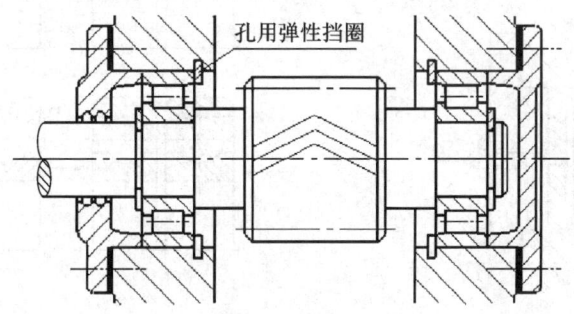

孔用弹性挡圈

图 13-12　两端游动的轴系

　　轴承在轴上一般用轴肩或套筒定位,轴承内圈的轴向固定应根据轴向载荷的大小选用图 13-13(a)所示的轴端挡圈、圆螺母、轴用弹性挡圈等结构。外圈则采用图 13-13(b)所示的轴承座孔的端面(止口)、孔用弹性挡圈、压板、端盖等形式固定。

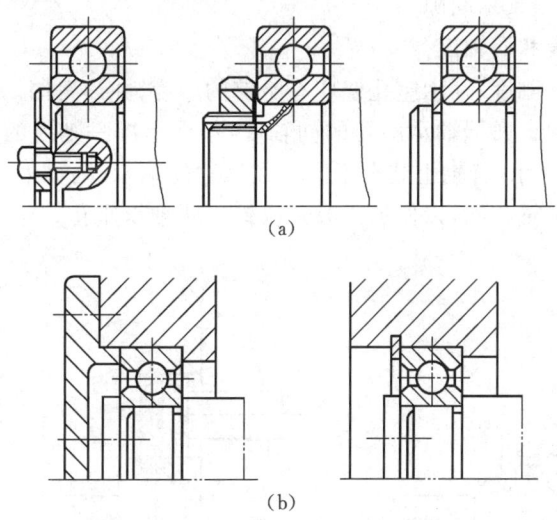

（a）

（b）

图 13-13　单个轴承的轴向定位与固定

2. 轴承组合的调整

1）轴承间隙的调整

常用的调整轴承间隙的方法如下。

(1) 图 13-10 所示为靠增减端盖与箱体结合面间垫片的厚度进行轴承间隙的调整。

(2) 图 13-14 所示为利用端盖上的调节螺钉改变可调压盖及轴承外圈的轴向位置来实

现轴承间隙的调整,调整后用螺母锁紧防松。

2) 滚动轴承的预紧

在轴承安装以后,使滚动体和套圈滚道间处于适合的预压紧状态,称为滚动轴承的预紧。预紧的目的在于提高其工作的刚度和旋转精度。成对并列使用的圆锥滚子轴承、角接触球轴承及对旋转精度和刚度有较高要求的轴系通常都采用预紧方法装配。如图 13-15 所示,常用的预紧方法有在套圈间加垫片并加预紧力、磨窄套圈并加预紧力等。

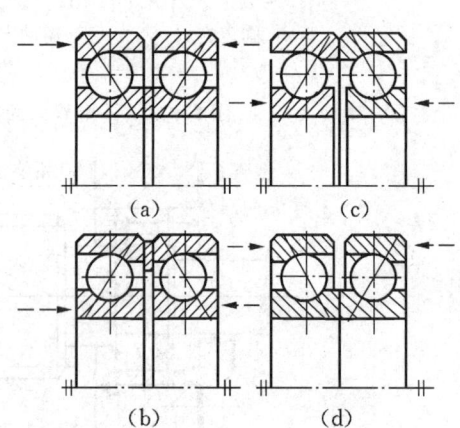

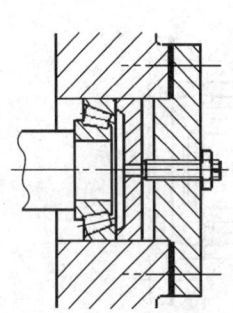

图 13-14　利用压盖调整轴承的间隙　　　　图 13-15　轴承的预紧

3) 轴承组合位置的调整

轴承组合位置调整的目的,是使轴上的零件如齿轮等具有准确的轴向工作位置。图 13-16所示为圆锥齿轮轴承的组合结构,套杯与机座之间的垫片 1 用来调整轴系的轴向位置,而垫片 2 则用来调整轴承间隙。

3. 支承部位的刚度和同轴度

为保证支承部分的刚度,轴承座孔壁应有足够的厚度,并设置图 13-17(a)所示的加强肋以增强支承刚度。为保证两端轴承座孔的同轴度,箱体上同一轴线的两个轴承座孔应一次镗出。如图 13-17(b)所示,若轴上装有不同外径尺寸的轴承,则可采用套杯式结构,使两端轴承座孔的直径尺寸尽量相同,以便加工时一次镗出两轴承座孔。

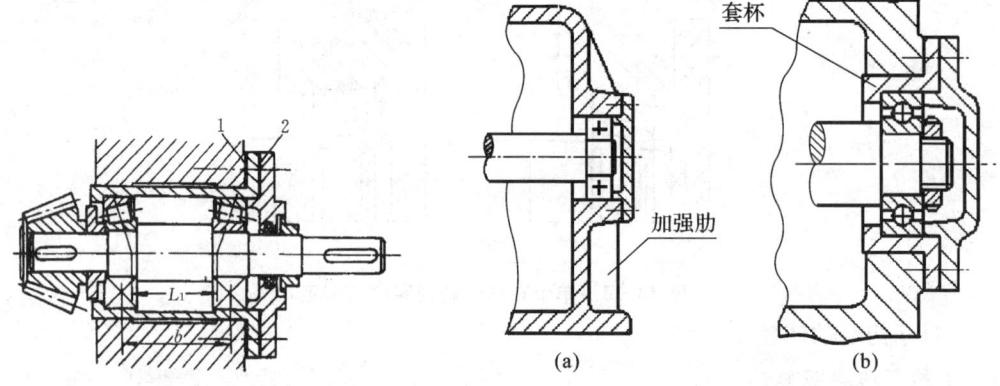

图 13-16　轴承组合位置的调整　　　　图 13-17　支承部位的刚度和同轴度

4. 滚动轴承的配合

滚动轴承的配合是指轴承内圈与轴颈、外圈与轴承座孔的配合。因为滚动轴承已经标准化,轴承内孔与轴颈的配合采用基孔制,轴承外圈与轴承座孔的配合采用基轴制。一般说来,转动圈(通常是内圈与轴一起转动)的转速越高,载荷越大,工作温度越高,则内圈与轴颈应采用越紧的配合;而外圈与座孔间(特别是需要作轴向游动或经常装拆的场合)常采用较松的配合。轴颈公差带常取 n6、m6、k6、js6 等;座孔的公差带常取 J7、J6、H7 和 G7 等,具体选择可参考有关的《机械设计手册》。

5. 滚动轴承的安装与拆卸

设计轴承的组合结构时,应考虑有利于轴承的装拆,以便在装拆时不损坏轴承和其他零部件。装拆时,要求滚动体不受力,装拆力要对称或均匀地作用在套圈的端面上。

1)轴承的安装

(1)冷压法。冷压法是用专用压套压装轴承的安装方法,如图 13-18(a)所示。装配时,先加专用压套,再用压力机压入或用手锤轻轻打入。

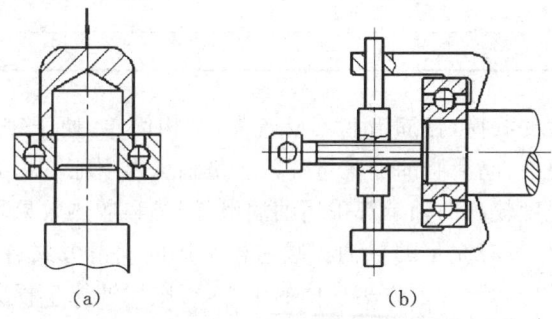

(a)   (b)

图 13-18 轴承的安装与拆卸

(2)热装法。热装法是将轴承放入油池或加热炉中加热至 80~100 ℃,然后套装在轴上的安装方法。

2)轴承的拆卸

拆卸轴承应使用专门的拆卸工具拆卸轴承,如图 13-18(b)所示。

为了便于用专用工具拆卸轴承,设计时轴上定位轴肩的高度应低于轴承内圈的高度。同理,轴承外圈在套筒内应留出足够的高度和必要的拆卸空间,或采取其他便于拆卸的结构。图 13-19 所示为结构设计错误的示例,图 13-19(a)表示轴肩 h 过高,无法用拆卸工具拆卸轴承;图 13-19(b)表示衬套孔直径 d_0 过小,无法拆卸轴承外圈。

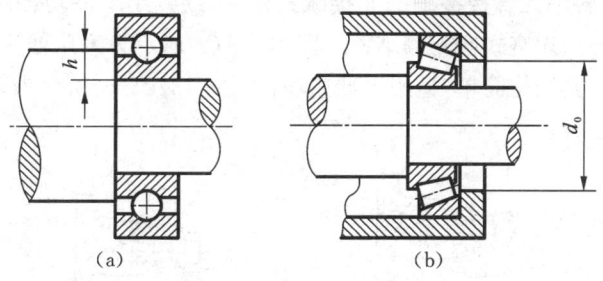

(a)   (b)

图 13-19 结构错误示例

6. 滚动轴承的润滑和密封

1)滚动轴承的润滑

滚动轴承润滑的主要目的是减小摩擦与磨损,同时也有吸振、冷却、防锈和密封等作用。

滚动轴承的润滑与滑动轴承的类似,常用的润滑剂有润滑油和润滑脂两种,一般高速时采用油润滑,低速时用脂润滑,某些特殊情况下用固体润滑剂。润滑方式可根据轴承的 dn 值来确定。这里 d 为轴承内径,n 是轴承的转速,dn 值间接表示了轴颈的圆周速度。适用于脂润滑和油润滑的 dn 值界限列于表 13-12 中,可作为选择润滑方式时的参考。

表 13-12　适用于脂润滑和油润滑的 dn 值界限　　　　($10^4 \times$ mm · r/min)

轴承类型	脂润滑	油润滑			
		油浴	滴油	循环油(喷油)	油雾
深沟球轴承	16	25	40	60	>60
调心球轴承	16	25	40	—	
角接触球轴承	16	25	40	60	>60
圆柱滚子轴承	12	25	40	60	>60
圆锥滚子轴承	10	16	23	30	
调心滚子轴承	8	12		25	—
推力球轴承	4	6	12	15	

脂润滑能承受较大的载荷,且润滑脂不易流失,结构简单,便于密封和维护。润滑脂常常采用人工方式定期更换,润滑脂的加入量一般应是轴承内空隙体积的 1/2～1/3。

速度较高或工作温度较高的轴承都采用油润滑,润滑和散热效果均较好,但润滑油易于流失,因此要保证在工作时有充足的供油。减速器常用的润滑方式有油浴润滑及飞溅润滑等。油浴润滑时油面不应高于最下方滚动体的中心,否则搅油能量损失较大易使轴承过热。喷油润滑或油雾润滑兼有冷却作用,常用于高速情况。

2) 滚动轴承的密封

滚动轴承密封的作用是防止外界灰尘、水分等进入轴承,并防止轴承内润滑剂流失。密封方法可分为接触式密封和非接触式密封两大类。

接触式密封常用的有毛毡圈密封、唇形密封圈密封等。图 13-20(a)所示为采用毛毡圈密封的结构。毛毡圈密封是将工业毛毡制成的环片,嵌入轴承端盖上的梯形槽内,与转轴间摩擦接触,其结构简单、价格低廉,但毡圈易于磨损,常用于工作温度不高的脂润滑场合。图13-20(b)所示为采用唇形密封圈密封的结构。唇形密封圈是由专业厂家供货的标准件,有多种不同的结构和尺寸;其广泛用于油润滑和脂润滑场合,密封效果好,但在高速时易于发热。

高速时多采用与转轴无直接接触的非接触式密封,以减小摩擦功耗和发热。非接触式密封常用的有油沟式密封、迷宫式密封等结构。图 13-21(a)所示为采用油沟式密封的结构,在油沟内填充润滑脂密封,其结构简单,适用于低速场合。图 13-21(b)所示为采用曲路迷宫式密封的结构,适用于高速场合。

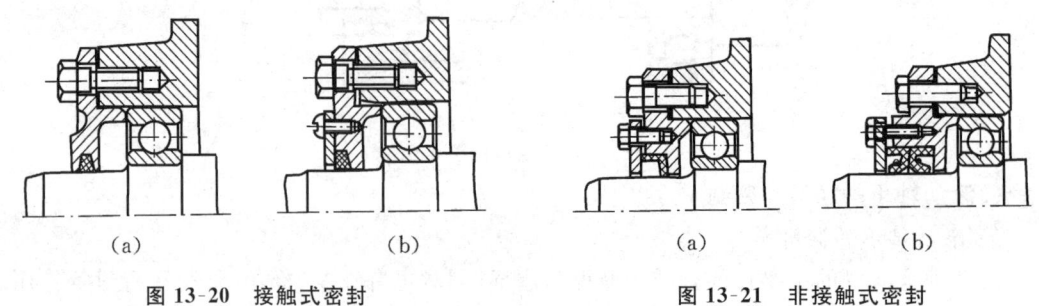

　　(a)　　　　　(b)　　　　　　　(a)　　　　　(b)

图 13-20　接触式密封　　　　图 13-21　非接触式密封

◀ **13.2 滑 动 轴 承** ▶

工作时轴承和轴颈的支承面间形成直接或间接滑动摩擦的轴承称为滑动轴承。润滑良好的滑动轴承在高速、重载、高精度以及结构要求对开的场合优点更突出，在汽轮机、内燃机、大型电动机、仪表、机床、航空发动机及铁路机车等机械上被广泛应用。此外，在低速、伴有冲击的机械中，如水泥搅拌机、破碎机等也常采用滑动轴承。

按受载方向，滑动轴承可分为受径向载荷的径向滑动轴承和受轴向载荷的推力滑动轴承。

一、滑动轴承的结构

常用滑动轴承的结构形式及其尺寸已经标准化，应尽量选用标准形式。必要时也可以专门设计，以满足特殊需要。

1. 径向滑动轴承的结构

图 13-22 所示为整体式径向滑动轴承，由轴承体 1、轴承 2、润滑装置等组成。这种轴承结构简单，但装拆时轴或轴承需轴向移动，而且轴套磨损后轴承间隙无法调整。整体式轴承多用于间歇工作和低速轻载的机械。

图 13-23(a) 所示为剖分式径向滑动轴承。轴瓦直接与轴相接触。轴瓦不能在轴承孔中转动，为此轴承盖应适度压紧。轴承盖上制有螺纹孔，便于安装油杯

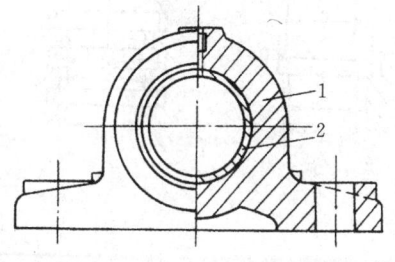

图 13-22 整体式径向滑动轴承

或油管。为了提高安装的对心精度，在中分面上制出台阶形榫口。当载荷方向倾斜时，可将中分面相应斜置(见图 13-23(b))，但使用时应保证径向载荷的实际作用线与中分面对称线的摆角不超过 35°。

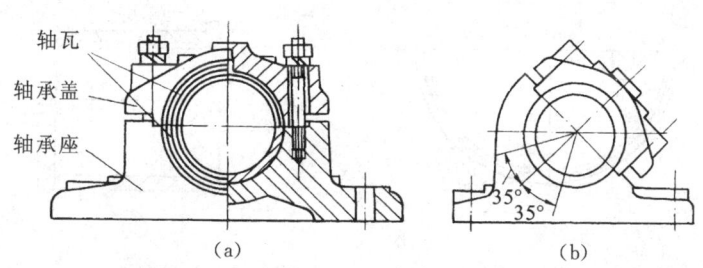

轴瓦
轴承盖
轴承座

(a)　　　　　　　　(b)

图 13-23 剖分式径向滑动轴承

剖分式径向滑动轴承装拆方便，轴承孔与轴颈之间的间隙可适当调整，当轴瓦磨损严重时，可方便地更换轴瓦，因此应用比较广泛。

径向滑动轴承还有许多其他类型，如轴瓦外表面和轴承座孔均为球面，从而成为能适应轴线偏转的调心轴承、轴承间隙可调的滑动轴承等。

2. 推力滑动轴承的结构

推力滑动轴承能够承受轴向载荷。常见的止推面结构有轴的端面(见图 13-24(a)、(b))、轴段中制出的单环或多环形轴肩(见图 13-24(c)、(d))等。

实心端面(见图 13-24(a))为止推面的轴颈，工作时接触端面外缘的滑动速度较大，因此

端面外缘的磨损大于中心处,结果使应力集中于中心处。实际结构中多数采用空心轴颈(见图 13-24(b)),它不但能改善受力状况,而且有利于润滑油由中心凹孔导入润滑并储存。图 13-24(e)所示为空心型立式平面推力滑动轴承结构示意图,轴承座 1 由铸铁或铸钢制成,止推轴瓦 2 由青铜或其他减摩材料制成,销钉 4 限制轴瓦转动。止推轴瓦下表面制成球形,以防偏载。

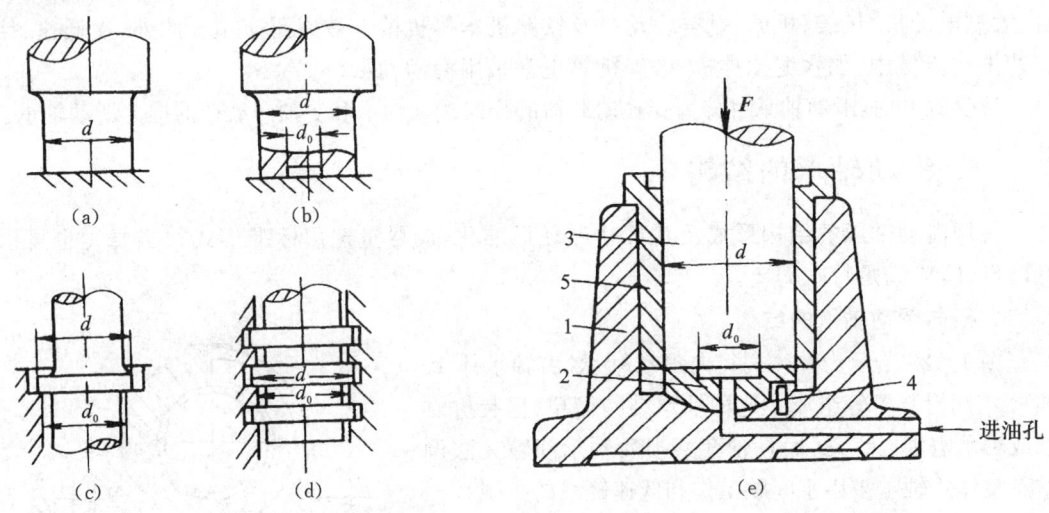

图 13-24　推力滑动轴承

二、轴瓦和轴承衬

1. 结构

轴瓦和轴套是滑动轴承的重要零件。轴套用于整体式滑动轴承,轴瓦用于剖分式滑动轴承。轴瓦有厚壁(壁厚 δ 与直径 D 之比大于 0.5)和薄壁两种,如图 13-25 所示。

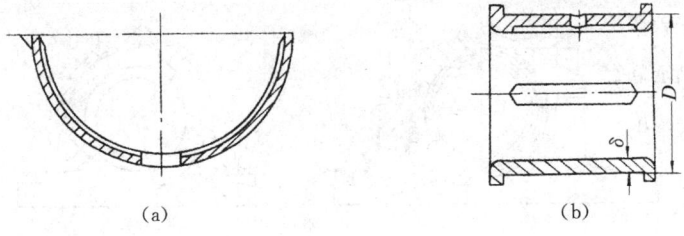

图 13-25　轴瓦

薄壁轴瓦(见图 13-25(a))是将轴承合金黏附在低碳钢带上经弯曲变形及精加工而成的,这种轴瓦适合于大量生产,其质量稳定、成本低。但其刚性差,装配后不再修刮内孔,轴瓦受力变形后形状取决于轴承座的形状,所以轴承座也应精加工。

厚壁轴瓦(见图 13-25(b))常由铸造制得。为改善摩擦性能,可在底瓦内表面浇注一层轴承合金(称为轴承衬),厚度为零点几毫米至几毫米。为使轴承衬牢固黏附在底瓦上,可在底瓦内表面预制出燕尾槽(见图 13-26)。为更好发挥材料的性能,还可在这种双金属轴瓦的轴承衬表面镀一层钢、银等更软的金属。多金属轴瓦能满足轴瓦的各项性能要求。

为使润滑油均布于轴瓦工作表面,轴瓦上制有油孔和油槽。当载荷向下时,承载区为轴瓦下部,上部为非承载区。润滑油进口应设在上部(见图 13-27),使油能顺利导入。油槽应以进油口为中心沿纵横或斜向开设,但不得与轴瓦端面开通,以减少端部泄油。图 13-28 所示为常用的油槽形式。

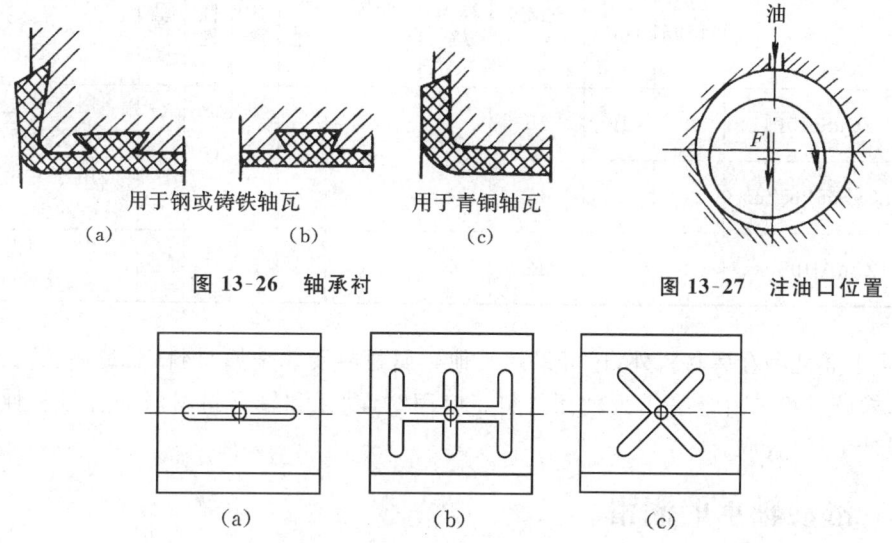

用于钢或铸铁轴瓦   用于青铜轴瓦
(a)   (b)   (c)

图 13-26 轴承衬   图 13-27 注油口位置

(a)   (b)   (c)

图 13-28 油槽形式

轴瓦的主要参数是宽径比 B/d,B 是轴瓦的宽度,d 是轴颈直径。对流体摩擦滑动轴承,常取 $B/d=0.5\sim1$;对边界和混合摩擦滑动轴承,常取 $B/d=0.8\sim1.5$。

2. 材料

轴瓦和轴承衬的材料应具备下述性能:①摩擦系数小;②导热性好,热胀系数小;③耐磨、耐蚀、抗胶合能力强;④足够的力学强度和一定的可塑性;⑤对润滑油具有亲和性。轴瓦(包括轴承衬)材料直接影响到轴承的性能,应根据使用要求、生产批量和经济性要求合理选择。常用的轴瓦或轴承衬的材料及其性能如表 13-13 所示。

表 13-13 常用的金属轴瓦材料及性能

轴承材料		最大许用值			最高工作温度/℃	最小轴颈硬度/HBS	性能比较				备注
		$[p]$/MPa	$[v]$/(m/s)	$[pv]$/(MPa·m/s)			抗咬黏性	顺嵌应藏性	耐蚀性	疲劳强度	
锡基轴承合金	ZSnSb11Cu6 ZSnSb8Cu4	平稳载荷			150	150	1	1	1	5	用于高速、重载下工作的重要轴承,变载荷下易疲劳,价格贵
		25	80	20							
		冲击载荷									
		20	60	15							
铅基轴承合金	ZPbSb16Sn16Cu2	15	12	10	150	150	1	1	3	5	用于中速、中等载荷的轴承,不宜受显著的冲击载荷。可作为锡锑轴承合金的代用品
	ZPbSb15Sn5Cu3	5	8	5							

轴承材料		最大许用值			最高工作温度/℃	最小轴颈硬度/HBS	性能比较				备 注
		$[p]$/MPa	$[v]$/(m/s)	$[pv]$/(MPa·m/s)			抗咬黏性	顺嵌应藏性	耐蚀性	疲劳强度	
锡青铜	ZCuSn10P1	15	10	15	280	200	3	5	1	1	用于中速、重载及受变载荷的轴承
	ZCuSn5Pb5Zn5	8	3	15							用于中速、中等载荷的轴承
铝青铜	ZCuAl10Fe3	15	4	12	280	200	5	5	5	2	用于润滑充分的低速、重载轴承

除了上述几种金属材料外,还可采用其他金属材料及非金属材料,如黄铜、铸铁、塑料、碳石墨、橡胶及粉末冶金等作为轴瓦材料。应用时,轴瓦和轴承衬材料的牌号和性能可由《机械设计手册》查取。

三、滑动轴承的润滑

润滑对减少滑动轴承的摩擦和磨损以及保证轴承正常工作具有重要意义。因此,设计和使用滑动轴承时,必须合理地采取措施,对滑动轴承进行润滑。

1. 润滑剂

1) 润滑油

润滑油是使用最广的润滑剂,其中以矿物油应用最广。润滑油的主要性能指标是黏度。通常它随温度的升高而降低。我国润滑油产品牌号是按运动黏度(单位为 mm^2/s)的中间值划分的。例如,L-AN46 全损耗系统用油(机械油),即表示在 40 ℃时运动黏度的中间值为 $46/(mm^2/s)$(40 ℃时的运动黏度记为 ν_{40})。除黏度之外,润滑油的性能指标还有凝点、闪点等。滑动轴承常用的润滑油牌号及选用如表 13-14 所示。

表 13-14　滑动轴承常用润滑油牌号选择

轴颈圆周速度$v/(m/s)$	轻载 $p<3$ MPa 工作温度(10~60 ℃)		中载 $p=3~7.5$ MPa 工作温度(10~60 ℃)		重载 $p>7.5~30$ MPa 工作温度(20~80 ℃)	
	运动黏度$\nu_{40}/(mm^2/s)$	适用油牌号	运动黏度$\nu_{40}/(mm^2/s)$	适用油牌号	运动黏度$\nu_{40}/(mm^2/s)$	适用油牌号
0.3~1.0	45~75	L-AN46,L-AN68	100~125	L-AN100	90~350	L-AN100,L-AN150 L-AN200,L-AN320
1.0~2.5	40~75	L-AN32,L-AN46,L-AN68	65~90	L-AN68 L-AN100	—	—
2.5~5.0	40~55	L-AN32,L-AN46	—	—	—	—
5.0~9.0	15~45	L-AN15,L-AN22,L-AN32,L-AN46	—	—	—	—
>9	5~23	L-AN7,L-AN10,L-AN15,L-AN22	—	—	—	—

2) 润滑脂

润滑脂是由润滑油添加各种稠化剂和稳定剂稠化而成的膏状润滑剂。润滑脂主要应用在速度较低(轴颈圆周速度小于 $1\sim2$ m/s)、载荷较大、不经常加油、使用要求不高的场合。具体选用如表 13-15 所示。

表 13-15　滑动轴承润滑脂选择

轴承压强 p/MPa	轴颈圆周速度 v/(m/s)	最高工作温度 t/℃	润滑脂牌号
<1.0	≤1.0	75	3 号钙基脂
1.0~6.5	0.5~5.0	55	2 号钙基脂
1.0~6.5	≤1.0	−50~100	2 号锂基脂
≤6.5	0.5~5.0	120	2 号钠基脂
>6.5	≤0.5	75	3 号钙基脂
>6.5	≤0.5	110	1 号钙钠基脂

除了润滑油和润滑脂之外,在某些特殊场合,还可使用固体润滑剂,如石墨、二硫化钼、水或气体等作润滑剂。

2. 润滑方法

在选用润滑剂之后,还要选用恰当的润滑方式。滑动轴承的润滑方法可按下式求得的 k 值选用,即

$$k=\sqrt{pv^3} \tag{13-6}$$

式中:p——轴颈的平均压强(MPa);

v——轴颈的圆周速度(m/s)。

当 $k\leqslant2$ 时,若采用润滑脂润滑,可用图 13-29(a)所示的旋盖式油杯或用图 13-29(b)所示的压配式压注油杯定期加润滑脂润滑;若采用润滑油润滑,则可用图 13-29(b)所示的压配式压注油杯或图 13-29(c)所示的旋套式油杯定期加油润滑。当 $k>2\sim16$ 时,用图 13-29(e)所示的针阀式注油杯或图 13-29(d)所示的油芯式油杯进行连续的滴油润滑。

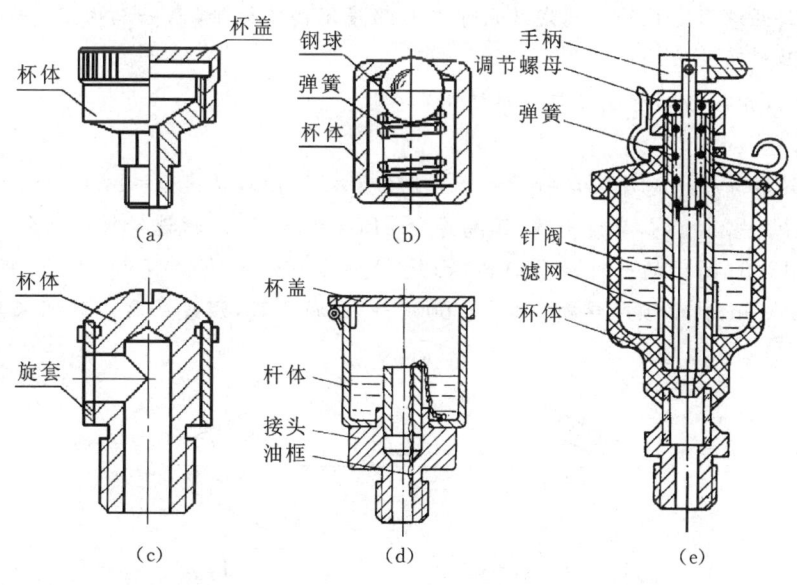

图 13-29　几种供油装置

当 $k > 16 \sim 32$ 时，用图 13-30 所示的油环带油方式，或采用飞溅、压力循环等连续供油方式进行润滑；当 $k > 32$ 时，则必须采用压力循环的供油方式进行润滑。

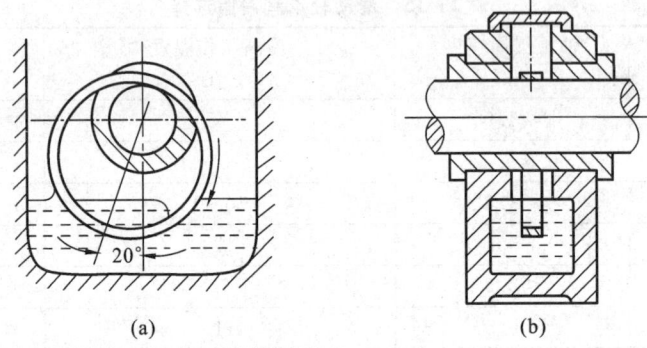

(a)   (b)

图 13-30　油环润滑

 习题 13

一、简答题

1. 滚动轴承的主要类型有哪些？各有什么特点？

2. 滑动轴承的滚动轴承各有何特点？适用于什么场合？

3. 滚动轴承由哪几部分组成？

4. 何谓滚动轴承的基本额定寿命？何谓当量动载荷？如何计算？

5. 滚动轴承的代号由哪些组成？

6. 说明下列滚动轴承代号的含义：6308、N105、7214AC、30213、6103。

7. 滚动轴承失效的主要形式有哪些？计算准则是什么？

8. 在进行滚动轴承组合设计时应考虑哪些问题？

9. 为什么两端固定式轴向固定适用于工作温度不高的短轴，而一端固定、一端游动式则适用于工作温度高的长轴？

10. 为什么角接触轴承通常要成对使用？

二、计算题

1. 直齿轮轴系用一对深沟球轴承支承，轴颈 $d = 35$ mm，转速 $n = 1450$ r/min，每个轴承受径向载荷 $F_r = 2100$ N，载荷平稳，预期寿命 $[L_h] = 8000$ h，试选择轴承型号。

2. 如图 13-31 所示的一对轴承组合，已知 $F_{r1} = 15000$ N，$F_{r2} = 7500$ N，$F_a = 3000$ N，转速 $n = 1470$ r/min，轴承预期寿命 $[L_h] = 8000$ h，载荷平稳，温度正常。试问采用 30310 轴承是否适用？

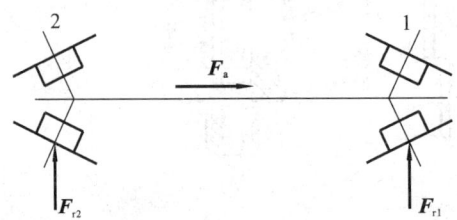

图 13-31

第 14 章
其他常用零部件

◀ **教学目标**

（1）掌握联轴器的类型和选用。

（2）了解离合器的类型和选用。

（3）了解制动器的类型和选用。

◀ 14.1 联 轴 器 ▶

一、联轴器的功能与分类

联轴器只要使用在轴与轴之间的连接中,使两周可以同时转动,以传递运动和转矩。用联轴器连接的两根轴,只有在机器停车后,经过拆卸才能把它们分离。

由于制造、安装误差或工作时零件的变形的原因,一般无法保证被连接的两轴精确同心,通常会出现两轴间的轴向位移 x,如图 14-1(a)、径向位移 y,如图 14-1(b)、角位移,如图 14-1(c)或这些位移组合的综合位移,如图 14-1(d)。如果联轴器不具有补偿这些相对位移的能力,就会产生附加动载荷,甚至引起强烈振动。

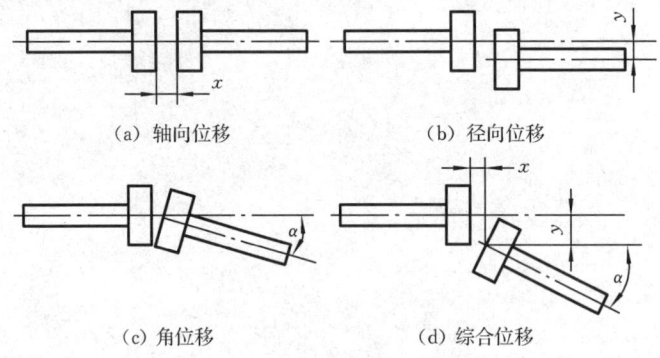

(a) 轴向位移 (b) 径向位移

(c) 角位移 (d) 综合位移

图 14-1 两轴间的各种相对位移

根据联轴器补偿位移的能力,联轴器可分为刚性和弹性两大类。刚性联轴器有刚性传力件组成,它又分为固定式和可移式两种类型。固定式刚性联轴器不能补偿两周的相对位移,可移式刚性联轴器能补偿两轴间的相对位移。弹性联轴器包含有弹性元件,除了能补偿两轴间的相对位移外,还具有吸引振动和缓和冲击的能力。

二、常用联轴器及其特点

1. 固定式联轴器

固定式联轴器是一种比较简单的联轴器,常用的有套筒式联轴器和凸缘式联轴器。

1) 套筒式联轴器

套筒式联轴器是一个圆柱形套筒,它与轴用键连接(见图 14-2(a))或圆锥销连接(见图 14-2(b))以传递转矩。

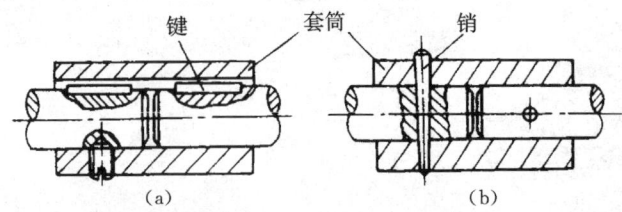

键 套筒 销

(a) (b)

图 14-2 套筒式联轴器

当用圆锥销连接时,则传递的转矩较小;当用键连接时,则传递的转矩较大。套筒式联轴器的结构简单,制造容易,径向尺寸小;但两轴线要求严格对中,装拆时需作轴向移动。它适用于工作平稳,无冲击载荷的低速、轻载的轴。

2) 凸缘式联轴器

凸缘式联轴器把两个带有凸缘的半联轴器用键分别与两轴连接,然后用螺栓把两个半联轴器连成一体,以传递运动和转矩。凸缘式联轴器有两种对中方法:一种是用一个半联轴器上的凸肩与另一个半联轴上的凹槽相配合而对中,如图 14-3(a)所示;另一种则是用绞制孔螺栓对中,如图 14-3(b)所示。前者采用普通螺栓连接,螺栓与孔壁间存在间隙,转矩靠半联轴器结合面间的摩擦力矩来传递,装拆时,轴必须作轴向移动;后者采用绞制孔连接,螺栓与孔同为过度配合,靠螺栓杆承受挤压与剪切来传递转矩,装拆时轴无须作轴向移动。

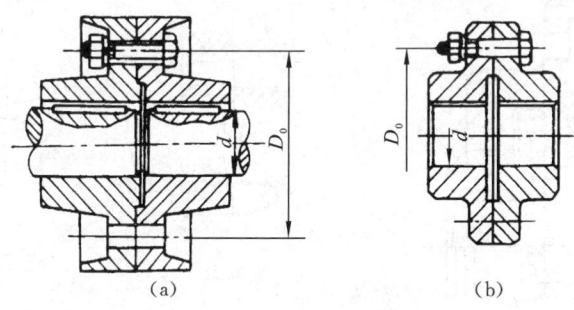

图 14-3　凸缘式联轴器

凸缘式联轴器的结构简单,使用维修方便,对中精度高,传递转矩大;但对所联两轴间的偏移缺乏补偿能力,制造和安装精度要求较高,故凸缘式联轴器适用于速度较低、载荷平稳、两轴对中性较好的情况。

2. 可移式联轴器

可移式联轴器具有可移性,故可补偿两轴间的偏移。但因无弹性元件,故不能缓冲减振。常用的有以下几种。

1) 十字滑块联轴器

如图 14-4 所示,十字滑块联轴器是由两个在端面上开有凹槽的半联轴器 1、3 和一个两面带有凸牙的中间盘 2 组成。两个半联轴器 1、3 分别固定在主动轴和从动轴上,中间盘两面的凸牙位于相互垂直的两个直径方向上,并在安装时分别嵌入 1、3 的凹槽中,将两轴连接为一体。由于凸牙可在凹槽中滑动,故可补偿安装及运转时两轴间的偏移。这种联轴器结构简单,径向尺寸小,适用于径向位移 $y \leqslant 0.04d$(d 为直径)、角位移 $\alpha \leqslant 30°$、最高转速 $n \leqslant 250$ r/min、工作平稳的场合。为了减少滑动面的摩擦及磨损,凹槽及凸块的工作面要淬硬,并且在凹槽和凸块的工作面间要注入润滑油。

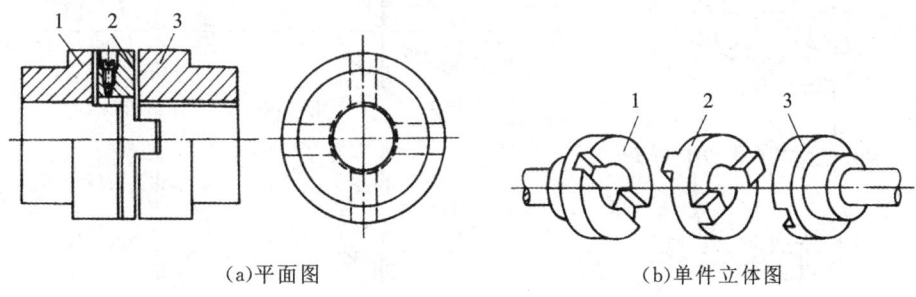

(a)平面图　　　　　　　　(b)单件立体图

图 14-4　十字滑块联轴器

2) 齿式联轴器

如图 14-5 所示,齿式联轴器是由两个带有内齿及凸缘的外套筒 2、3 和两个带有外齿的内套筒 1、4 所组成。两个内套筒 1、4 分别用键与两轴连接,两个外套筒 2、3 用螺栓连成一体,依靠内外齿相啮合以传递转矩。由于外齿的齿顶制成椭球面,且保持与内齿啮合后具有适当的顶隙和侧隙,故在转动时,套筒 1 可有轴向、径向及角位移。工作时,轮齿沿轴向有相对滑动。为了减轻磨损,可由油孔注入润滑油,并在套筒 1 和 3 之间装有密封圈,以防止润滑油泄露。

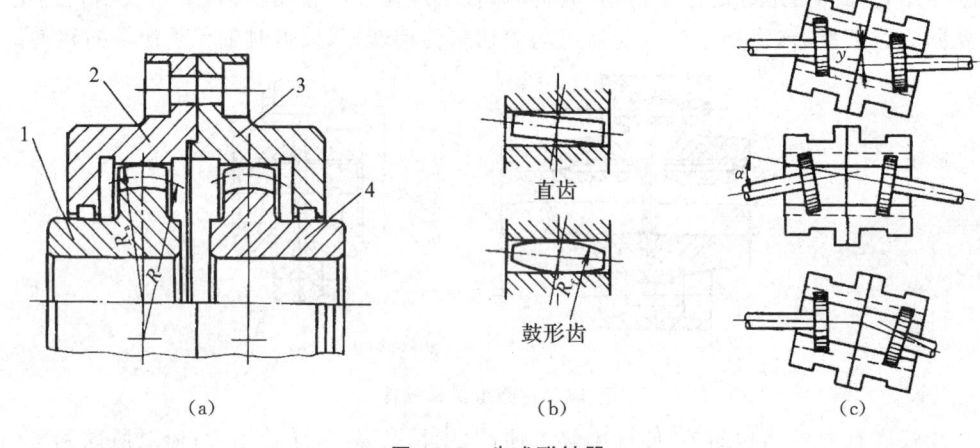

图 14-5　齿式联轴器

3) 万向联轴器

如图 14-6 所示,万向联轴器是由两个叉形接头和一个十字销组成。十字销分别与固定在两根轴上的叉形接头用铰链连接,从而形成一个可动的连接。这种联轴器可允许两轴间有较大的夹角,而且在运转过程中,夹角发生变化仍可正常工作;但当夹角 α 过大时,转动效率明显降低,故夹角 α 最大可达 $35°\sim45°$。若用单个万向联轴器连接轴线相交的两轴时,当主动轴以等角速度 ω_1 回转时,从动轴的角速度 ω_2 并不是常数,而是在一定的范围内($\omega_1\cos\alpha\leq\omega_2\leq\omega_1/\cos\alpha$)变化,因而在传动过程中将产生附加的动载荷。

为了改善这种状况,常将万向联轴器成对使用,组成双万向联轴器,如图 14-7 所示;但安装时应保证主、从动轴与中间轴间的夹角相等,且中间轴两端叉形接头应在同一平面内。这样便可使主、从动轴的角速度相等。万向联轴器的结构紧凑,维修方便,能补偿较大的位移,因而在汽车、拖拉机和金属车削机床中获得广泛应用。

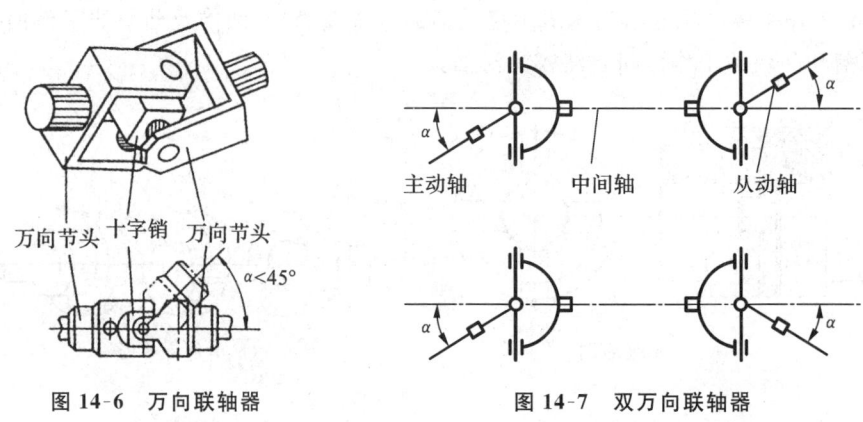

图 14-6　万向联轴器　　　　图 14-7　双万向联轴器

3. 弹性联轴器

弹性联轴器利用弹性连接件的弹性变形来补偿两轴相对位移,缓和冲击和吸收振动。弹性联轴器有弹性套柱销联轴器、弹性柱销联轴器和轮胎式联轴器等。

1)弹性套柱销联轴器

如图 14-8 所示,弹性套柱销联轴器的结构与凸缘联轴器相似,只是用套有弹性圈的柱销代替了连接螺栓。这类联轴器通过蛹状的弹性套传递转矩,故可缓冲减振。半联轴器的材料常用 HT200,有时也采用 35 钢或 ZG 270-500;柱销材料多用 35 钢。联轴器可按标准(GB/T 4323—2002)选用,必要时应验算联轴器的承载能力。

这种联轴器结构简单,装拆方便,易于加工,成本较低,能补偿两轴轴线间的位移和偏斜。但弹性套易于磨损,寿命较短。故适用于连接载荷平稳、需要正反转或启动频繁的场合。

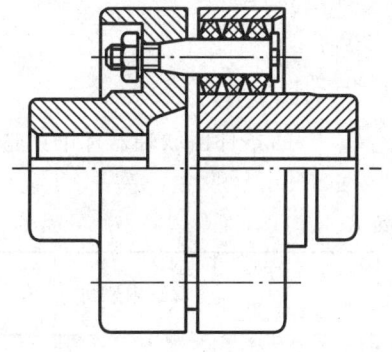 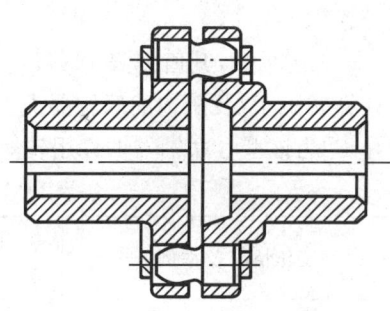

图 14-8　弹性套柱销联轴器　　　　　图 14-9　弹性柱销联轴器

2)弹性柱销联轴器

如图 14-9 所示,弹性柱销联轴器与弹性套柱销联轴器很相似,主要由两半联轴器和尼龙柱销组成,利用若干非金属材料制成的柱销置于两个半联轴器凸缘的孔中,以实现前轴的连接。柱销通常用尼龙制成,而尼龙具有一定的弹性。为了防止柱销脱落,在半联轴器的外侧,用螺钉固定了挡板。

这种联轴器传递转矩大,结构简单,便于安装、制造,耐久性好,也有一定的缓冲和吸振能力,允许被连接两轴有一定的轴向位移以及少量的径向位移和角位移,适用于轴向窜动较大、正反转变化较多和启动频繁的场合。

3)轮胎式联轴器

轮胎式联轴器的结构如图 14-10 所示,中间为橡胶制成的轮胎环,用止退垫板与半联轴器连接。其结构简单可靠,易变形。它允许的相对位移较大,角位移可达 $5°\sim 12°$,轴向位移可达 $0.02D$,径向位移可达 $0.01D$,D 为联轴器外径。

这种联轴器富有弹性,具有良好的消振能力,能有效地降低动载荷和补偿较大的轴向位移,而且绝缘性能好,运转时无噪声。缺点是径向尺寸较大;当转矩较大时,会因过大扭转变形而产生附加轴向载荷。适用于启动频繁、正反向运转、有冲击振动、两轴间有较大的相对位移量以及潮湿多尘的场合。

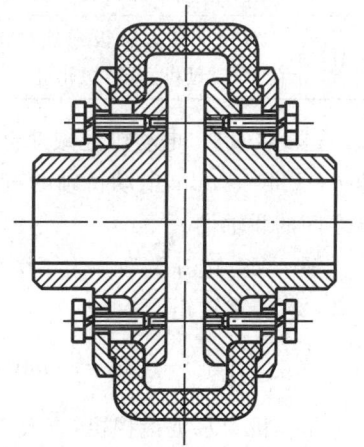

图 14-10　轮胎式联轴器

三、联轴器的选择

联轴器的选择包括类型选择和尺寸选择。绝大多数联轴器均已标准化或规格化(见有关手册)。一般机械设计者的任务是选用,而不是设计。对于已标准化的联轴器,通常可先根据机械的工作要求(例如轴的同心条件、载荷、速度、安装、维修、工作温度、绝缘要求以及制造等因素)选定适当的类型。然后根据轴的直径、转速和转矩,从标准中选择适当的型号和尺寸。必要时,可根据转矩对其中某些零件进行校核验算。

在选择和计算联轴器时,考虑到机械启动、制动时的惯性力和工作过程中过载等因素的影响,应将联轴器传递的名义转矩适当增大,即按计算转矩 T_c 进行联轴器的选择计算,计算转矩 T_c 按下式确定。

$$T_c = K_A T \tag{14-1}$$

式中:T——名义转矩;

K_A——工况系数,其值见表 14-1。

根据计算转矩 T_c 及所选的联轴器类型,按照 $T_c \leqslant [T]$ 的条件由联轴器标准中选定该联轴器型号,$[T]$ 为该型号联轴器的许用转矩。

表 14-1 工况系数 K_A

分类	工作情况及举例	电动机汽轮机	四缸和四缸以上内燃机	双缸内燃机	单缸内燃机
I	转矩变化很小,如发电机、小型通风机、小型离心泵	1.3	1.5	1.8	2.2
II	转矩变化小,如透平压缩机、木工机床、运物机	1.5	1.7	2.0	2.4
III	转矩变化中等,如搅拌机、增压泵、有飞轮的压缩机、冲床	1.7	1.9	2.2	2.6
IV	转矩变化和冲击载荷中等。如织布机、水泥搅拌机、拖拉机	1.9	2.1	2.4	2.8
V	转矩变化和冲击载荷大,如挖掘机、起重机、碎石机	2.3	2.5	2.8	3.2
VI	转矩变化大有极强烈冲击载荷,如压延机、重型初轧机	3.1	3.3	3.6	4.0

【例 14-1】 电动机经减速器拖动水泥搅拌机工作。已知电动机的功率 $P=15$ kW,转速 $n=1440$ r/min,电动机轴的直径和减速器输入的直径均为 42 mm,试选择电动机与减速器之间的联轴器。

解 (1)选择类型。为了缓和冲击和减轻振动,选用弹性套柱销联轴器。

(2)计算转矩。

$$T = 9550 \frac{P}{n} = 9550 \times \frac{11}{1440} \text{ N} \cdot \text{m} = 73 \text{ N} \cdot \text{m}$$

工作机为水泥搅拌机,查表 14-1 得工况系数 $K_A=2.1$,故计算转矩为

$$T_c = K_A T = 2.1 \times 73 \text{ N} \cdot \text{m} = 153 \text{ N} \cdot \text{m}$$

（3）确定型号。

由《机械设计手册》选取弹性套柱销联轴器 HL3,它的公称扭矩为 630 N·m,半联轴器材料为 45 钢时,许用转速为 5000 r/min,允许的轴孔直径在 30～42 mm 之间。以上数据均能满足本题的要求,故可用。

◀ 14.2 离 合 器 ▶

一、离合器的类型与特性

离合器按接合元件传动的工作原理可分为嵌合式和摩擦式两类。嵌合式利用牙齿嵌合传递扭矩,可保证两轴同步运转,但只能在低速或停车时进行离合。摩擦式利用工作表面的摩擦传递扭矩,能在任何转速下离合,有过载保护作用,但不能保证两轴同步运转。按离合控制方法不同,可分为操纵式和自动式两类。操纵式有机械操纵式、电磁操纵式、液压操纵式和气压操纵式等。自动式有超越离合器、离心离合器和安全离合器等,它们能在特定条件下自动接合或分离。

离合器设计的基本要求是:分离、接合迅速,平稳无冲击,分离彻底,动作准确可靠;结构简单,重量轻,惯性小,外形尺寸小,工作安全,效率高;接合元件耐磨性好,使用寿命长,散热条件好;操纵方便、省力,易于制造,调整、维修方便。

1. 牙嵌离合器

牙嵌离合器是由两个端面带牙的半离合器所组成的,如图 14-11 所示。其中半离合器 1 固联在主动轴上,半离合器 2 用导向平键(或花键)与从动轴连接。通过操纵机构 3 可使半离合器 2 沿导向平键作轴向运动,两轴靠两个半离合器端面上的牙嵌合来连接。为了使两轴对中,在半离合器 1 上固定有对中环 4,从动轴可以在对中环中自由转动。

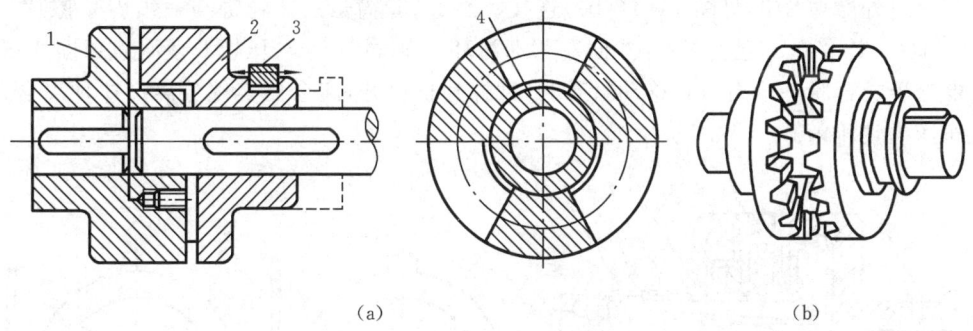

（a）　　　　　　　　　　　　　　　　（b）

图 14-11　牙嵌离合器

1,2—半离合器;3—操纵机构;4—对中环

牙嵌离合器常用的牙型有三角形、矩形、梯形、锯齿型等,其径向剖面如图 14-12 所示。三角形牙多用于轻载场合,易于接合、分离,但牙齿强度较低。矩形牙不便于接合,分离也比较困难,仅用于静止时手动接合。梯形牙的侧面制成 $\beta_1 = 2\sim8°$ 的斜角,牙根强度较高,能传递较大的扭矩,并可补偿因磨损而产生的齿侧间隙,接合与分离比较容易,因此应用较广。三角形、矩形、梯形牙都可以双向工作,而锯齿型牙只能单向工作,但它的牙根强度很高,传递扭矩能力最大,多在重载情况下使用。

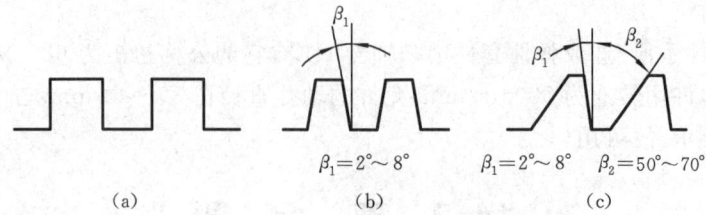

图 14-12　牙嵌离合器的牙型

牙嵌离合器的牙数一般为 3～60 不等。材料常用低碳钢表面渗碳或采用中碳钢表面淬火,不重要的和静止状态接合的离合器,也允许用 HT200 制造。

牙嵌离合器结构简单,外廓尺寸小,接合后所连接的两轴不会发生相对转动,常用于主、从动轴要求完全同步的轴系。

2. 摩擦离合器

利用主、从动半离合器接触表面之间的摩擦力来传递扭矩的离合器,通称为摩擦离合器,它是能在高速下离合的机械式离合器。图 14-13 所示为只有一对接合面的单盘摩擦离合器,主动盘 1 固定在主动轴上,从动盘 2 通过导向平键与从动轴连接,可以沿轴向滑动。工作时利用操纵机构 3,在可移动的从动盘上施加轴向压力(可由弹簧、液压缸或电磁吸力等产生),使两盘压紧,产生摩擦力,从而传递扭矩。为增加摩擦系数,常在一个盘的表面上装有摩擦片。

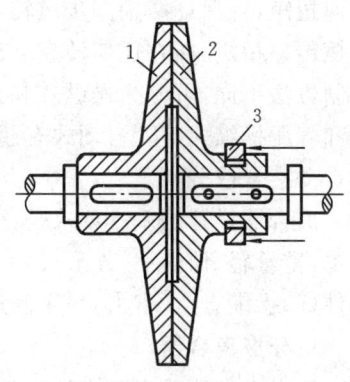

图 14-13　单盘摩擦离合器

1—主动盘;2—从动盘;3—操纵机构

在传递大扭矩的情况下,因受摩擦盘尺寸的限制不宜应用单盘摩擦离合器,这时要采用多盘摩擦离合器,通过增加结合面对数的方法来增大传动能力。图 14-14 所示为多盘摩擦离合器。主动轴 1 与外壳 2 相连接,从动轴 8 与套筒 9 相连接。外壳 2 又通过花键与一组外摩擦片 3(见图 14-14(b))连接在一起;套筒也通过花键与一组内摩擦片 4(见图 14-14(c))连接在一起。工作时,向左移动滑环 7,通过杠杆 5、压板 6 使两组摩擦片压紧,离合器处于接合状态。当向右移动滑环时,摩擦片被松开,离合器实现分离。这种离合器常用在车床主轴箱内。

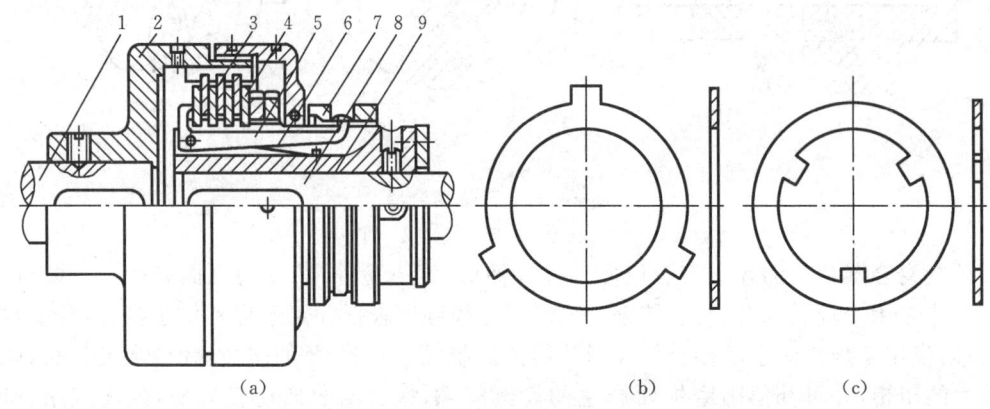

图 14-14　多盘摩擦离合器

1—主动轴;2—外壳;3—外摩擦片;4—内摩擦片;5—杠杆;6—压板;7—滑环;8—从动轴;9—套筒

摩擦离合器应用较广,与牙嵌离合器比较,其优点是两轴能在不同速度下接合;接合和分离过程比较平稳、冲击振动小;从动轴的加速时间和所传递的最大扭矩可以调节;过载时将发生打滑,可避免使其他零件受到损坏。缺点是结构复杂、成本高;当产生滑动时不能保证被连接两轴间的精确同步转动;摩擦发热,当温度过高时会引起摩擦系数的改变,严重的可能导致摩擦盘胶合和塑性变形。所以,一般对钢制摩擦盘应限制其表面最高温度不超过300～400 ℃,整个离合器的平均温度不超过100～120 ℃。

3. 超越离合器

超越离合器是一种随速度的变化或随回转方向的变换能自动接合或分离的离合器,它只能单向传递扭矩。如锯齿型牙嵌离合器,它只能单向传递扭矩,反向时自动分离。棘轮机构也可以作为超越离合器。

图 14-15 所示为滚柱式超越离合器,由星轮、外环、滚柱和弹簧顶杆等组成。弹簧顶杆的推力使滚柱与星轮和外环经常接触。如果星轮为主动件并按图示位置顺时针回转,滚柱受摩擦力的作用被楔紧在槽内,从而带动外环回转,离合器处于接合状态。星轮反向回转时,滚柱则被推到槽中宽敞部分,离合器处于分离状态。这种离合器工作时没有噪声,故适用于高速传动,但制造精度要求较高。

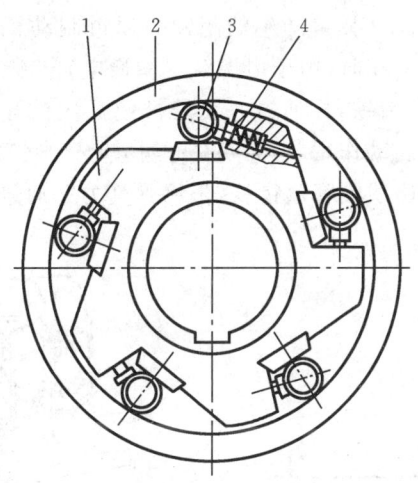

图 14-15　滚柱式超越离合器
1—星轮;2—外环;3—滚柱;4—弹簧顶杆

当外环与星轮作顺时针方向的同向回转时,根据相对运动原理,若外环的速度大于星轮转速,离合器处于分离状态;反之,则离合器处于接合状态,即实现超越离合。

超越离合器常用在汽车、拖拉机和机床等的传动装置中,自行车后轴上也安装有超越离合器。

4. 安全离合器

安全离合器具有过载保护作用,用来精确限定相连两轴间所传递的扭矩,当扭矩超过某一限定值(即过载)时,离合器即自动脱开,切断动力源,以避免机械的重要部件因过载而损坏,从而起到保护的作用。常用的安全离合器有牙嵌式、钢球式等。

二、离合器的选择

离合器的选择首先是根据工作条件和使用要求,确定离合器类型,然后根据轴径和传递扭矩的大小查手册选用型号。与联轴器相同,所选离合器应满足式(14-1)。

◀ **14.3 制 动 器** ▶

制动器可用来减低机械的运转速度或迫使机械停止运转。大多数制动器采用的是摩擦制动方式,它广泛应用在机械设备的减速、停止和位置控制的过程中。制动器主要分为带式、块式和盘式。

一、带式制动器

带式制动器主要用挠性钢带包围制动轮。如图 14-16 所示,制动带包在制动轮上,当 Q 向下作用时,制动带与制动轮之间产生摩擦力,从而实现合闸制动。制动带是钢带内表面镶嵌一层石棉制品与制动轮接触,以增加摩擦力。带式制动器结构简单,它由于包角大而制动力矩大,但其缺点是制动带磨损不均匀,容易断裂,而且对轴的作用力大。

二、块式制动器

如图 14-17 所示为块式制动器,它靠瓦块与制动轮间的摩擦力来制动。该制动器为短行程交流电磁铁外块式制动器。弹簧产生的闭锁力通过制动臂作用于制动块上,使制动块压向制动轮达到常闭状态。工作时,由于电磁铁线圈通电,电磁铁产生与闭锁力方向相反的吸力,由电磁线圈的吸力吸住衔铁,再通过一套杠杆使瓦块松开,机器便能自由运转。制动器也可以安排为在通电时起制动作用,但为安全起见,应安排在断电时起制动作用为好。当需要制动时,则切断电流,电磁线圈释放衔铁,依靠弹簧力并通过杠杆使瓦块抱紧制动轮。

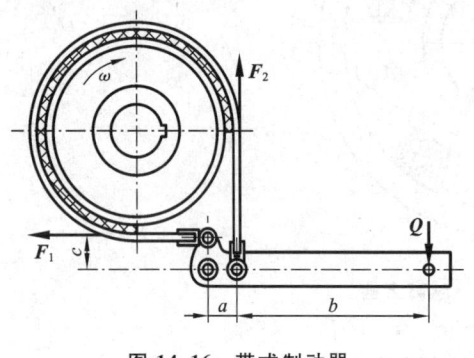

图 14-16 带式制动器

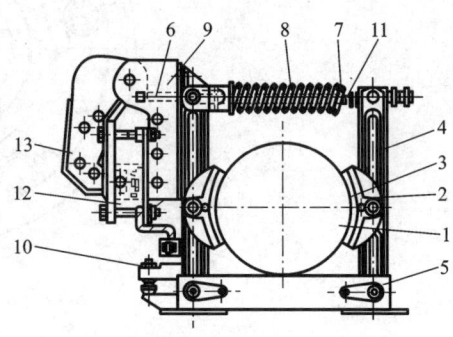

图 14-17 块式制动器

1—制动轮;2—制动块;3—瓦块衬垫;4—制动臂;
5—底座;6—推杆;7—夹板;8—制动弹簧;
9—松闸器;10,11—调整螺钉;12—线圈;13—衔铁

瓦块的材料可以用铸铁,也可以在铸铁上复以皮革或石棉带。瓦块制动器已规范化,其型号应根据所需的制动力矩在产品目录中选取。

 习题 14

一、简答题

1.联轴器与离合器的主要区别是什么?

2.常用联轴器和离合器有哪些类型？各有哪些特点？应用于哪些场合？

3.两轴轴线的偏移形式有哪几种？

4.制动器有哪些类型？

二、计算题

某电动机与油泵之间用弹性套柱销联轴器连接，功率 $P=7.5$ kW，转速 $n=970$ r/min，两轴直径均为 42 mm，试选择联轴器的型号。

机械设计一般标准

A1. 国内的部分标准代号

表 A-1 国内的部分标准代号

代 号	含 义	代 号	含 义
GB	强制性国家标准	YB	黑色冶金行业标准
GB/T	推荐性国家标准	YS	有色冶金行业标准
JB	机械行业标准	FJ	原纺织工业部标准
JB/ZQ	原机械工业部重型矿山标准	FZ	纺织行业标准
HG	化工行业标准	QB	轻工行业标准
SH	石油化工行业标准	TB	铁路运输行业标准
SY	石油天然气行业标准	QC	汽车行业标准
/Z	指导性技术文件		

A2. 图纸幅面、比例、标题栏及明细栏

表 A-2 图纸幅面（GB/T 14689—2008 摘录）　　　　　　　　　　　　（mm）

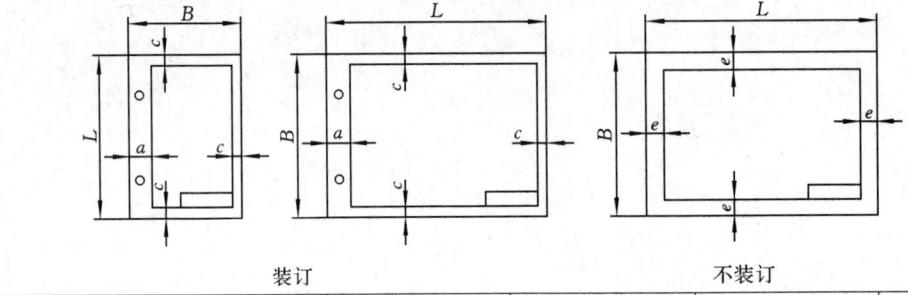

装订　　　　　　　　　　　　　　不装订

幅面代号	A0	A1	A2	A3	A4
$B \times L$	841×1189	594×841	420×594	297×420	210×297
c	10			5	
a	25				
e	20		10		

注：①表中为基本幅面的尺寸；

　　②必要时可以将表中幅面的边长加长，成为加长幅面，它是由基本幅面的短边成整数倍增加后得出的；

　　③加长幅面的图框尺寸，按所选用的基本幅面大一号的图框尺寸确定。

表 A-3 比例(GB/T 14690—1993 摘录)

原值比例	1:1							
缩小比例	(1:1.5)	1:2	(1:2.5)	(1:3)	(1:4)	1:5	(1:6)	1:10
	(1:1.5×10^n)		1:2×10^n		(1:2.5×10^n)		(1:3×10^n)	
	(1:4×10^n)		1:5×10^n		(1:6×10^n)		1:1×10^n	
放大比例	2:1		(2.5:1)		(4:1)	5:1		1×10^n:1
	2×10^n:1		(2.5×10^n:1)		(4×10^n:1)		5×10^n:1	

注:①绘制同一机件的一组视图时应采用同一比例,当需要用不同比例绘制某一视图时,应当另行标注;

②当图形中孔的直径或薄片的厚度等于或小于 2 mm,斜度和锥度较小时,可不按比例而夸大绘制;

③n 为正整数;

④括号内的比例,必要时允许选取。

零件图标题栏格式(本课程用)

		图号		比例		∞
16		材料		数量		∞
∞	设计		年 月	机械设计	(校名)	40
∞	绘图			课程设计	(班名)	
∞	审核					

15 | 35 | 20 | 45 | 45

160

装配图标题栏及明细栏格式(本课程用)

10 | 40 | 10 | 25 | 55 | 20

						7
						7
						7
序号	名称	数量	材料	标准及规格	备注	10
		比例		质量	共 张	∞
16					第 张	∞
∞	设计		年 月	机械设计	(校名)	40
∞	绘图			课程设计	(班名)	
∞	审核					

15 | 35 | 20 | 45 | 45

160

A3. 一般标准

表 A-4　标准尺寸(直径、长度和高度)(GB/T 2822—2005 摘录)　　　　　　(mm)

R			R'			R			R'			R			R'		
R10	R20	R40	R'10	R'20	R'40	R10	R20	R40	R'10	R'20	R'40	R10	R20	R40	R'10	R'20	R'40
2.50	2.50		2.5	2.5		40.0	40.0	40.0	40	40	40		280	280		280	280
	2.80			2.8				42.5			42			300			300
3.15	3.15		3.0	3.0			45.0	45.0		45	45	315	315	315	320	320	320
	3.55			3.5				47.5			48			335			340
4.00	4.00		4.0	4.0		50.0	50.0	50.0	50	50	50		355	355			360
	4.50			4.5				53.0			53			375			380
5.00	5.00		5.0	5.0			56.0	56.0		56	56	400	400	400	400	400	400
	5.60			5.5				60.0			60			425			420
6.30	6.30		6.0	6.0		63.0	63.0	63.0	63	63	63		450	450		450	450
	7.10			7.0				67.0			67			475			480
8.00	8.00		8.0	8.0			71.0	71.0		71	71	500	500	500	500	500	500
	9.00			9.0				75.0			75			530			530
10.0	10.0		10.0	10.0		80.0	80.0	80.0	80	80	80		560	560		560	560
	11.2			11				85.0			85			600			600
12.5	12.5	12.5	12	12	12		90.0	90.0		90	90	630	630	630	630	630	630
		13.2			13			95.0			95			670			670
	14.0	14.0		14	14	100	100	100	100	100	100		710	710		710	710
		15.0			15			106			105			750			750
16.0	16.0	16.0	16	16	16		112	112		110	110	800	800	800	800	800	800
		17.0			17			118			120			850			850
	18.0	18.0		18	18	125	125	125	125	125	125		900	900		900	900
		19.0			19			132			130			950			950
20.0	20.0	20.0	20	20	20		140	140		140	140	1000	1000	1000	1000	1000	1000
		21.2			21			150			150			1060			
	22.4	22.4		22	22	160	160	160	160	160	160		1120	1120			
		23.6			24			170			170			1180			
25.0	25.0	25.0	25	25	25		180	180		180	180	1250	1250	1250			
		26.5			26			190			190			1320			
	28.0	28.0		28	28	200	200	200	200	200	200		1400	1400			
		30.0			30			212			210			1500			
31.5	31.5	31.5	32	32	32		224	224		220	220	1600	1600	1600			
		33.5			34			236			240			1700			
	35.5	35.5		36	36	250	250	250	250	250	250		1800	1800			
		37.5			38			265			260			1900			

注:①选择标准尺寸系列及单个尺寸时,应首先在优先数系 R 系列中选用,选用顺序为 R10、R20、R40;如果必须将数值圆整,可在相应的 R'系列中选用标准尺寸,选用顺序为 R'10、R'20、R'40;

②本标准适用于有互换性或系列化要求的主要尺寸(如安装、连接尺寸,有公差要求的配合尺寸、决定产品系列的公称尺寸等),其他结构尺寸也应尽可能采用;

③本标准不适用于由主要尺寸导出的因变量尺寸、工艺上工序间的尺寸和已有相应标准规定的尺寸。

表 **A-5**　零件倒圆与倒角（GB/T 6403.4—2008 摘录）　　　　　　　　　　　（mm）

倒圆、倒角形式

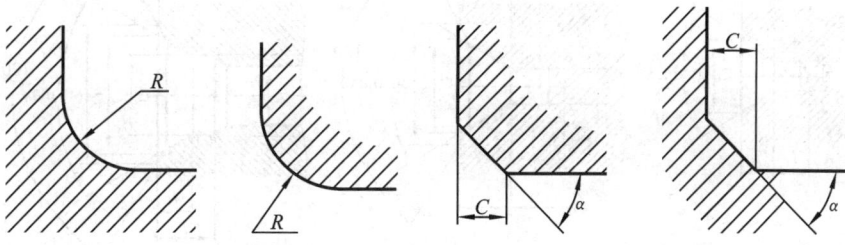

倒圆、倒角尺寸系列值

R 或 C	0.1	0.2	0.3	0.4	0.5	0.6	0.8	1.0	1.2	1.6	2.0	2.5	3.0
	4.0	5.0	6.0	8.0	10	12	16	20	25	32	40	50	—

与直径 ϕ 相应的倒角 C、倒圆 R 的推荐值

ϕ	<3	>3 ~6	>6 ~10	>10 ~18	>18 ~30	>30 ~50	>50 ~80	>80 ~120	>120 ~180	>180 ~250	>250 ~320
C 或 R	0.2	0.4	0.6	0.8	1.0	1.6	2.0	2.5	3.0	4.0	5.0

内角、外角分别为倒圆、倒角（倒角为 $45°$）的装配形式

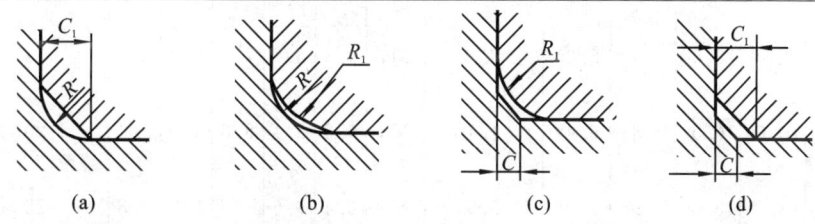

　　(a)　　　　　　　　(b)　　　　　　　　(c)　　　　　　　　(d)

　　R、R_1、C、C_1 的确定：内角倒圆、外角倒角时，$C_1 > R$，见图(a)；内角倒圆、外角倒圆时，$R_1 > R$，见图(b)；内角倒角、外角倒圆时，$C < 0.58R_1$，见图(c)；内角倒角、外角倒角时，$C_1 > C$，见图(d)。

内角倒角、外角倒圆时 C_{max} 与 R_1 的关系

R_1	0.2	0.4	0.6	0.8	1.0	1.6	2.0	2.5	3.0	4.0	5.0	6.0
C_{max} ($C < 0.58R_1$)	0.1	0.2	0.3	0.4	0.5	0.8	1.0	1.2	1.6	2.0	2.5	3.0

　　注：与滚动轴承相配合的轴及轴承座孔处的圆角半径参见滚动轴承的尺寸表。

表 A-6　中心孔（GB/T 145—2001 摘录）　　　　　　　　　　　　　　　（mm）

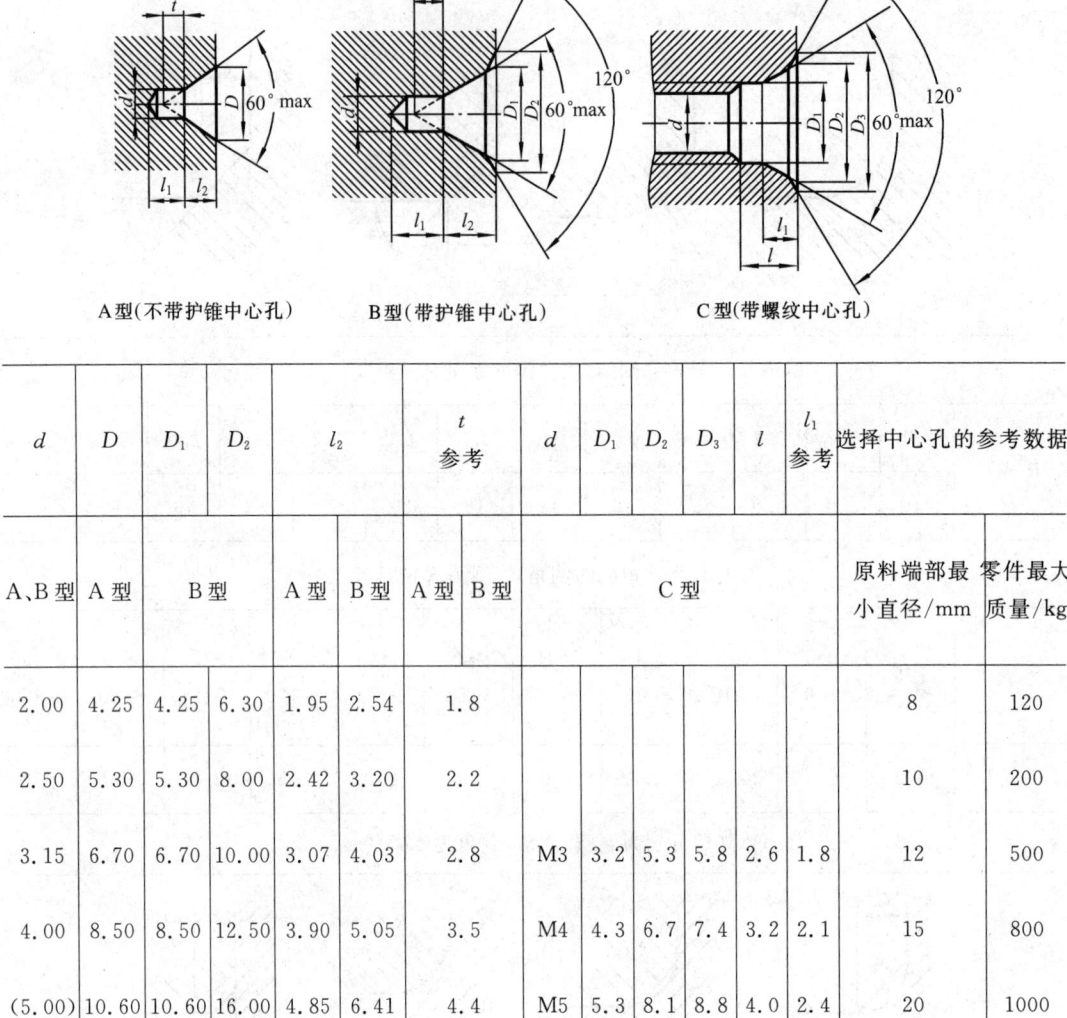

A 型（不带护锥中心孔）　　B 型（带护锥中心孔）　　C 型（带螺纹中心孔）

d	D	D_1	D_2	l_2		t 参考		d	D_1	D_2	D_3	l	l_1 参考	选择中心孔的参考数据	
A、B 型	A 型	B 型		A 型	B 型	A 型	B 型	C 型						原料端部最小直径/mm	零件最大质量/kg
2.00	4.25	4.25	6.30	1.95	2.54	1.8								8	120
2.50	5.30	5.30	8.00	2.42	3.20	2.2								10	200
3.15	6.70	6.70	10.00	3.07	4.03	2.8		M3	3.2	5.3	5.8	2.6	1.8	12	500
4.00	8.50	8.50	12.50	3.90	5.05	3.5		M4	4.3	6.7	7.4	3.2	2.1	15	800
(5.00)	10.60	10.60	16.00	4.85	6.41	4.4		M5	5.3	8.1	8.8	4.0	2.4	20	1000
6.30	13.20	13.20	18.00	5.98	7.36	5.5		M6	6.4	9.6	10.5	5.0	2.8	25	1500
(8.00)	17.00	17.00	22.40	7.79	9.36	7.0		M8	8.4	12.2	13.2	6.0	3.3	30	2000
10.00	21.20	21.20	28.00	9.70	11.66	8.7		M10	10.5	14.9	16.3	7.5	3.8	35	2500

注：①不要求保留中心孔的零件采用 A 型，要求保留中心孔的零件采用 B 型，将零件固定在轴上的中心孔用 C 型；

②A 型和 B 型中心孔的尺寸 l_1 取决于中心钻的长度，但不应小于表中的 t 参考值；

③表中同时列出了 D 和 l_2 尺寸，制造厂可任选其中一个尺寸；

④括号内的尺寸尽量不采用；

⑤选择中心孔的参考数据不属于 GB/T 145—2001 中的内容，仅供参考。

表 A-7　圆柱形轴伸（GB/T 1569—2005 摘录）　　　　　　　　　　（mm）

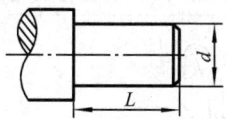

d 基本尺寸	d 极限偏差	L 长系列	L 短系列	d 基本尺寸	d 极限偏差	L 长系列	L 短系列	d 基本尺寸	d 极限偏差	L 长系列	L 短系列
6	+0.006 −0.002	16	—	19		40	28	40		40	
7				20				42	+0.018 +0.002 k6	110	82
8	+0.007 −0.002	20		22	+0.009 −0.004	50	36	45			
9				24	j6			48			
10	j6	23	20	25		60	42	50			
11				28				55,56			
12	+0.008 −0.003	30	25	30		80	58	60,63	+0.030 +0.011 m6	140	105
14				32	+0.018 +0.002 k6			65			
16		40	28	35				70,71			
18				38				75			

表 A-8　圆形零件自由表面过渡圆角半径　　　　　　　　　　（mm）

$D-d$	2	5	8	10	15	20	25	30	35	40	50	55
R	1	2	3	4	5	8	10	12	12	16	16	20
$D-d$	65	70	90	100	130	140	170	180	220	230	290	300
R	20	25	25	30	30	40	40	50	50	60	60	80

注：尺寸 $D-d$ 是表中数值的中间值时，则按较小尺寸来选取 R。例如：$D-d=68$ mm，则按 65 mm 选 $R=20$ mm。

表 A-9　砂轮越程槽（GB/T 6403.5—2008 摘录）　　　　　　　（mm）

回转面及端面砂轮越程槽的类型及尺寸

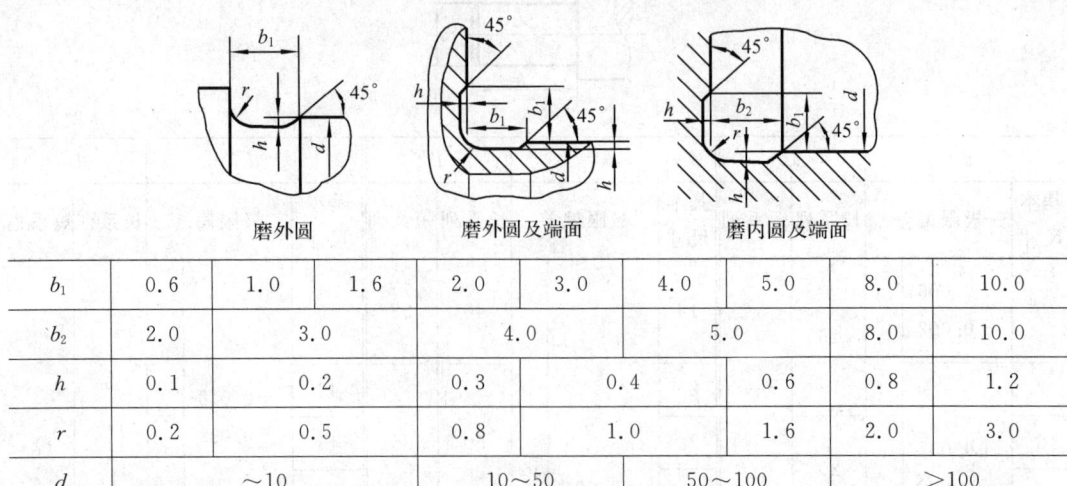

磨外圆　　　　　　磨外圆及端面　　　　　　磨内圆及端面

b_1	0.6	1.0	1.6	2.0	3.0	4.0	5.0	8.0	10.0
b_2	2.0	3.0		4.0		5.0		8.0	10.0
h	0.1	0.2		0.3		0.4	0.6	0.8	1.2
r	0.2	0.5		0.8		1.0	1.6	2.0	3.0
d	～10			10～50		50～100		>100	

机械设计基础课程设计指导

一、机械设计基础课程设计目的及要求

（1）培养正确的设计思想，训练综合运用所学的理论知识解决工程实际问题的能力；

（2）学习机械设计的一般方法，掌握通用机械零件、机械传动装置的设计过程和方式；

（3）设计基本技能的训练，如计算、绘图，熟悉和运用设计资料、手册、图册、标准和规范等；

（4）研究分析设计题目和工作条件，明确设计要求和设计内容；

（5）认真复习与设计有关的章节内容，提倡独立思考、深入钻研，主动地、创造性地进行设计；

（6）设计态度严肃认真、一丝不苟，反对照抄照搬、抄袭他人设计、容忍错误等；

（7）通过设计实践，在设计思想、设计方法和设计技能等方面得到良好的训练。

二、设计题目

单级圆柱齿轮减速器（用于带式输送机传动装置中）。

三、运动简图

减速器简图如图 B-1 所示。

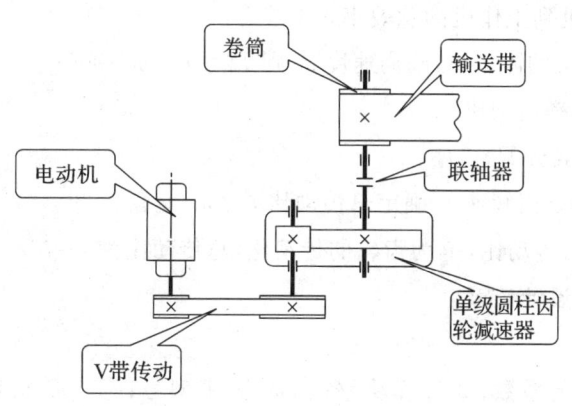

图 B-1　减速器简图

四、原始条件

设输送带工作拉力为 F，输送带速度为 v，卷筒直径 D 为已知，两班制连续单向运转，载荷轻微变化，使用期限 15 年。输送带速度允差 $\pm5\%$。

五、课程设计设计过程

(1) 进行传动方案的设计(已拟订完成);

(2) 电动机功率及传动比分配;

(3) 主要传动零件的参数设计(V 带、V 带轮、轴、齿轮及标准件的选用);

(4) 减速器结构、箱体各部分尺寸确定,结构工艺性设计;

(5) 装配图的设计要点及步骤等;

(6) 设计和绘制零件工作图;

(7) 整理和编写设计说明书。

六、设计的工作量

(1) 装配图一张(A1 或 A0 号图纸);

(2) 零件工作图若干张(传动零件、轴或箱体等);

(3) 计算说明书一份,6000~10 000 字。

七、课程设计步骤

1. 电动机的选择

选择电动机的类型、结构形式和转速,计算电动机的功率,确定电动机的型号。

一对齿轮效率约取 0.97,一对轴承效率约取 0.99,联轴器效率约取 0.99,带传动效率约取 0.96。

(1) 所需电动机输出的功率为

$$P_d = P_w / \eta$$

式中：P_w——工作机器的输出功率;

η——由电动机到工作机的总效率。

(2) 若已知工作机的阻力 F,圆周速度 ω,则 $P_\omega = F \times \omega / 1000$;

(3) 由 P_d 查表选择电动机型号。

2. 总传动比 i 及其分配 i_1、i_2

由电机转速 n_1 和滚筒转速 n_3 确定总传动比 $i = n_1 / n_3$。

分配：i_1 为 V 带的传动比,i_2 为齿轮的传动比,总传动比为 $i = i_1 \times i_2$。

3. V 带及带轮的设计计算

1) V 带的设计

①传动比;② 工况系数;③计算功率;④选 V 带型号;⑤小带轮直径;⑥大带轮直径;⑦验算 V 带速度;⑧ 初定中心距;⑨初算 V 带长度;⑩确定 V 带长度;⑪确定中心距;⑫计算小带轮包角;⑬查包角修正系数;⑭查带长修正系数;⑮单根带传递功率 P_0;⑯单根带传递功率增量;⑰计算 V 带根数 Z;⑱计算 V 带对轴的拉力 F_0。

2) 计算两带轮的宽度 B 等

计算相关参数。

4. 齿轮传动的设计计算

根据:传递功率 P,传动比 i,小齿轮的转速 n,工作时间和闭式传动。

(1)选择材料、热处理、精度等级、决定齿面硬度、表面粗糙度。

(2)按齿面接触疲劳设计。

① 确定 z_1、z_2 和齿宽系数;

② 计算实际传动比及传动比误差;

③ 计算转矩;

④ 确定载荷系数;

⑤ 确定许用接触应力;

⑥ 查表确定两齿轮的极限应力;

⑦ 计算应力循环次数;

⑧ 查表确定两齿轮的接触疲劳寿命系数、极限应力;

⑨ 查接触疲劳寿命的安全系数;

⑩ 求出 d_1,确定标准模数 m。

(3)校核齿根弯曲疲劳强度。

① 两齿轮的分度圆直径;

② 两齿轮齿宽;

③ 查两轮的齿形系数和应力修正系数;

④ 计算许用弯曲应力;

⑤ 查极限弯曲应力、弯曲寿命系数、应力修正系数、弯曲疲劳安全系数;

⑥ 计算弯曲许用应力;

⑦ 计算弯曲应力;

⑧ 计算齿轮传动的中心距;

⑨ 计算齿轮的圆周速度。

(4)两齿轮的几何尺寸计算。

① 齿顶圆直径;

② 齿根圆直径;

③ 分度圆直径;

④ 基圆直径;

⑤ 齿顶高、齿根高、齿全高;

⑥ 齿顶径向间隙;

⑦ 齿厚、齿槽宽、齿距;

⑧ 两齿轮的中心距;

⑨ 齿顶圆的压力角;

⑩ 计算重合度。

5. 轴的设计

(1)各轴的功率计算。

(2)各轴的转速计算。

（3）各轴的转矩计算。

（4）轴的概略设计。

① 高速轴的概略设计。

- 材料、热处理；
- 按扭转强度条件计算最小直径；
- 装 V 带轮处的长度、外伸端的直径与长度；
- 装两轴承和两轴承盖处的直径和长度（试选轴承与轴承盖）；
- 装齿轮处的直径和长度；
- 齿轮与箱体的距离；
- 轴的总长度。

② 低速轴的概略设计。

- 步骤与高速轴类同；
- 注意：变速箱等宽，高速轴轴承的中心与低速轴轴承的中心要在同一条直线上，也就是要求两根轴轴承中心等宽。
- 作草图（查手册求轴承及轴承盖各参数、套筒的结构尺寸、齿轮的安装、联轴器的结构尺寸等）。

（5）轴的结构设计。

① 轴上的键槽宽度和长度确定；

② 轴肩、轴环宽度与高度、各圆角半径和倒角大小；

③ 轴上零件的固定方法和紧固件；

④ 轴上各零件的润滑方法和密封件的尺寸；

⑤ 作出轴的结构草图。

（6）轴系零、部件的设计。

① 设计小带轮的轮槽及带轮结构；

② 设计大带轮的轮槽及带轮结构，画出结构图并标注尺寸；

③ 齿轮的结构设计。

- 小齿轮的结构设计及标注（齿轮轴或实体齿轮）；
- 大齿轮的结构设计及标注（孔板式齿轮）。

6. 低速轴的强度校核计算

求出齿轮的受力 F_t、F_r、F_a。

（1）作出低速轴的空间受力简图；

（2）作出水平平面的受力图，求解水平面的约束力；

（3）作出水平面的弯矩图，求出最大弯矩；

（4）作出竖直平面的受力图，求解竖直平面的约束力；

（5）作出竖直面的弯矩图，求出最大弯矩；

（6）作出合成弯矩图；

（7）作出扭矩图；

（8）求出当量弯矩；

（9）代入强度条件，校核危险截面强度。

7. 轴承寿命的计算、联轴器与键的计算

1) 高速轴上轴承的寿命计算

(1) 确定轴承型号；

(2) 查出基本额定动载荷 C；

(3) 查出温度系数；

(4) 计算轴承受的径向载荷 P；

(5) 用工作小时数 L_h 表示轴承的寿命；

$$L_h = \frac{10^6}{60n}\left(\frac{f_t C}{f_p P}\right)^\varepsilon = \frac{16\,670}{n}\left(\frac{f_t C}{f_p P}\right)^\varepsilon$$

(6) 能否满足使用要求。

2) 低速轴上联轴器的计算

(1) 计算名义转矩 T；

(2) 查表确定工况系数 K；

(3) 计算转矩 T_c；

(4) 查出所使用联轴器的许用转矩和许用转速；

(5) 是否满足 $T_c \leqslant [T]$，$n \leqslant [n]$。

3) 低速轴上键的强度计算

(1) 查出键的结构尺寸 $b \times h \times L$；

(2) 校核键的挤压强度。

8. 减速器润滑方式和润滑油的选择

(1) 润滑方式的选择。

(2) 润滑剂的选择。

9. 减速器结构装配的绘制

(1) 减速器箱体结构及装配草图的绘制；

(2) 按课程设计书计算箱体尺寸；

(3) 减速器箱体结构及装配图的绘制；

(4) 标注尺寸公差及配合，写出技术特性，零件按顺序编号；

(5) 编写技术要求、零件明细表和标题栏。

10. 零件工作图的设计和绘制

(1) 大齿轮的加工零件图；

(2) 从动轴的加工零件图；

(3) 其他零件图。

11. 设计说明书的整理和编写

(1) 设计说明书格式；

(2) 设计说明书内容。

12. 答辩及其他注意事项

(略)

附录 C

机械设计基础课程设计任务书

机械设计基础课程设计任务书

专业_____ 班级_____ 姓名_____ 设计题号_____

1. 设计题目

单级圆柱齿轮减速器(用于带式输送机传动装置中)。

2. 运动简图

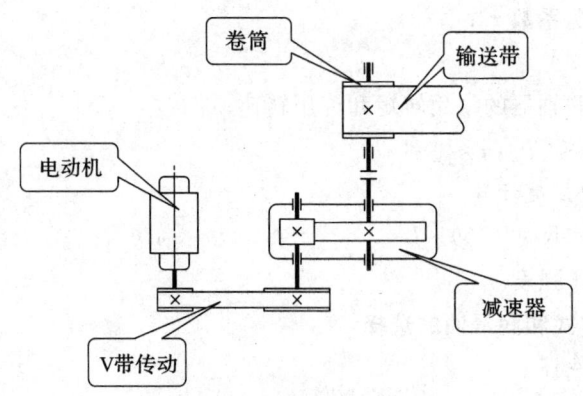

图 C-1 单级圆柱齿轮减速器

3. 原始数据

表 C-1 原始数据

序 号	1	2	3	4	5	6	7	8
F/N	3000	2900	2600	2500	2000	3000	2500	1600
$v/(m/s)$	1.5	1.4	1.6	1.5	1.6	1.5	1.6	1.26
D/mm	400	400	450	450	300	320	300	250

注:F——输送带工作拉力;

v——输送带速度;

D——卷筒直径。

4. 工作条件

两班制连续单向运转,载荷轻微变化,使用期限 15 年,输送带速度允差±5%。

5. 设计工作量

(1)编写设计计算说明书一份。

① 目录(标题及页次);

② 设计任务书;

③ 电动机选择、传动比分配、运动参数和动力参数计算；

④ 带的选择及计算；

⑤ 齿轮的设计计算；

⑥ 滚动轴承的选择及校核；

⑦ 轴的设计计算及校核（并简要说明轴的结构设计）；

⑧ 键及联轴器的选择与校核；

⑨ 润滑、密封及拆装等简要说明；

⑩ 参考资料。

（2）绘制减速器装配图 1 张。

（3）绘制减速器零件图 3～5 张。

开始日期： 年 月 日

完成日期： 年 月 日

指导教师：

教研室主任：

[1] 郭平.机械设计基础[M].北京:北京理工大学出版社,2017.

[2] 王宁侠.机械设计基础[M].北京:机械工业出版,2017.

[3] 史晓君,封金祥,王大卫.机械设计基础[M].北京:北京理工大学出版社,2012.

[4] 王德洪.械设计基础[M].北京:北京理工大学出版社,2012.

[5] 谢里阳.现代机械设计方法[M].北京:机械工业出版社,2017.

[6] 万志坚.机械设计基础[M].北京:高等教育出版社,2016.

[7] 陈伟珍,黄卫萍.机械设计基础[M],北京:机械工业出版社,2017.

[8] 王顺,寇尊权.机械设计学习指导[M].北京:高等教育出版社,2015.

[9] 陈国定.机械设计基础[M].北京:机械工业出版社,2017.

[10] 陈立德,姜小菁.机械设计基础[M].北京:高等教育出版社,2014.

[11] 张锋.宋宝玉,王黎钦.机械设计基础[M].2版.北京:高等教育出版社,2017.

[12] 栾学钢,韩芸芳.机械设计基础[M].3版.北京:高等教育出版社,2015.

[13] 傅燕鸣.机械设计课程设计教程[M].上海:上海科学技术出版社,2012.

[14] 濮良贵,纪明刚.机械设计[M].北京:高等教育出版社,2006.

[15] 孙德志.机械设计基础课程设计[M].北京:科学出版社,2010.

[16] 陈智文.机械设计基础[M].武汉:华中科技大学出版社,2018.

[17] 林承全.机械设计基础[M].2版.武汉:华中科技大学出版社,2016.

[18] 耿海珍,成玲,郑淑玲.机械设计基础项目化教程[M].武汉:华中科技大学出版社,2017.